工业和信息化普通高等教育"十二五"规划教材立项项目

21 世纪高等院校电气工程与自动化规划教材

21 century institutions of higher learning materials of Electrical Engineering and Automation Planning

LabVIEW Virtual Instrument Design Course

LabVIEW
虚拟仪器设计教程

何玉钧 高会生 等 编著

U0212639

人民邮电出版社

北 京

图书在版编目（CIP）数据

LabVIEW虚拟仪器设计教程 / 何玉钧，高会生编著
. -- 北京：人民邮电出版社，2012.6（2020.1重印）
21世纪高等院校电气工程与自动化规划教材
ISBN 978-7-115-28038-1

Ⅰ．①L… Ⅱ．①何… ②高… Ⅲ．①软件工具－程序
设计－高等学校－教材 Ⅳ．①TP311.56

中国版本图书馆CIP数据核字(2012)第070290号

内 容 提 要

本书按照"循序渐进、逐步深入、重在实践"的原则，通过理论与实例相结合的方式，介绍了利用 LabVIEW 2009 进行虚拟仪器程序设计的方法和技巧。全书共 12 章，包括虚拟仪器基础，LabVIEW 2009 编程环境，LabVIEW 基本操作，LabVIEW 数据操作，程序结构，变量、数组、簇和矩阵，图形与图表显示，文件 I/O，信号分析与处理，数据采集，LabVIEW 数据库编程，网络与通信编程等方面的内容。每个章节都配有大量的编程实例，可以让读者更加快捷地掌握相应的编程方法。

本书可以作为高等院校虚拟仪器等相关课程的教材或教学参考书，也可供相关工程技术人员参考。

♦ 编　著　何玉钧　高会生　等
　责任编辑　贾　楠

♦ 人民邮电出版社出版发行　　北京市丰台区成寿寺路 11 号
　邮编　100164　电子邮件　315@ptpress.com.cn
　网址　http://www.ptpress.com.cn
　北京捷迅佳彩印刷有限公司印刷

♦ 开本：787×1092　1/16
　印张：18.5　　　　　　　　　2012 年 8 月第 1 版
　字数：487 千字　　　　　　　2020 年 1 月北京第 14 次印刷

ISBN 978-7-115-28038-1

定价：36.00 元

读者服务热线：(010)81055256　印装质量热线：(010)81055316
反盗版热线：(010)81055315
广告经营许可证：京东工商广登字 20170147 号

前　言

随着电子技术、计算机技术和数字信号处理技术的飞速发展，以及这些技术在测量领域中的广泛应用，仪器技术领域发生了巨大变化。从最初的模拟仪器到现在的数字化仪器、嵌入式系统仪器和智能仪器，新的测试理论、测试方法不断地应用于实践，仪器技术领域的各种创新积累使现代测量仪器的性能发生了质的飞跃，从而使仪器的概念和形式发生了巨大的变化，出现了一种全新的仪器概念——虚拟仪器（Virtual Instrumentation，VI）。虚拟仪器是将现有的计算机技术、软件设计技术和高性能模块化硬件结合在一起而建立的功能强大而又灵活易变的仪器。在虚拟仪器中，硬件仅仅是用于解决信号的输入、输出和调理问题，软件才是整个仪器系统的关键。在不改变硬件的情况下，用户可以通过修改软件，方便地改变、增减仪器系统的功能和规模，因此在虚拟仪器中可以说"软件就是仪器"。美国国家仪器公司（National Instruments，NI）作为虚拟仪器技术的主要倡导者，无论是在硬件还是软件上都做出了突出的贡献，其推出的图形化编程语言——LabVIEW 是目前国际上最成功的图形化集成开发环境，并在众多领域得到了广泛应用。

LabVIEW 作为虚拟仪器编程语言是一种图形化的程序语言，又称为"G"语言。使用这种语言编程时，基本上不写程序代码，取而代之的是流程图。它尽可能利用了技术人员、科研人员、工程师所熟悉的术语、图标和概念，是一个面向最终用户的工具。LabVIEW 提供实现仪器编程和数据采集系统的便捷途径，使用它进行原理研究、设计、测试并实现仪器系统时，可以大大提高系统的开发效率。

LabVIEW 从 1986 年问世以来，经过不断改进和版本升级，已经从最初简单的数据采集和仪器控制的工具发展成为科技人员用来设计、发布虚拟仪器软件的图形化平台，成为测试测量和控制行业的标准软件平台。LabVIEW 2009 是 NI 发布的一个包含中文版本的 LabVIEW。它的发布大大缩短了软件强大功能与软件易用性之间的差距。本书按照"循序渐进、逐步深入、重在实践"的原则，通过理论与实例相结合的方式，介绍了利用 LabVIEW 2009 进行虚拟仪器程序设计的方法和技巧。

全书共分 12 章，主要内容包含如下。

第 1 章介绍虚拟仪器的概念、虚拟仪器的特点、虚拟仪器的组成、虚拟仪器的分类及虚拟仪器的开发环境。

第 2 章介绍 LabVIEW 的集成开发环境，包括 LabVIEW 发展历程，LabVIEW 2009 的安装，LabVIEW 编程界面、菜单、工具栏和选板，LabVIEW 帮助系统的使用。

第 3 章介绍了 LabVIEW 的基本操作，包括 VI 的创建、编辑，子 VI 的创建与调用，VI 的运行与调试等。

第 4 章介绍 LabVIEW 中的数据操作，主要内容包括 LabVIEW 中的基本数据类型及对应的数据运算。

第 5 章介绍 LabVIEW 中控制程序运行的结构，包括顺序结构、循环结构、条件结构、事件结构、禁用结构和公式节点。

第 6 章介绍 LabVIEW 中局部变量和全局变量的使用，数组、簇和矩阵等复合数据类型及使用。

第 7 章介绍 LabVIEW 中前面板的图形图表显示，主要内容包括波形数据组成及操作，波形图、波形图表、数字波形图、XY 图、强度图表与强度图、混合信号图、三维图形等图形控件的使用。

第 8 章介绍 LabVIEW 中的文件操作，主要包括文本文件的写入与读取、二进制文件的写入和读取和数据记录文件的写入与读取等操作。

第 9 章介绍 LabVIEW 中信号的分析与处理，包括信号和波形的发生、波形调理与波形测量、信号的时域与频域分析、滤波器、窗函数及逐点分析等内容。

第 10 章介绍数据采集的相关知识，包括数据采集的基础知识、DAQ 设备的安装与测试、NI-DAQmx 基础及 DAQmx 数据采集应用编程实例。

第 11 章介绍数据编程的相关知识，包括 LabVIEW 数据库基础、LabSQL 数据库访问、ADO 数据库访问和 LabVIEW SQL Toolkit 数据库访问的方法及编程技巧。

第 12 章介绍网络与通信编程的相关知识，包括 TCP 通信、UDP 通信、串行通信及 DataSocket 通信编程技术。

本书主要由何玉钧、高会生编写，参加编写工作的还有胡智奇、张静、吕安强、姚国珍。研究生王梓莳、胡立章、刘东升、张旭在本书的编写过程中，也做了大量的工作，在此表示感谢。

由于编者水平有限，书中疏漏之处在所难免，敬请读者指正。

编　者

2012 年 4 月

目 录

第1章
虚拟仪器基础

随着电子技术、计算机技术和数字信号处理技术的飞速发展，以及这些技术在测量领域中的广泛应用，仪器技术领域发生了巨大变化。从最初的模拟仪器到现在的数字化仪器、嵌入式系统仪器和智能仪器，新的测试理论、测试方法不断地应用于实践，仪器技术领域的各种创新积累使现代测量仪器的性能发生了质的飞跃，从而使仪器的概念和形式发生了巨大的变化，出现了一种全新的仪器概念——虚拟仪器（Virtual Instrumentation，VI）。

1.1 虚拟仪器技术概述

1.1.1 虚拟仪器的概念

所谓虚拟仪器，就是在以计算机为核心的硬件平台上，根据用户对仪器的设计定义，用软件实现虚拟控制面板设计和测试功能的一种计算机仪器系统。虚拟仪器的实质是利用计算机显示器的显示功能来模拟传统仪器的控制面板，以多种形式表达和输出检测结果；利用计算机强大的软件功能实现信号的运算、分析、处理；利用 I/O 接口设备完成信号的采集与调理，从而完成各种测试功能的计算机测试系统。用户通过鼠标、键盘或触摸屏来操作虚拟面板，就如同使用一台专用测量仪器一样，实现所需要的测量目的。因此，虚拟仪器的出现，使测量仪器与计算机的界限变得模糊了。

可见，虚拟仪器是将现有的计算机技术、软件设计技术和高性能模块化硬件结合在一起而建立起来的功能强大而又灵活易变的仪器。在虚拟仪器中，硬件仅仅是为了解决信号的输入、输出和调理，软件才是整个仪器系统的关键。在不改变硬件的情况下，用户可以通过修改软件，方便地改变、增减仪器系统的功能和规模，因此在虚拟仪器中可以说"软件就是仪器"。

虚拟仪器的"虚拟"两字主要包含以下两个方面的含义。

① 虚拟仪器的面板是虚拟的。传统仪器通过设置在面板上的各种"开关"、"旋钮"等来完成一些操作和功能，这些"开关"、"旋钮"等都是实物，而且是用手动或触摸来进行操作的，而虚拟仪器面板上的"开关"、"旋钮"等，它们的外形是与实物和传统仪器的"开关"、"旋钮"等相像的图标，其操作通过计算机的鼠标和键盘来实现，实际功能通过相应的软件程序来实现。

② 虚拟仪器的测量功能是通过对图形化软件流程图的编程来实现的。传统的仪器是通过设计具体的电子电路来实现仪器的测量测试及分析功能，而虚拟仪器是在以计算机为核心组成的硬件平台支持下，通过软件编程来实现仪器功能的，这也充分体现了测试技术与计算机深层次的结合。

1.1.2 虚拟仪器的特点

与传统仪器相比，虚拟仪器具有以下 3 个特点。

（1）不强调物理上的实现形式

虚拟仪器通过软件功能来实现数据采集与控制、数据处理与分析及数据显示这 3 部分的物理功能。它充分利用计算机系统强大的数据处理能力，在基本硬件的支持下，利用软件完成数据的采集、控制、分析和处理以及测试结果的显示等，通过软、硬件的配合来实现传统仪器的各种功能。

（2）在系统内实现软硬件资源共享

虚拟仪器的最大特点是将计算机资源与仪器硬件、数字信号处理技术相结合，在系统内共享软硬件资源。它打破了以往由厂家定义仪器功能的模式，而变成了由用户自己定义仪器功能。使用相同的硬件系统，通过不同的软件编程，就可实现功能完全不同的测量仪器。

（3）图形化的软件面板

虚拟仪器没有常规仪器的控制面板，而是利用计算机强大的图形环境，采用可视化的图形编程语言和平台，以在计算机屏幕上建立图形化的软面板来替代常规的传统仪器面板。软面板上具有与实际仪器相似的旋钮、开关、指示灯及其他控制部件。在操作时，用户通过鼠标或键盘操作软面板，来检验仪器的通信和操作。

除上述特点之外，与传统仪器相比，虚拟仪器还有如下 6 个方面的优势。

① 虚拟仪器用户可以根据自己的需要灵活地定义仪器的功能，通过不同功能模块的组合可构成多种仪器，而不必受限于仪器厂商提供的特定功能。

② 虚拟仪器将所有的仪器控制信息均集中在软件模块中，可以采用多种方式显示采集的数据、分析的结果和控制的过程。这种对关键部分的转移进一步增加了虚拟仪器的灵活性。

③ 由于虚拟仪器的关键在于软件，避免了硬件的局限性大的影响，因此与其他仪器设备的连接比较容易实现。而且虚拟仪器可以方便地与网络、外设及其他应用连接，还可利用网络进行多用户数据共享。

④ 虚拟仪器可实时、直接地对数据进行编辑，也可通过计算机总线将数据传输到存储器或打印机。这样，一方面解决了数据的传输问题，另一方面充分利用了计算机的存储能力，从而使虚拟仪器具有几乎无限的数据记录容量。

⑤ 虚拟仪器利用计算机强大的图形用户界面（GUI），可用计算机直接读数。根据工程的实际需要，使用人员可以通过软件编程或采用现有分析软件，实时、直接地对测试数据进行各种分析与处理。

⑥ 虚拟仪器价格低，而且其基于软件的体系结构还大大节省了开发和维护费用。

1.2　虚拟仪器的构成及分类

1.2.1　虚拟仪器的构成

虚拟仪器通过应用程序将通用计算机与功能化硬件结合起来，完成对被测量的采集、分析、处理、显示、存储、打印等功能。因此，与传统仪器一样，虚拟仪器从功能上可划分为数据采集、

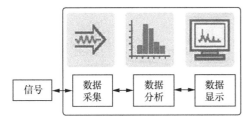

图 1-1　虚拟仪器构成方式

数据分析、数据显示 3 大模块，其内部功能框图如图 1-1 所示。

其中，数据采集模块主要完成信号的调理采集；数据分析模块主要对数据进行各种分析处理；数据显示模块则将采集到的数据和分析后的结果表达出来。

从实现方法上讲，虚拟仪器由通用仪器硬件平台（简称硬件平台）和应用软件两大部分构成，其结构框图如图 1-2 所示。

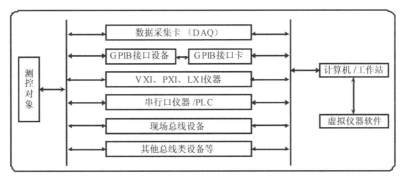

图 1-2　虚拟仪器组成结构图

1. 虚拟仪器的硬件平台

虚拟仪器硬件的作用是获取测试对象的被测信号，由计算机和 I/O 接口设备组成。

① 计算机是虚拟仪器硬件平台的核心，一般为个人计算机或者工作站。

② I/O 接口设备是为计算机配置的电子测量仪器硬件模块，主要包括各种传感器、信号调理器、模拟/数字转换器（ADC）、数字/模拟转换器（DAC）、数据采集器（DAQ）等。

电子计算机及其配置的电子测量仪器硬件模块组成了虚拟仪器测试硬件平台的基础。

2. 虚拟仪器的软件

虚拟仪器软件实现数据采集、分析、处理、显示等功能，并将其集成为仪器操作与运行的命令环境。虚拟仪器软件包括接口软件、仪器驱动软件和应用程序。图 1-3 所示为虚拟仪器软件层次结构。

图 1-3　虚拟仪器软件层次结构

① 接口软件是为虚拟仪器驱动层提供信息传递的底层软件，是实现开放、灵活的虚拟仪器的基础。接口软件的功能是直接对仪器进行控制，完成数据读/写。由于仪器硬件的种类繁多，为了保证硬件的"即插即用"，接口软件需要提供独立于硬件的 I/O 接口。

② 仪器驱动程序是连接虚拟仪器应用软件与接口软件的纽带和桥梁，其功能是为虚拟仪器应用软件层提供抽象的仪器操作集。对于虚拟仪器应用软件来说，对仪器的操作是通过调用虚拟仪器驱动提供的单一接口来实现的；而虚拟仪器驱动又是通过调用接口软件所提供的单一接口来实现的。

③ 虚拟仪器应用软件直接面对操作用户，提供了快捷、友好的测控操作界面，以及图形、图表等数据显示方式。它只对虚拟仪器驱动进行调用，本身不进行任何数据处理。对于虚拟仪器应用软件的开发者来说，在不了解仪器内部操作与实现的情况下，也可以进行虚拟仪器应用软件的

设计和开发。

1.2.2　虚拟仪器的分类

根据所使用的仪器硬件不同，虚拟仪器硬件系统可以分为 PC-DAQ 系统、GPIB 系统、VXI/PXI/LXI 系统、串口系统、现场总线系统等。

（1）PC-DAQ 系统

PC-DAQ 系统是以数据采集板、信号调理电路和计算机为仪器硬件平台组成的插卡式虚拟仪器系统。它采用 PCI 或 ISA 计算机本身的总线，故将数据采集卡/板（DAQ）插入计算机的空槽中即可。

（2）GPIB 系统

GPIB 系统是以 GPIB 标准总线仪器和计算机为仪器硬件平台组成的虚拟仪器测试系统。典型的 GPIB 测试系统由一台计算机、一块 GPIB 接口板和几台 GPIB 仪器组成。GPIB 接口板插入计算机的插槽中，建立起计算机与具有 GPIB 接口的仪器设备之间的通信桥梁。

（3）VXI/PXI/LXI 系统

VXI/PXI/LXI 系统是一类模块化的仪器系统，其硬件结构与工控机类似。每种仪器都是一个计算机插件，每种仪器都没有硬件构成的仪器面板，而由计算机显示屏幕替代。

VXI（VMEbus eXtensions for Instrumentation）总线技术出现于 20 世纪 80 年代。VXI 总线的出现将高级测量与测试设备带入模块化领域。目前这类系统已逐渐退出市场。

PXI（PCI eXtensions for Instrumentation）总线技术出现于 20 世纪 90 年代。该总线技术是在 PCI 总线内核技术上增加了成熟的技术规范和要求而形成的，具有高度的可扩展性（有 8 个扩展槽，一般的台式 PCI 只有 3～4 个扩展槽）和传输速率高的特点。PXI 系统是目前使用较多的一类模块化虚拟仪器系统。

LXI（LAN eXtensions for Instrumentation）总线技术出现于 2004 年，是继 GPIB 技术、VXI/PXI 技术之后的新一代基于以太网络 LAN 的自动测试系统模块化构架平台标准。以太网的错误检测、故障定位、长距离互联、树状拓扑结构以及网络传输速率等都比现有的总线技术优越。因此，LXI 系统可能成为虚拟仪器系统发展的主流方向。

（4）串口系统

串口系统是以 Serial 标准总线仪器和计算机为仪器硬件平台组成的虚拟仪器测试系统。

（5）现场总线系统

现场总线系统以 Field Bus 标准总线仪器及 PC 为仪器硬件平台，具有可靠性高、稳定性好、抗干扰能力强、通信速率快、造价低及维护成本低等优点。

无论上述哪种虚拟仪器系统，都是通过应用软件将仪器硬件与通用计算机相结合的，其中，PC-DAQ 测量系统是构成虚拟仪器的最基本的方式，也是较为廉价的方式。

1.3　虚拟仪器软件开发环境

1.3.1　虚拟仪器开发软件

虚拟仪器应用软件开发环境是设计虚拟仪器所必需的软件工具。应用软件开发环境的选择，以开发人员的喜好不同而不同，但最终都必须提供给用户一个界面友好、功能强大的应用程序。

软件在虚拟仪器中处于重要的地位，它担负着对数据进行分析处理的任务，如数字滤波、频谱变换等。在很大程度上，虚拟仪器能否成功运行，就取决于软件。因此，美国 NI 公司提出了"软件就是仪器"的口号。

目前已有多种虚拟仪器的软件开发工具，主要分为以下两类。

① 传统的文本式编程方法，如 C、Visual C++、Visual Basic、LabWindows/CVI 等。

② 图形化编程方法，如 NI 公司的 LabVIEW 软件、HP 公司的 VEE 等。使用图形化软件编程的优势是软件开发周期短、编程容易，特别适合于不具有专业编程水平的工程技术人员。

1.3.2　G 语言的概念

虚拟仪器编程语言 LabVIEW 是一种图形化的程序语言，又称为"G"语言。使用这种语言编程时，基本上不写程序代码，取而代之的是流程图。它尽可能利用了技术人员、科研人员、工程师所熟悉的术语、图标和概念，因此，LabVIEW 是一个面向最终用户的工具。它可以增强构建自己的学科和工程系统的能力，提供了实现仪器编程和数据采集系统的便捷途径。使用它进行原理研究、设计、测试并实现仪器系统时，可以大大提高工作效率。

LabVIEW 是一个功能比较完整的软件开发环境，它是为替代常规的 BASIC 或 C 语言而设计的。作为编写应用程序的语言，除了编程方式不同外，LabVIEW 具备编程语言的所有特性。LabVIEW 的动态连续跟踪方式可以连续、动态地观察程序中的数据及其变化情况。但是与现有的计算机高级语言不同的是，LabVIEW 采用图形化编程语言——G 语言，产生块状程序，用 LabVIEW 编程的过程就像设计电路图一样，因此，LabVIEW 比其他语言的开发环境更方便、更有效。G 语言是一种适合于任何编程任务，具有扩展函数库的通用编程语言。G 语言与传统高级编程语言最大的差别在于编程方式，一般高级语言采用文本编程，而 G 语言采用图形化编程方式。G 语言编写的程序称为虚拟仪器（Virtual Instrument），因为它的界面和功能与真实仪器十分相像，在 LabVIEW 环境下开发的应用程序都被冠以".vi"的后缀，以表示虚拟仪器的含义。G 语言定义了数据模型、结构类型和模块调用语法规则等编程语言的基本要素，在功能完整性和应用灵活性上不逊于任何高级编程语言。同时，G 语言有丰富的扩展函数库，这些扩展函数库主要面向数据采集、GPIB 和串行仪器控制、数据分析、数据显示与数据存储。G 语言还包括常用的程序调试工具，比如单步调试、允许设置断点、数据探针和动态显示执行程序流程等功能。

1.4　习　　题

1. 简述虚拟仪器的基本概念及特点。

2. 简述虚拟仪器中虚拟的含义。

3. 简述虚拟仪器的组成及分类。

4. 虚拟仪器的功能模块有哪些？各自的作用是什么？

5. 简述虚拟仪器的软件开发环境及 G 语言的特点。

第2章
LabVIEW 编程环境

LabVIEW 作为一种图形化的编程语言，是目前最流行的虚拟仪器应用软件开发环境。本章将对 LabVIEW 的相关知识进行介绍，主要内容包括 LabVIEW 简介、LabVIEW 发展历程、LabVIEW 的安装、LabVIEW 的编程环境和 LabVIEW 使用帮助。

2.1　LabVIEW 概述

2.1.1　LabVIEW 简介

LabVIEW（Laboratory Virtual Instrument Engineering Workbench，实验室虚拟仪器集成环境）是由美国国家仪器公司（National Instruments，NI）推出的一种图形化的编程语言，它广泛被工业界、学术界和研究实验室所接受，被视为一个标准的数据采集和仪器控制软件。LabVIEW 作为图形化的程序语言，又称为"G"语言。传统文本编程语言根据语句和指令的先后顺序决定程序执行顺序，而在 LabVIEW 中，则采用数据流编程方式，程序框图中节点之间的数据流向决定了 VI 及函数的执行顺序。VI 指虚拟仪器，是 LabVIEW 的程序模块。使用 LabVIEW 编程时，基本上不写程序代码，取而代之的是流程图。它尽可能利用了技术人员、科学家、工程师所熟悉的术语、图标和概念，因此，LabVIEW 是一个面向最终用户的工具。利用它可以方便地建立自己的虚拟仪器，其图形化的界面使得编程及使用过程都生动有趣。

LabVIEW 提供很多外观与传统仪器（如示波器、万用表）类似的控件，可用来方便地创建用户界面。用户界面在 LabVIEW 中被称为前面板。前面板设计完毕后，就可使用图形化的函数节点或 VI 在程序框图上添加源代码来控制前面板上的对象。在程序框图上添加的图形化代码，称 G 代码或程序框图代码。

LabVIEW 集成了与满足 GPIB、VXI、RS-232 和 RS-485 协议的硬件及数据采集卡通信的全部功能。它还内置了便于应用 TCP/IP、ActiveX 等软件标准的库函数，是一个功能强大且灵活的软件。

2.1.2　LabVIEW 发展历程

LabVIEW 自 1986 年问世以来，经过不断改进和更新，已经从最初简单的数据采集和仪器控制的工具发展成为科技人员用来设计、发布虚拟仪器软件的图形化平台，成为测试测量和控制行业的标准软件平台。

1986 年 10 月 NI 公司正式发布了 LabVIEW 1.0。随后，NI 公司的 LabVIEW 开发小组继续投入开发项目，对编辑器、图形显示及其他细节进行重大改进，在 1990 年 1 月发布了 LabVIEW 2.0。1992 年 LabVIEW 实现了从 Macintosh 平台到 Windows 平台的移植，1993 年 1 月 LabVIEW 3.0 正式发行。此时 LabVIEW 已经成为包含了几千个 VI 的大型应用软件和系统，作为一个比较完整的软件开发环境得到认可，并迅速占领市场。

1996 年 4 月 LabVIEW 4.0 问世，实现了应用程序生成器（LabVIEW Application Builder）的单独执行，并向数据采集 DAQ 通道方向进行了延伸。1998 年 2 月发布的 LabVIEW 5.0 对以前版本进行了全面修改，对编辑器和执行系统进行了重写，尽管新版本增加了复杂性，但也大大增强了 LabVIEW 的可靠性。1999 年 6 月，LabVIEW 开发小组发布了用于实时应用程序的分支——LabVIEW RT 版。

2000 年 6 月 LabVIEW 6 发布，LabVIEW 6 拥有新的用户界面特征（如 3D 形式显示）、扩展功能及各层内存优化，另外还具有的一项重要功能是强大的 VI 服务器。2003 年 5 月发布的 LabVIEW 7 Express 引入了波形数据类型和一些交互性更强、基于配置的函数，使用户应用开发更简便，在很大程度上简化了测量和自动化应用任务的开发，并对 LabVIEW 使用范围进行扩充，实现了对 PDA 和 FPGA 等硬件的支持。2005 年 NI 发布了 LabVIEW 8，为分布在不同计算目标上的各种应用程序的开发和发布提供支持。2006 年 NI 公司为庆祝和纪念 LabVIEW 正式推出 20 周年，在当年 10 月发布了 LabVIEW 20 周年纪念版——LabVIEW 8.20。该版本增加了仿真框图和 MathScript 节点两大功能，提升了 LabVIEW 在设计市场的地位；同时第一次推出了简体中文版，为中国科技人员的学习和使用降低了难度。

2007 年 NI 发布了 LabVIEW 8.5，该版本为多核处理器技术提供了强有力的支持，同时也推出了基于 UML 语言规范的状态图设计模块。2008 年 NI 发布 LabVIEW 8.6，该版本具备更多新特性，如自动清理 LabVIEW 程序框图、通过快速放置更快查找并放置选板项、借助网络服务控制 NI LabVIEW 应用程序、将传感器数据快速映射至三维模型等。

2009 年 NI 发布了 LabVIEW 2009，LabVIEW 2009 有效融合了各种最新的技术与趋势，帮助工程师实现工程领域的超越。借助于 LabVIEW 2009 与 NI VeriStand 实时测试与仿真软件，自动化测试的范畴被进一步延伸，通过构建硬件在线测试系统可以得到产品在实际环境中的响应，从而在设计过程中通过测试获取产品的不足与缺陷；通过对最新多核技术的支持，LabVIEW 2009 进一步支持虚拟化技术（Virtualization）并简化了并行硬件架构应用开发所带来的挑战；同样，新版本 LabVIEW 软件还可在无线传感器网络（WSN）中发布运行代码，帮助工程师与科研工作者构建更为灵活的分布式工业测试与监控系统；此外，通过最新推出的单元测试架构与桌面执行追踪工具包，工程师可以用 LabVIEW 实现完整的软件工程流程，从而协助大型工程应用程序的开发。之后，NI 又于 2010 年 8 月和 2011 年 8 月分别发布了 LabVIEW 2010 和 LabVIEW 2011 版。

本书以 LabVIEW 2009 中文版为基础进行讲述，全部范例均用该版本编写。

2.2　LabVIEW 2009 编程环境

2.2.1　LabVIEW 2009 的安装

1. 安装环境要求

安装运行 LabVIEW 2009 对计算机的硬件配置及软件环境有一定的要求，具体如下。

（1）系统软件平台要求

对于 Windows 操作系统，LabVIEW 2009 支持 Windows 7/Vista/XP/2000 操作系统。不支持 Windows NT/Me/98/95、所有版本的 Windows Server 以及 Windows XP（64 位）。在 Windows 2000 上使用 LabVIEW 或运行 LabVIEW 引擎前，必须安装 Windows 2000 Service Pack 3 或更高版本。

（2）硬件配置

运行 LabVIEW 2009 至少需要 Pentium III、Celeron 866 MHz 或同等性能的处理器，NI 建议至少使用 Pentium 4/M 或同等性能的处理器。内存至少需要 256MB，NI 建议使用 1GB 或以上的内存，并建议至少预留 1.6GB 的磁盘空间用于 LabVIEW 完整安装。显示器至少需要 1024 像素×768 像素的屏幕分辨率。

部署由 LabVIEW 生成的应用程序时，LabVIEW 运行引擎至少需要 Pentium 200MHz 或同等性能的处理器，NI 建议使用 Pentium III 或更高、Celeron 600MHz 或同等性能的处理器。内存至少需要 64MB，屏幕分辨率至少为 800 像素×600 像素，NI 建议使用 256MB 以上的内存且屏幕分辨率至少为 1024 像素×768 像素。控制应用程序或远程前面板时，LabVIEW 运行引擎至少需要 92MB 的磁盘空间。在 LabVIEW 生成的安装程序中包含 LabVIEW 运行引擎时至少需要 191MB 的磁盘空间。如 LabVIEW 生成的安装程序中包含其他 NI 安装程序，则还需更多的磁盘空间。

2. LabVIEW 2009 安装过程

LabVIEW 的安装比较简单，执行安装程序后，按照安装向导，一步一步选择必要的安装选项即可。在安装前，最好退出其他所有正在运行的程序，这是由于一些程序（如杀毒软件等）会延长安装时间甚至使安装失败。

若从光盘运行，则插入光盘后，光盘自动运行文件 autorun.exe 并弹出安装界面，如图 2-1 所示。在该界面中，可以执行 LabVIEW 2009 安装操作，同时还可以查看自述文件及浏览光盘内容。

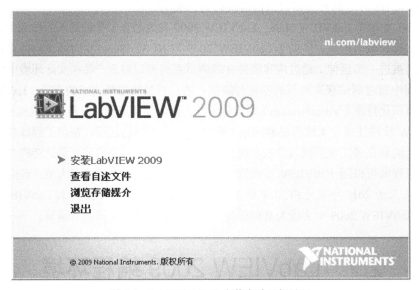

图 2-1　LabVIEW 2009 安装自动运行界面

在自动运行界面上选择"安装 LabVIEW 2009"，则进入 LabVIEW 安装过程并弹出安装初始化界面，如图 2-2 所示。若不执行 autorun.exe 文件，则可以通过直接运行 LabVIEW 2009 安装文件 setup.exe 执行安装并弹出安装初始化界面。

图 2-2　LabVIEW 2009 安装初始化

初始化完成后，单击界面"下一步"按钮，安装过程会提示用户输入用户信息，如图 2-3 所示。

图 2-3　用户信息输入界面

输入用户信息后单击"下一步"按钮，进入产品的序列号信息输入界面，如图 2-4 所示。若没有购买正版的 LabVIEW 2009 软件并获得正确序列号，则可以安装不需要序列号的 LabVIEW 2009 试用版，其使用期限是 30 天。试用版在程序编译完成后，不能打包生成独立的可执行应用程序和安装文件。在使用正版软件并输入正确的序列号后，单击"下一步"按钮，进入安装目录选择界面，如图 2-5 所示，用户可以根据实际情况选择安装目录。

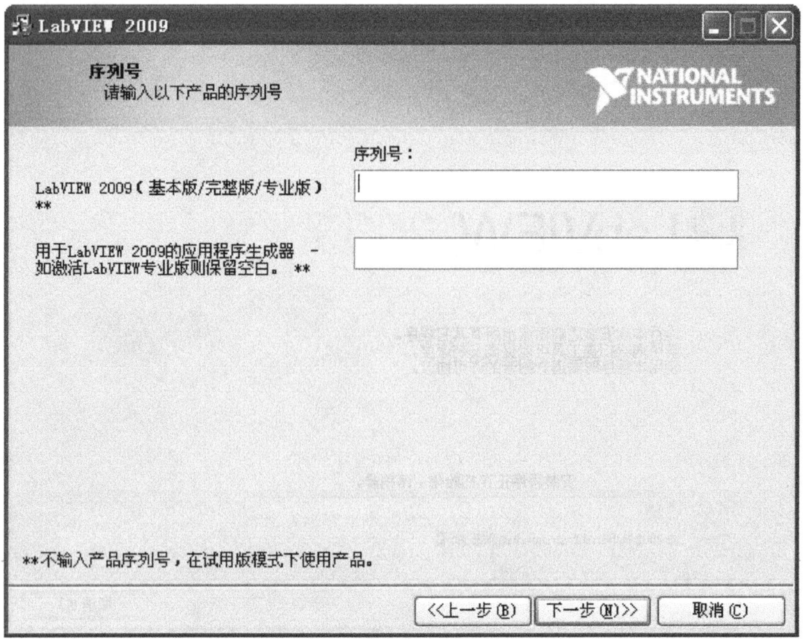

图 2-4　序列号输入界面

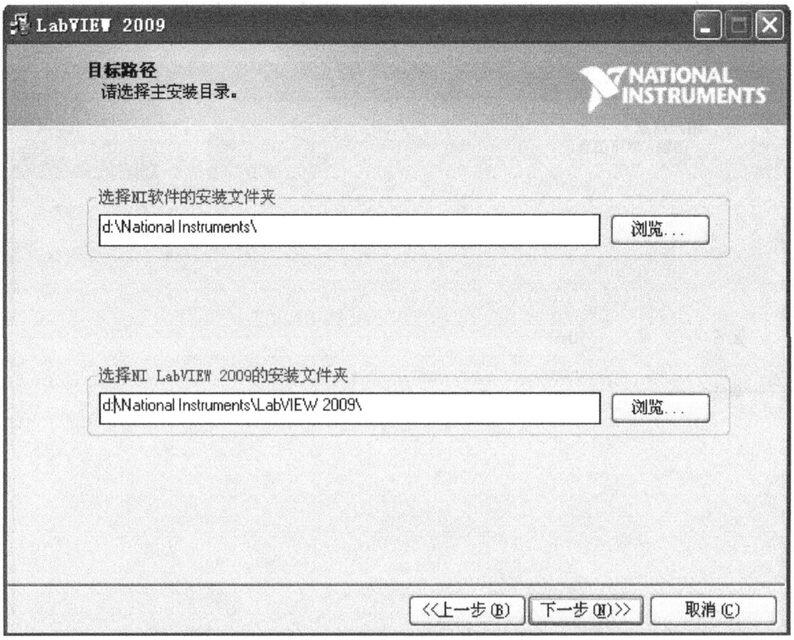

图 2-5　安装目录选择界面

　　选择目录后，单击"下一步"按钮，进入安装组件选择界面，如图 2-6 所示。在界面中选择需要安装的组件，单击"下一步"按钮，进入产品通知界面，该界面主要是查看所选配置的相关信息。同时在可以访问 Internet 的情况下，还可以通过网络同 NI 联系获取当前安装产品的最新通知。在该界面单击"下一步"按钮，进入"许可协议"界面，选择"我接受该许可协议"后单击"下一步"按钮，进入"开始安装"界面，如图 2-7 所示。在该界面上列出了安装摘要信息，如安装信息正确，单击"下一步"按钮进行安装，并将弹出安装进度界面，如图 2-8 所示。

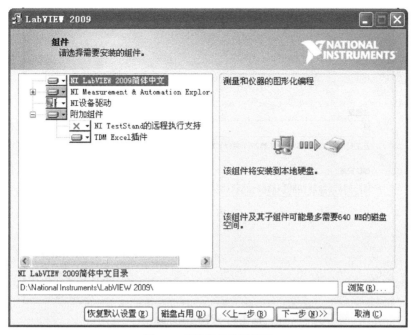

图 2-6　安装组件选择界面

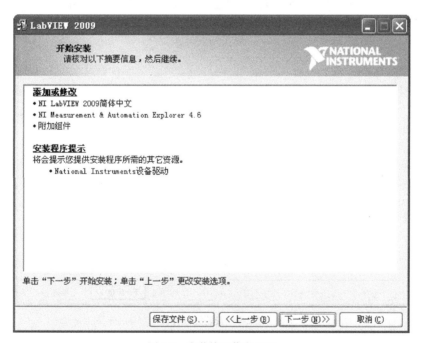

图 2-7　安装摘要信息界面

　　在安装过程中，可能会提示用户插入驱动光盘，用户可以插入正确的驱动光盘安装驱动，也可以忽略不安装，以后再安装驱动。

　　当安装成功后，会弹出如图 2-9 所示的界面。若选择启动激活向导，则单击"下一步"按钮，按向导完成对 LabVIEW 2009 激活并完成安装；若不选择该项，则可以使用 LabVIEW 试用版模式，单击"下一步"按钮完成 LabVIEW 的安装。

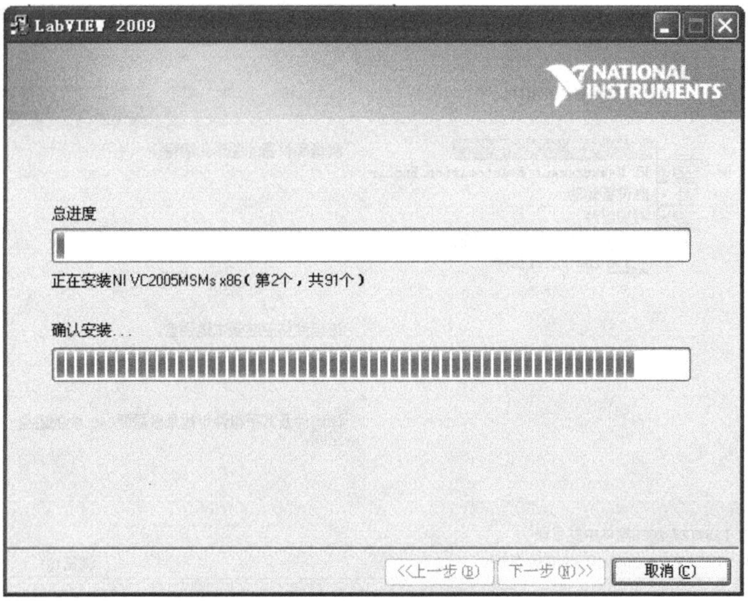

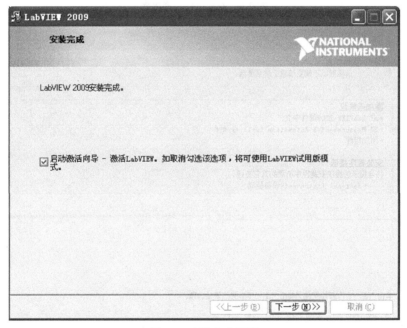

图 2-8　安装进度界面

图 2-9　安装完成界面

2.2.2　LabVIEW 的启动

安装 LabVIEW 2009 后，在"开始"菜单中将自动创建启动 LabVIEW 2009 的快捷方式——National Instruments LabVIEW 2009，单击该快捷方式图标，便开始启动 LabVIEW 2009 程序，随后屏幕出现如图 2-10 所示的启动初始化界面，几秒钟后跳转到如图 2-11 所示的启动界面。

在这个窗口中可创建新 VI、选择最近打开的 LabVIEW 文件、查找范例以及打开 LabVIEW 帮助。同时还可查看各种信息和资源，如用户手册、帮助主题以及 National Instruments 网站

www.ni.com 上的各种资源等。

图 2-10　LabVIEW 启动初始化界面

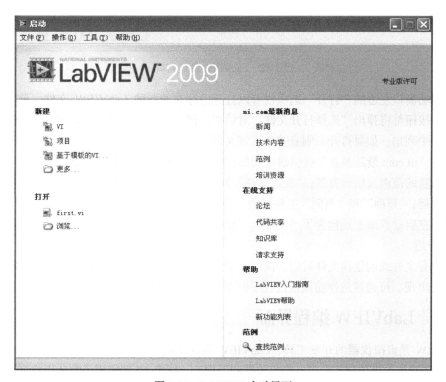

图 2-11　LabVIEW 启动界面

启动窗口左边"新建"选项栏提供"VI"、"项目"、"基于模板的 VI"等的创建选项。其中"VI"选项用于创建一个新的 VI 程序；"项目"选项用于集合 LabVIEW 文件和非 LabVIEW 文件、创建程序、生成规范以及在终端部署或下载文件；"基于模板的 VI"选项列出了 LabVIEW 系统提供的程序模板，用户可以基于这些模板创建自己的应用；"更多"选项中除了包含上述文档类型外，还列出了其他类型，如库、类、全局变量、运行时菜单等。单击"更多"、"基于模板的 VI"及"新建"都将打开新建窗口，如图 2-12 所示。新建窗口提供了创建各种 LabVIEW 程序选项。

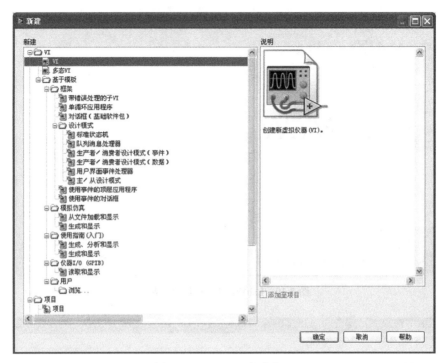

图 2-12　LabVIEW 新建窗口

通过启动窗口左边的"打开"选项栏可以打开已存在的各种 LabVIEW 文件，单击"打开"或"浏览"按钮都将弹出"选择打开文件"对话框。同时，最近编辑的 LabVIEW 文件将在"打开"选项栏中列出，如要打开，则直接单击该文件。

右边的"ni.com 最新消息"提供通过网络访问 NI 网站浏览最新的与 LabVIEW 相关的新闻、技术内容、新的范例及培训资源；"在线支持"同样是通过网络访问 NI 论坛、知识库等来获取相关的在线支持；"帮助"和"范例"主要提供一些 LabVIEW 使用帮助文档及 LabVIEW 实例程序。

另外，在启动界面上还包含了"文件"、"操作"、"工具"、"帮助" 4 个菜单，这些菜单将在 2.2.4 节中介绍。

打开现有文件或创建新文件后启动窗口将消失。关闭所有已打开的前面板和程序框图后启动窗口会再次出现。可通过选择前面板或程序框图的菜单"查看"→"启动窗口"显示该窗口。

2.2.3　LabVIEW 编程界面

LabVIEW 是虚拟仪器的开发工具，LabVIEW 程序又称虚拟仪器，即 VI，其扩展名均默认为 vi，其外观和操作均模仿现实仪器，如示波器和万用表。每个 VI 都使用函数从用户界面或其他渠道获取信息输入，然后将信息显示或传输至其他文件或计算机。VI 的编程界面包括前面板和程序框图两部分。

在图 2-11 所示启动界面"新建"选项栏中选择"VI"选项，将建立一个新的空白 LabVIEW 应用程序，该应用程序包含一个前面板和一个程序框图。

前面板是一个图形用户界面，该界面用来模拟真实仪器前面板，由输入控件和显示控件组成，这些控件是 VI 的输入/输出端口。输入控件是指旋钮、按钮、转盘等模拟仪器的输入装置，它为

VI 的程序框图提供数据。显示控件是指图表、指示灯等模拟仪器的输出显示装置，用以显示程序框图获取或生成的数据。图 2-13 所示为一个前面板示例，其中包含了一个波形显示控件、一个用于调节波形幅度的转盘控件和一个 While 循环停止按钮。

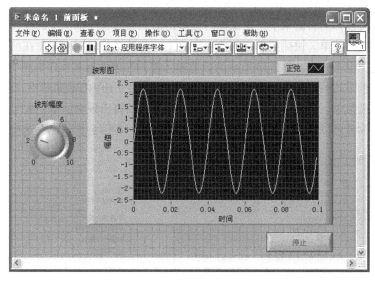

图 2-13 LabVIEW 前面板

每一个前面板都有一个程序框图与之对应，与图 2-13 对应的程序框图如图 2-14 所示。

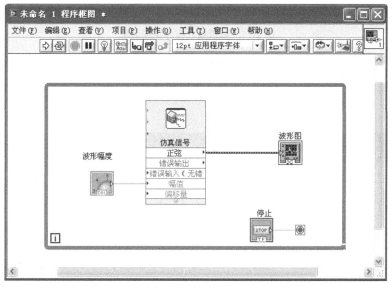

图 2-14 LabVIEW 程序框图

程序框图是图形化源代码的集合，图形化源代码又称 G 代码或程序框图代码，它是定义 VI 功能的图形化源代码。程序框图由节点、端口和数据连线等组成，在框图中对 VI 编程就是对输入信息进行运算和处理，最后在前面板上把结果显示出来反馈给用户。在图 2-14 中，用户可以看到在前面板放置的波形显示控件和转盘控件在程序框图中就有对应的端口与其对应。

2.2.4 LabVIEW 菜单和工具栏

1. LabVIEW 菜单

LabVIEW 有两种类型的菜单：主菜单和快捷（Shortcut）菜单。

快捷菜单也可以称为右键菜单，用鼠标右键单击前面板或程序框图中的任何对象都可以弹出对应于该对象的快捷菜单。快捷菜单中的选项取决于对象的类型，同一对象在前面板和程序框图中的快捷菜单选项也不一样。图 2-15 所示为数值输入控件在前面板和程序框图中的快捷菜单，其中左侧的为前面板中的菜单，右侧为程序框图中的菜单。在 LabVIEW 菜单中，菜单项后有"▶"符号的表示有下级菜单，有"…"符号的表示选择此类选项将出现对话框。关于快捷菜单，在此不做详细介绍，读者可以在编程实践中结合实例多加摸索，相信会很快熟悉这些菜单项的用法。

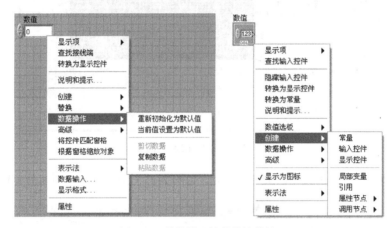

图 2-15　数值输入控件快捷菜单

主菜单是 LabVIEW 编程环境界面的主要操作及命令菜单，提供一系列丰富的操作命令，主要包括文件、编辑、查看、项目、操作、工具、窗口和帮助，如图 2-16 所示。下面介绍 LabVIEW 主菜单。

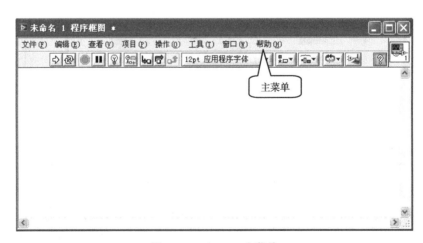

图 2-16　LabVIEW 主菜单

（1）文件菜单

文件菜单用于执行基本的文件操作（例如，打开、关闭、保存和打印文档等），也可用于打开、关闭、保存和创建 LabVIEW 项目。下面对文件菜单的全部选项及功能进行说明。

- 新建 VI：新建一个 VI。
- 新建：显示新建对话框，在 LabVIEW 中为生成应用程序创建不同的组件。新建对话框也可用于创建基于模板的组件。
- 打开：显示标准文件对话框，用于打开文件。
- 关闭：关闭当前文件。弹出的对话框用于确认是否保存改动。
- 关闭全部：关闭所有打开的文件。弹出的对话框用于确认是否保存改动。
- 保存：保存当前文件。第一次保存文件时，弹出的对话框用于确认文件名和保存地址。
- 另存为：保存当前文件的副本，为文件重命名，或将 VI 层次结构复制到新地址。
- 保存全部：保存所有打开的文件（包括项目和库文件）。
- 保存为前期版本：使 VI 保存为适用于 LabVIEW 前期版本的文件。
- 还原：放弃自上次保存以来的所有改动。也可用恢复 VI 方法，通过编程恢复最近保存的 VI。
- 新建项目：新建一个项目。
- 打开项目：显示标准文件对话框，用于打开项目文件。
- 保存项目：保存当前项目。第一次保存项目时，弹出的对话框用于确认文件名和保存地址。
- 关闭项目：关闭当前项目及其项目文件。弹出的对话框用于确认是否保存对项目或文件的改动。
- 页面设置：显示页面设置对话框，用于设置 VI、模板或对象文件的打印选项。
- 打印：显示打印对话框，用于打印 VI、模板或对象的说明信息，或者生成 HTML、RTF 和文本说明信息。
- 打印窗口：显示用于打印前面板或程序框图的对话框。选择前面板上的菜单选项可打印前面板；选择程序框图上的菜单选项可打印程序框图。选择这些选项可打印前面板或程序框图，但不包括条件结构、事件结构或层叠式顺序结构中隐藏的子程序框图。
- VI 属性：显示 VI 属性对话框，用于自定义 VI。
- 近期项目：打开近期打开的项目文件。
- 近期文件：打开近期打开的文件。
- 退出：退出 LabVIEW。程序结束前弹出的对话框用于确认是否保存改动。

（2）编辑菜单

编辑菜单用于查找和修改 LabVIEW 文件及其组件。

- 撤销：取消上次操作。
- 重做：取消上次的撤销操作。
- 剪切：删除所选对象，并将其复制到剪贴板。
- 复制：复制所选对象并将其复制到剪贴板。
- 粘贴：将剪贴板中的内容置于活动窗口。
- 从项目中删除：删除所选项，且不保存到剪贴板。
- 选择全部：选择前面板或程序框图中的所有对象。
- 当前值设置为默认值：将控件和常量的当前值设置为默认值。设当前值为默认值的方法是通过编程将当前值设为默认值。
- 重新初始化为默认值：将控件和常量重新设置为其默认值。全部控件重新初始化为默认值的方法是通过编程将控件和常量重新设为其默认值。

● 自定义控件：修改当前的前面板控件对象并以"ctl"为扩展名保存。

● 导入图片至剪贴板：导入图片至剪贴板以供 VI 使用。

● 设置 Tab 键顺序：设置前面板对象的顺序。

● 删除断线：删除当前 VI 中的所有断线。

● 整理程序框图：重新整理程序框图上的已有连线和对象，获得更清晰的布局。

● 从层次结构中删除断点：删除所有 VI 层次结构中的断点。该选项仅对 VI 的编辑菜单有效。

● 从所选项创建 VI 片段：显示"将 VI 片段另存为"对话框，用于指定保存程序框图代码片断的目录。选择菜单项前应选择要保存的代码片断。

● 创建子 VI：从所选对象创建新的子 VI。

● 启用前面板/程序框图网格对齐：启用前面板或程序框图的网格对齐功能。启用网格对齐功能后，该选项将变为"禁用前面板/程序框图网格对齐"。

● 对齐所选项：对齐前面板上的选中对象。

● 分布所选项：均匀分布前面板上的选中对象。

● VI 修订历史：显示修订历史记录窗口，用于查看当前 VI 的历史记录和文档修订记录。

● 运行时菜单：显示菜单编辑器对话框，可创建并编辑运行时菜单（RTM）文件并将其应用于 VI。

● 查找和替换：显示查找对话框，可查找和替换 VI、对象或文本。

● 显示搜索结果：LabVIEW 搜索所有所需的对象或文本并显示在搜索结果窗口中，可用于替换其他对象或文本。

（3）查看菜单

查看菜单包含用于显示 LabVIEW 开发环境窗口的选项（包括错误列表窗口、启动窗口和导航窗口），还可显示选板以及与项目相关的工具栏。浏览关系选项用于查看当前 VI 及其层次结构。

● 控件选板：显示控件选板。

● 函数选板：显示函数选板。

● 工具选板：显示工具选板。

● 快速放置：显示快速放置对话框。

● 断点管理器：显示断点管理器窗口，启用、禁用或清理 VI 层次结构中的断点。

● 探针查看窗口：显示探针查看窗口，查看流经探针连线的数据。

● 错误列表：显示错误列表窗口（包含当前 VI 的错误信息）。

● 加载并保存警告列表：显示加载并保存警告列表对话框。

● VI 层次结构：显示 VI 层次结构窗口，用于查看内存中 VI 的子 VI 和其他节点，并搜索 VI 的层次结构。

● LabVIEW 类层次结构：显示 LabVIEW 类层次结构窗口，用于查看内存中 LabVIEW 类的层次结构并搜索 LabVIEW 类的层次结构。

● 浏览关系：查看当前 VI 及其层次结构。

● 项目中的本 VI：显示项目浏览器窗口（包含当前选定的 VI）。

● 类浏览器：显示类浏览器窗口，用于选择可用的对象库并查看该库中的类、属性和方法。

● ActiveX 属性浏览器：显示 ActiveX 属性浏览器，用于查看和设置与 ActiveX 容器中的 ActiveX 控件或文档相关的所有属性。

- 启动窗口：显示启动窗口。
- 导航窗口：显示导航窗口。
- 工具栏：用于显示或隐藏标准、项目、生成和源代码控制工具栏。该工具栏仅出现在项目浏览器窗口。

（4）项目菜单

项目菜单用于执行基本的文件操作（例如打开、关闭、保存项目、根据程序生成规范创建程序以及查看项目信息）。只有在加载项目后，项目菜单选项才可用。

- 新建项目：新建一个项目。
- 打开项目：显示标准文件对话框，用于打开项目文件。
- 保存项目：保存当前项目。第一次保存项目时，弹出的对话框用于确认文件名和保存地址。
- 关闭项目：关闭当前项目及其项目文件。弹出的对话框用于确认是否保存对项目或文件的改动。
- 添加至项目：提供可添加至项目的选项。
- 筛选视图：显示或隐藏项目浏览器中的依赖关系和程序生成规范。
- 显示项路径：显示项目浏览器中的路径栏。
- 文件信息：显示项目文件信息对话框。
- 解决冲突：显示解决项目冲突对话框。只有在项目中存在冲突时 LabVIEW 才启用该选项。
- 属性：显示项目属性对话框。

（5）操作菜单

操作菜单包含控制 VI 操作的各类选项，也可用于调试 VI。

- 运行：运行 VI。也可使用工具栏上的"运行"按钮实现相同功能。
- 停止：在执行结束前停止 VI 的运行。该操作可使系统处于不稳定状态，应避免使用停止选项退出 VI。建议使用布尔开关或类似方式停止连续运行的 VI。
- 单步步入：打开节点然后暂停。再次选择单步步入，将执行第一个操作，然后在子 VI 或结构的下一个动作前暂停。该选项类似于程序框图中的"单步步入"按钮。
- 单步步过：执行节点并在下一个节点前暂停。该选项类似于程序框图中的"单步步过"按钮。
- 单步步出：结束当前节点的操作并暂停。VI 结束操作时，"单步步出"选项为灰色。该选项类似于程序框图中的"单步步出"按钮。
- 调用时挂起：在 VI 作为子 VI 被调用时挂起。也可使用调用时挂起属性，通过编程挂起 VI。
- 结束时打印：在 VI 运行后打印前面板。该选项类似于 VI 属性对话框打印选项页中的"每次 VI 执行结束时自动打印前面板"选项。也可使用结束后打印属性，通过编程方式打印前面板。
- 结束时记录：在 VI 结束操作时进行数据记录。也可使用结束后记录属性，通过编程记录数据。
- 数据记录：打开数据记录功能。
- 切换至运行模式：切换 VI 至运行模式，使 VI 运行或处于预留运行状态。VI 处于运行模式时，所有的前面板对象都有简化的快捷菜单项集合。用户无法对运行模式下的 VI 进行编辑，但是可以改变前面板控件的值、运行或停止 VI，并在菜单栏上进行选择操作。处于运行模式时，菜单选项将变为切换至编辑模式。
- 连接远程前面板：连接并控制运行于远程计算机上的前面板。

● 调试应用程序或共享库：显示调试应用程序或共享库对话框，调试独立应用程序或共享库（已启用应用程序生成器进行调试）。

（6）工具菜单

工具菜单用于配置 LabVIEW、项目或 VI。

● Measurement & Automation Explore：用于配置连接在系统上的仪器和数据采集硬件。只有在安装 Measurement & Automation Explorer 后，Measurement & Automation Explorer 选项才可用。

● 仪器：包含用于查找或创建仪器驱动程序的工具。

● 比较：包含比较函数。LabVIEW 专业版开发系统支持该选项。

● 合并：访问合并函数。LabVIEW 专业版开发系统支持该选项。

● 性能分析：包含性能分析函数。

● VI 统计：显示 VI 统计窗口，用于大致了解程序的复杂程度。

● 安全：包含用于安全保护功能。

● 用户名：显示用户登录对话框，用于设置或更改 LabVIEW 用户名。

● 通过 VI 生成应用程序：显示通过 VI 生成应用程序对话框，可在创建的独立生成规范中添加应用程序属性对话框源文件页开始 VI 目录树中打开的 VI。LabVIEW 专业版开发系统和应用程序生成器支持该项。

● 转换程序生成脚本：显示转换程序生成脚本对话框，用于将程序生成脚本文件（.bld）的设置由前期 LabVIEW 版本转换为新项目中的程序生成规范。LabVIEW 专业版开发系统和应用程序生成器支持该项。

● 源代码控制：包含源代码控制操作。LabVIEW 专业版开发系统支持该选项。

● LLB 管理器：显示 LLB 管理器窗口，用于复制、更名、删除 VI 库中的文件。也可将 VI 标记为库中的顶层 VI。LLB 管理器窗口中所做的改动不能被撤销。

● 导入：包含用于管理.NET 和 ActiveX 对象、共享库和 Web 服务的功能。

● 共享变量：包含共享变量函数。

● 分步式系统管理器：显示 NI 分布式系统管理器对话框，用于在项目环境之外编辑、创建和监控共享变量。

● 在磁盘上查找 VI：显示在磁盘上查找 VI 窗口，用于在目录中根据文件名查找 VI。

● NI 范例管理器：显示 NI 范例管理器对话框，配置在 NI 范例查找器中显示的范例 VI。

● 远程前面板连接管理器：管理所有通向服务器的客户流量。

● Web 发布工具：显示 Web 发布工具对话框，用于创建 HTML 文件并嵌入 VI 前面板图像。

● 高级：包含 LabVIEW 高级功能。

● 选项：显示选项对话框，以便自定义 LabVIEW 环境以及 LabVIEW 应用程序的外观和操作。

（7）窗口菜单

窗口菜单用于设置当前窗口的外观。窗口菜单最多可显示 10 个打开的窗口。单击窗口即可使该窗口处于活动状态。

● 显示前面板/显示程序框图：显示当前 VI 的前面板或程序框图。

● 显示项目：显示项目浏览器窗口，其中的项目包含当前 VI。

● 左右两栏显示：分左右两栏显示打开的窗口。

● 上下两栏显示：分上下两栏显示打开的窗口。

● 最大化窗口：最大化显示当前窗口。

● 全部窗口：显示全部窗口对话框。全部窗口对话框用于管理所有打开的窗口。

（8）帮助菜单

帮助菜单包含对 LabVIEW 功能和组件的介绍、全部的 LabVIEW 文档，以及 NI 技术支持网站的链接。

● 显示即时帮助：显示即时帮助窗口。

● 锁定即时帮助：锁定或解除锁定即时帮助窗口的显示内容。

● 搜索 LabVIEW 帮助：显示 LabVIEW 帮助。帮助文件包含 LabVIEW 选板、菜单、工具、VI 和函数的参考信息。LabVIEW 帮助还提供使用 LabVIEW 功能的分步指导信息。

● 解释错误：提供关于 VI 错误的完整参考信息。

● 本 VI 帮助：直接查看 LabVIEW 帮助中关于 VI 的完整参考信息。

● 查找范例：查找范例 VI。用户可根据需要修改范例，或者通过复制、粘贴在所创建的 VI 中使用范例 VI。

● 查找仪器驱动：显示 NI 仪器驱动查找器，查找和安装 LabVIEW 即插即用仪器驱动。

● 网络资源：可直接连接至 NI 技术支持网站、知识库、NI 开发者园地以及其他 NI 在线信息。

● 激活 LabVIEW 组件：显示 NI 激活向导，用于激活 LabVIEW 许可证。该选项仅在 LabVIEW 试用模式下出现。

● 专利信息：显示 LabVIEW 当前版本（包括工具包和模块）的专利权信息。如需查看产品的最新专利权信息，请访问 NI 网站。

● 关于 LabVIEW：显示 LabVIEW 当前版本的概况信息（包括版本号和序列号等）。

需要说明的是，以上菜单中有些菜单还有二级菜单选项，本书未对二级菜单做详细介绍，读者可以查阅相关手册。另外，某些菜单项仅出现在特定的操作系统或特定的 LabVIEW 开发系统中，只有在"项目浏览器"中选择某个选项或某个 VI 后，才显示该菜单项。

2. LabVIEW 工具栏

在 LabVIEW 前面板窗口和程序框图窗口中各有一个用于控制 VI 的命令按钮和状态指示器的工具栏，通过工具栏上的按钮可以快速访问一些常用的如运行、中断、终止、调试 VI、修改字体、对齐、组合、分布对象等程序功能。尽管前面板和程序框图工具栏各包含一些相同的按钮和指示器，但它们是不完全相同的。另外，在 LabVIEW 编程环境的不同状态下，工具条上的按钮和指示器也有不同。图 2-17 列出了前面板在编辑状态和运行状态下的工具栏，图 2-18 列出了程序框图在编辑状态和运行状态下的工具栏。

图 2-17　LabVIEW 前面板工具栏

图 2-18　LabVIEW 程序框图工具栏

表 2-1 列出了工具栏一些主要按钮和指示器的图标、名称和功能。

表 2-1   工具栏按钮功能说明

图 标	按钮名称	功 能 说 明
	运行	运行 VI。如有需要，LabVIEW 对 VI 进行编译。工具栏上"运行"按钮为白色实心箭头时表示 VI 可以运行，如左图所示。白色实心箭头也表示为 VI 创建连线板后可将其作为子 VI 使用
	正在运行	VI 运行时，如果是顶层 VI，"运行"按钮将如左图所示，表明没有调用方，因此不是子 VI
	正在运行	如果运行的是子 VI，"运行"按钮将如左图所示
	列出错误	创建或编辑 VI 时，如果 VI 存在错误，"运行"按钮将显示为断开，如左图所示。如果程序框图完成连线后，"运行"按钮仍显示为断开，则 VI 是断开的，无法运行
	连续运行	连续运行 VI 直至中止或暂停操作
	中止执行	中止顶层 VI 的运行。多个运行中的顶层 VI 使用当前 VI 时，按钮显示为灰色。也可使用中止 VI 方法通过编程中止 VI 运行。注：按钮在 VI 完成当前循环前立即停止 VI 运行。中止使用外部资源（如外部硬件）的 VI 可能导致外部资源无法恰当复位或释放并停留在一个未知状态。VI 设计了一个"停止"按钮，可防此类问题的发生
	暂停	暂停或恢复执行。单击"暂停"按钮，程序框图中暂停执行的位置将高亮显示。再按一次可继续运行 VI。运行暂停时，"暂停"按钮为红色
	高亮显示执行过程	单击"运行"按钮后可动态显示程序框图的执行过程。高亮显示执行过程按钮为黄色时，表示高亮显示执行过程已被启用
	保存连线值	保存数据值。单击"保存连线值"按钮，LabVIEW 将保存运行过程中的每个数据值，将探针放在连线上时，可立即获得流经连线的最新数据值
	单步步入	打开节点然后暂停。再次单击"单步步入"按钮时，将执行第一个操作，然后在子 VI 或结构的下一个操作前暂停。也可按 Ctrl 键和向下箭头键
	单步步过	执行节点并在下一个节点前暂停。也可按 Ctrl 键和向右箭头键
	单步步出	结束当前节点的操作并暂停。VI 结束操作时，"单步步出"按钮将变为灰色。也可按 Ctrl 键和向上箭头键
12pt 应用程序字体	文本设置	为 VI 修改字体设置。注：VI 在断点处停止时，如其他 VI 调用该停止的 VI，文本字符串的位置将出现调用列表下拉菜单。在调用列表下拉菜单中选择一个 VI，可查看该 VI 的程序框图
	对齐对象	根据轴对齐对象，包含 6 种对齐方式
	分布对象	均匀分布对象，包含 10 种分布方式
	调整对象大小	调整多个前面板对象的大小，使其大小统一，包含 7 种调整方式
	重新排序	移动对象，调整其相对顺序。有多个对象相互重叠时，可选择重新排序下拉菜单，将某个对象置前或置后
	整理程序框图	自动将程序框图上的对象重新连线以及重新安排位置
	显示即时帮助	显示即时帮助窗口
	确定输入	如果输入新值，将显示该按钮，确认是否替换旧值。单击"确定输入"按钮、按 Enter 键或单击前面板或程序框图工作区，按钮将消失

续表

图　标	按钮名称	功　能　说　明
⚠	警告	如果 VI 中包含警告信息且在错误列表窗口中已勾选显示警告选项，则将显示警告信息
🖐	同步其他应用程序实例	对 VI 的改动应用至所有的程序实例。按按钮后不能撤销对 VI 所做的改动。只有在一个多应用程序实例中编辑 VI 时，才可用该按钮

2.2.5　LabVIEW 选板

LabVIEW 选板有工具选板、控件选板和函数选板。

1．工具选板

在 LabVIEW 主菜单中选择"查看"→"工具选板"即可打开工具选板，如图 2-19 所示。在 LabVIEW 中，工具选板的位置将被保留，从而使选板在 LabVIEW 再次打开时仍出现在同一位置。在前面板和程序框图中都可看到工具选板，工具选板上的每一个工具都对应于鼠标的一个操作模式，指针对应于选板上所选择的工具图标，可选择合适的工具对前面板和程序框图上的对象进行操作和修改。当从选板中选择一种工具后，鼠标指针会变成与该工具相对应的形状，当鼠标在工具图标上停留一定时间后，会自动弹出该工具的提示框。

图 2-19　LabVIEW 工具选板

表 2-2 列出了工具选板中的各种工具及对应的功能。

如果自动选择工具已打开，则自动选择工具指示灯呈高亮状态，当指针移到前面板或程序框图的对象上时，LabVIEW 将自动从工具选板中选择相应的工具。使用自动选择工具可以提高 VI 的编辑效率。

表 2-2　　　　　　　　　　　　　　　工具选板功能列表

图　标	名　称	功　能
✖ ▭	自动选择工具	如果已打开自动选择工具，当鼠标指针移到前面板或程序框图的对象上时，LabVIEW 将从工具选板中自动选择相应的工具。也可禁用自动选择工具，手动选择工具
🖑	操作值	改变控件值
▲	定位/调整大小/选择	定位、选择或改变对象大小
𝐀	编辑文本	创建自由标签和标题、编辑标签和标题或在控件中选择文本，也称标签工具
◆	连线	在程序框图中为对象连线
▤	对象快捷菜单	打开对象的快捷菜单
🖐	滚动窗口	在不使用滚动条的情况下滚动窗口
◉	断点工具	在 VI、函数、节点、连线、结构或 MathScript 节点的代码行上设置断点，使执行在断点处停止，也可清除断点
⊕	探针	在连线或 MathScript 节点上创建探针。使用探针工具可查看产生问题或意外结果的 VI 中的即时值

图 标	名 称	功 能
	获取颜色	通过上色工具复制用于粘贴的颜色
	设置颜色	设置前景色和背景色，也称为上色工具

如果取消自动选择工具功能，则单击工具选板上的"自动选择工具"按钮，此时，"自动选择工具"指示灯呈灰黑色，表明自动选择工具功能已关闭。自动选择工具关闭后，用户可使用"Tab"键，按其在选板上出现的顺序轮选最常用的工具，也可以单击所需工具来使用某一工具，无须通过单击来禁用自动选择工具，完成后，按"Tab"键或单击"自动工具选择"按钮，重新启用自动选择工具。

另外，在前面板或程序框图空白区域按"Shift"键并单击右键，鼠标指针所在位置将出现临时工具选板。

2. 控件选板

控件选板在前面板中显示，只有打开前面板时才能调用该选板，该选板用来给前面板放置各种所需的输出显示对象和输入控制对象，如图 2-20 所示。

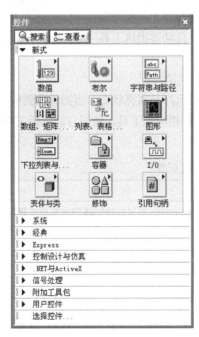

图 2-20 控件选板

如果控件选板不可见，可以选择"查看"→"控件选板"菜单项使其显示出来，如图 2-20 左图所示，也可以在前面板上单击鼠标右键，弹出临时控件选板，如图 2-20 右图所示。单击临时控件选板左上角的图钉可在将选板锁定在当前位置，LabVIEW 将记住控件选板的位置和大小，当 LabVIEW 重启时选板的位置和大小保持不变。

在默认状态下，各种输入控件对象和输出显示控件对象按照不同类型归为若干子选板，每个图标代表一类子选板。图标中右上角的"▸"图标表明该图标为一个子选板，其中具体控件还需要展开子选板再进一步选择。另外，控件提供多种可见类别和样式（如"新式"、"系统"、"经典"

等），用户可以根据自己的需要来选择。

表 2-3 列出了新式控件选板中各控件子选板及功能。

表 2-3　　　　　　　　　　　　新式控件选板子选板及其功能

图　标	子选板名称	功　能
	数值	数值的控制和显示，包含数字式、指针式显示表盘及各种输入框
	布尔	逻辑数值的控制和显示，包含各种布尔开关、按钮以及指示灯等
	字符串与路径	用于创建文本输入框和标签、输入和返回文件或目录的地址
	数组、矩阵与簇	用于创建数组、矩阵和簇的输入和显示控件
	列表、表格和树	创建各种列表、表格和树的控制和显示
	图形	创建显示数据结果的趋势图和曲线图
	下拉列表与枚举	用来创建可循环浏览的字符串列表。下拉列表控件是将数值与字符串或图片建立关联的数值对象。枚举控件用于向用户提供一个可供选择的项列表
	容器	组合输入控件和显示控件或显示当前 VI 之外的其他 VI 的前面板
	I/O	可将所配置的 DAQ 通道名称、VISA 资源名称和 IVI 逻辑名称传递至 I/O VI，与仪器或 DAQ 设备进行通信
	变体与类	用来与变体和类数据进行交互
	修饰	用于修饰和定制前面板的图形对象
	引用句柄	可用于对文件、目录、设备和网络连接进行操作

新式选板上的对象具有高彩外观。为了获取对象的最佳外观，显示器最低应设置为 16 色位。位于新式面板上的控件也有相应的低彩对象，经典选板上的控件就适于创建低色显示器上显示的 VI。

系统控件专为在对话框中使用而特别设计，包括下拉列表和旋转控件、数值滑动杆、进度条、滚动条、列表框、表格、字符串和路径控件、选项卡控件、树形控件、按钮、复选框、单选按钮和自动匹配父对象背景色的不透明标签。这些控件仅在外观上与前面板控件不同，其颜色与为系统设置的颜色相同。

在不同的 VI 运行平台上，系统控件的外观也不同。在不同的平台上运行 VI 时，系统控件将改变颜色和外观，与该平台的标准对话框控件匹配。

在 LabVIEW 的不同选板中可找到相似的控件。例如，系统选板布尔子选板上的"取消"按钮类似于新式选板布尔子选板上的"取消"按钮。

3. 函数选板

函数选板在程序框图中显示，只有打开程序框图时才能调用该选板，该选板是创建流程图程序的工具，如图 2-21 所示。

图 2-21　函数选板

如果函数选板不可见,可以选择"查看"→"函数选板"菜单项使其显示出来,如图 2-21 左图所示,也可以在程序框图上单击鼠标右键,弹出临时函数选板,如图 2-21 右图所示。单击临时函数选板左上角的图钉可将选板锁定在当前位置,LabVIEW 同样将记住函数选板的位置和大小,当 LabVIEW 重启时选板的位置和大小保持不变。

函数选板中包含创建程序框图所需的 VI 和函数。和控件选板类似,在函数选板中按 VI 和函数的类型,将 VI 和函数归入不同的子选板中。同样,函数选板根据显示类别显示不同的 VI 和函数并划分为基本编程选板和其他 13 个特殊功能的选板。

表 2-4 列出了编程选板中各子选板及其功能。

表 2-4　　　　　　　　　　　　　　编程选板各子选板及其功能

图　标	子选板名称	功　　能
	结构	包括程序控制结构命令,如循环控制、全局变量和局部变量等
	数组	用于数组的创建和操作,包括数组运算函数、数组转换函数,以及数组常量等
	簇、类与变体	创建、操作簇和 LabVIEW 类,将 LabVIEW 数据转换为独立于数据类型的格式、为数据添加属性,以及将变体数据转换为 LabVIEW 数据
	数值	可对数值创建和执行算术及复杂的数学运算,或将数从一种数据类型转换为另一种数据类型。初等与特殊函数选板上的 VI 和函数用于执行三角函数和对数函数
	布尔	用于对单个布尔值或布尔数组进行逻辑操作

图　　标	子选板名称	功　　能
	字符串	用于合并两个或两个以上字符串、从字符串中提取子字符串、将数据转换为字符串、将字符串格式化用于文字处理或电子表格应用程序
	比较	用于对布尔值、字符串、数值、数组和簇的比较
	定时	用于控制运算的执行速度并获取基于计算机时钟的时间和日期
	对话框与用户界面	用于创建提示用户操作的对话框
	文件 I/O	用于打开和关闭文件、读/写文件、在路径控件中创建指定的目录和文件、获取目录信息、将字符串、数字、数组和簇写入文件
	波形	用于生成波形（包括波形值、通道、定时以及设置和获取波形的属性和成分）
	应用程序控制	用于通过编程控制位于本地计算机或网络上的 VI 和 LabVIEW 应用程序。此类 VI 和函数可同时配置多个 VI
	同步	用于同步并行执行的任务并在并行任务间传递数据
	图形与声音	用于创建自定义的显示、从图片文件导入/导出数据以及播放声音
	报表生成	用于 LabVIEW 应用程序中报表的创建及相关操作。也可使用该选板中的 VI 在书签位置插入文本、标签和图形

4. 选板操作

使用控件和函数选板工具栏上的按钮，可以查看、配置选板，执行搜索控件、VI 和函数等操作。

⬆：返回所属选板，转到选板的上级目录。只有当选板显示模式设为图标、文本、图标和文本，才会显示该按钮。单击该按钮并保持指针位置不动，将显示一个快捷菜单，列出当前子选板路径中包含的各个子选板，单击快捷菜单上的子选板名称可进入子选板。LabVIEW 中的控件选板和函数选板都是按层次组织的，当显示模式为图标、文本、图标和文本，并以单击鼠标左键进入某个子选板时，将会用该子选板替换原来的选板。在其他模式下，单击进入某个子选板，子选板将在原来选板上直接展开。

🔍搜索：用于将选板转换至搜索模式，通过文本搜索来查找选板上的控件、VI 或函数。选板处于搜索模式时，可单击"返回"按钮，退出搜索模式，显示选板。

查看▾：用于选择当前选板的视图模式，显示或隐藏所有选板目录，在文本和树形模式下按字母顺序对各项排序。单击该按钮，弹出快捷菜单。在快捷菜单中选择"查看本选板"，弹出选板视图模式选择菜单，从而可以更改选板视图模式。可供选择的视图模式有类别（标准）、类别（图标和文本）、图标、图标和文本、文本、树形。选择"按字母排序"可以在文本和树形模式下按字母顺序对各项排序。选择"更改可见类别"可以更改显示选板目录，从而有选择地显示某些选板。选择"选项"，可打开选项对话框中的控件/函数选板页，为所有选板选择显示模式。对于单击鼠标右键弹出的临时控件/函数选板，只有当单击选板左上方的图钉标识将选板锁定时，才会显示该按钮。

▫：恢复选板大小，将选板恢复至默认大小。只有通过拖动调整了选板的大小后（或对于临时选板，只有单击选板左上方图钉锁定选板，并调整选板的大小），才会出现该按钮。

2.3 LabVIEW 帮助系统

为了让用户更快地掌握 LabVIEW，更好地理解 LabVIEW 的编程机制，并使用 LabVIEW 编写出优秀的应用程序，LabVIEW 提供了全面而丰富的帮助信息。有效地利用这些帮助信息是快速掌握 LabVIEW 的一条捷径。LabVIEW 帮助包括即时帮助、使用目录、索引和查找的在线帮助、LabVIEW 范例及网络资源等，内容涵盖 LabVIEW 编程理论、编程分步指导以及 VI、函数、选板、菜单和工具的参考信息等。

1. 使用即时帮助

选择主菜单中"帮助"→"显示即时帮助"、直接单击工具栏上的图标按钮 或按快捷键 Ctrl+H

图 2-22 "即时帮助"对话框

都可以弹出"即时帮助"对话框，如图 2-22 所示。

在"即时帮助"对话框弹出的情况下，将指针移至一个对象上，"即时帮助"对话框将显示该 LabVIEW 对象的基本信息。VI、函数、常数、结构、选板、属性、方式、事件、对话框和项目浏览器中的项均有即时帮助信息。"即时帮助"对话框还可帮助确定某个 VI 或函数需要连线的接线端。

锁定"即时帮助"对话框当前的内容，当鼠标指针移到其他位置时，对话框的内容将保持不变。选择"帮助"→"锁定即时帮助"、单击即时帮助窗口上的锁定按钮图标 或按快捷键 Ctrl+Shift+L 都可锁定或解锁即时帮助窗口的当前内容。

单击"即时帮助"对话框上的"显示/隐藏可选接线端和完整路径"按钮 将显示/隐藏连线板的可选接线端和 VI 的完整路径。

如果"即时帮助"对话框中的对象在 LabVIEW 帮助中也有描述，则"即时帮助"对话框中会出现一个蓝色的"详细帮助信息"的链接。单击该链接或"即时帮助"对话框上 图标可获取更多关于该对象的信息。

2. 使用 LabVIEW 帮助

即时帮助可以实时显示帮助信息，但是它的帮助不够详细，有些时候不能满足编程的需要，这时就需要通过帮助文件的目录和索引来查找帮助。单击菜单"帮助"→"搜索 LabVIEW 帮助"或按快捷键 Ctrl+?，可以打开 LabVIEW 的帮助文件，如图 2-23 所示。在这里用户可以使用目录、索引和搜索来查找帮助。

用户可以根据索引查看某个感兴趣的对象的帮助信息，也可以打开搜索页，直接用关键词搜索帮助信息。同时，在这里用户可以找到最为详尽的关于 LabVIEW 中每个对象的使用说明及其相关对象说明的链接。LabVIEW 帮助文件可以说是学习 LabVIEW 最为有力的工具之一。

3. 范例查找

LabVIEW 编程范例包含了 LabVIEW 各个功能模块的应用实例，学习和借鉴 LabVIEW 中的例程不失为一种快速、深入学习 LabVIEW 的好方法。通过菜单"帮助"→"查找范例"可以打开 LabVIEW 的范例查找器，如图 2-24 所示。

LabVIEW 中包含了数百个 VI 范例，用户可使用这些 VI 并将其整合到自己创建的 VI 中。除

LabVIEW 内置的范例 VI 之外，在 NI Developer Zone 中可查看到更多的范例 VI。用户可根据应用程序的需要对范例进行修改，也可复制并粘贴一个或多个范例到自行创建的 VI 中。

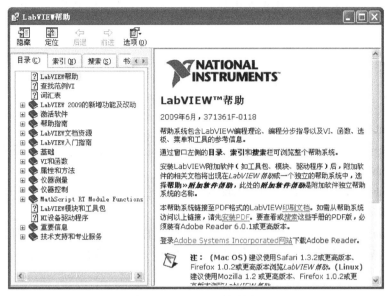

图 2-23　LabVIEW 帮助界面

图 2-24　NI 范例查找器

范例在浏览方式下按照任务和目录结构分门别类地显示出来，方便用户按照各自的需求查找和借鉴。另外，也可以利用搜索功能用关键字来查找例程，甚至还可以向 NI Developer Zone 提交自己编写的程序来作为范例。如果想要向 NI Developer Zone 提交自己编写的程序，可以在 NI 范例查找器中单击"提交"选项卡，单击提交范例按钮即可以连接到 NI 的官方网站提交范例。

4. LabVIEW 网络资源

LabVIEW 网络资源包括 LabVIEW 论坛、培训课程及 NI Developer Zone 等丰富的资源。通过菜单"帮助"→"网络资源"即可连接到 NI 公司的官方网站 www.ni.com/labview，该网站提供了大量的网络资源和相关链接。特别是在 NI Developer Zone，用户可以提问、发表看法、与全世界的 LabVIEW 编程人员交流 LabVIEW 使用心得，用户可以在这些 LabVIEW 网络资源中寻找所需的帮助信息。

2.4 习　　题

1. 简述 LabVIEW 的发展历程。

2. 一个 VI 包括哪两个主要部分？各自的主要功能是什么？如何在它们之间进行切换？

3. 简述 LabVIEW 菜单的组成及各自的功能。

4. 简述 LabVIEW 工具栏的作用，比较前面板工具栏和程序框图工具栏的相同和不同之处，比较工具栏在编辑和运行时的差异。

5. 简述 LabVIEW 工具选板、控件选板、函数选板的功能及各自的使用范围。

6. LabVIEW 帮助系统提供了哪些获取帮助的方式？说明范例查找的作用。

第3章
LabVIEW 基本操作

在前面的章节中已经介绍了 LabVIEW 2009 的编程环境，包括编程界面、菜单及各种选板。在了解 LabVIEW 编程相关基础知识后，即可开始创建 VI 和子 VI、将 VI 归类或创建独立的应用程序和共享库。本章将重点介绍如何创建 VI，如何实现 VI 的编辑、运行与调试，子 VI 的创建与调用等内容。

3.1 VI 创建与编辑

3.1.1 VI 创建

本节将以一个实例来详细介绍 VI 的创建过程，创建的 VI 用于实现如下功能。

① 计算两个输入的数字的和，并显示结果。

② 比较输入的两个数字的大小，并用指示灯显示比较结果。

创建 VI 是 LabVIEW 编程应用的基础。下面介绍实现上述功能 VI 的创建过程。

1. 创建一个新 VI

启动 LabVIEW 2009，在启动窗口左边"新建"选项栏中单击"VI"选项，出现如图 3-1 所示的 VI 编程窗口。前面是 VI 前面板窗口，后面是 VI 的程序框图窗口。

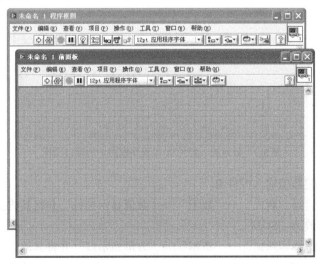

图 3-1 新建 VI 窗口

2. 创建 VI 前面板

在本例中，需要计算两个数的和、比较两个数的大小并显示计算及比较结果，因此，在前面板上需要放置两个数值输入控件、一个显示和的数值显示控件，对两个数进行比较，比较结果有 3 种情况，故需要 3 个显示比较结果的指示灯（布尔型控件）。

若控件选板不可见，选择"查看"→"控件选板"或在前面板空白处单击鼠标右键，弹出控件选板。在控件选板上选择"新式"→"数值"→"数值输入控件"并将其放置在前面板窗口适当位置，并将其标签名称改为"A"，如图 3-2 所示。

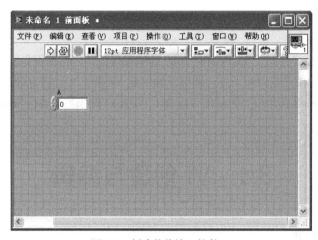

图 3-2 创建数值输入控件 A

此时，在程序框图中会自动出现一个名称为"A"的端口图标与输入量 *A* 相对应，如图 3-3 所示。

图 3-3 数值输入控件 A 在程序框图中的端口图标

以同样的方式创建数值输入控件 B。

在控件选板中，选择"新式"→"数值"→"数值显示控件"并将其放置在前面板窗口适当位置，将其标签名称改为"SUM"。

在控件选板中，选择"新式"→"布尔"→"方形指示灯"并将其放置在前面板窗口适当位置处，并将其标签名称改为"A>B"，用来显示比较结果 A 大于 B。用同样的方法创建指示灯"A<B"

和 "A=B"，分别用来显示比较结果 A 小于 B 和 A 等于 B。

至此，完成前面板的创建，创建结果如图 3-4 所示。

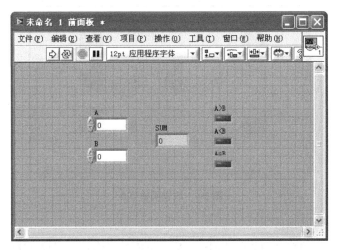

图 3-4　VI 前面板

3. 创建 VI 程序框图

将编辑窗口从前面板切换到程序框图窗口，可以看到在程序框图中，有 6 个端口图标，如图 3-5 所示。这 6 个端口图标与前面板上刚创建的 6 个对象一一对应。

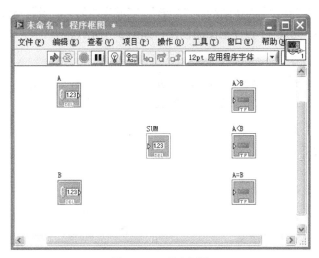

图 3-5　VI 程序框图

本例需要求两个数的和，因此需要放置一个实现求和的 "加" 函数；需要对两个数的大小进行比较，因此需要放置 "大于?"、"小于?" 和 "等于?" 3 个比较函数。

（1）放置函数节点

在程序框图窗口的函数选板中，选择 "编程" → "数值" 子选板中的 "加" 函数节点并将其图标放置到程序框图窗口适当位置处。分别选择 "编程" → "比较" 子选板中的 "大于?"、"小于?" 和 "等于?" 3 个比较函数节点并将其图标分别放置到程序框图适当位置，完成函数节点的放置，如图 3-6 所示。

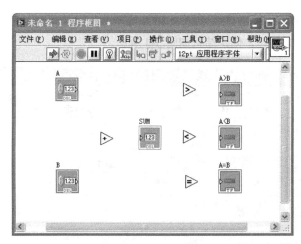

图 3-6　放置函数节点

（2）连接函数节点与端口

完成程序框图所需的端口和节点的创建之后，下面的工作就是用数据连线将这些端口和节点图标按实现的功能连接起来，形成一个完整的框图程序。

用连线工具将端口"A"、"B"分别连到"加"、"大于？"、"小于？"和"等于？"4 个函数节点的两个输入端口"x"、"y"上，将"加"节点输出端口"x+y"连接到端口"SUM"，"大于？"节点输出端口"x>y？"连接到端口"A>B"，"小于？"节点输出端口"x<y？"连接到端口"A<B"，"等于？"节点输出端口"x=y？"连接到端口"A=B"。完成连线后，适当调整各图标及连线的位置，使其整洁美观。至此，完成 VI 程序框图的创建，如图 3-7 所示。

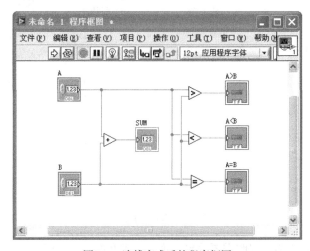

图 3-7　连线完成后的程序框图

4. 创建 VI 图标

VI 具有层次化和结构化的特征，图标是 VI 或项目库的图形化表示，每个 VI 在前面板和程序框图的右上角都有一个图标。在创建一个新的 VI 时，系统会给定一个默认的图标，用户可以根据自己的需要自己创建一个新的图标。

双击前面板或程序框图右上角的 VI 图标"▦"，或在图标处单击鼠标右键并在弹出菜单中选择"编辑图标"，会弹出"图标编辑器"，如图 3-8 所示。

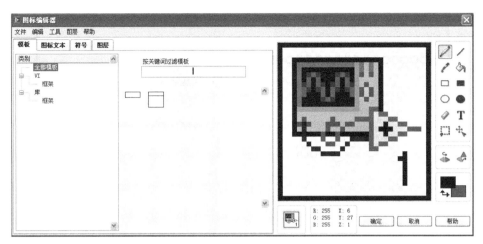

图 3-8　VI 图标编辑器

在"图标编辑器"中用户可以编辑自己的图标,"图标编辑器"的用法与 Windows 操作系统中画图工具软件类似,在此不再详细介绍其用法。

5. 保存 VI

在前面板或程序框图窗口主菜单中选择"文件"→"保存",在弹出的保存文件对话框中选择适当的路径和文件名保存该 VI。如果一个 VI 在创建或修改后没有保存,则在 VI 前面板和程序框图窗口的标题栏就会出现一个表示未保存的"*"符号,提示用户存盘。

至此,完成了一个 VI 的创建。打开该 VI 的前面板,在数值输入控件 A、B 中各输入一个数字,然后单击前面板工具栏上的运行按钮,就可以显示求和及比较结果,如图 3-9 所示。

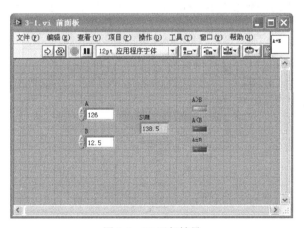

图 3-9　VI 运行结果

通过以上的实例,已经基本掌握了如何创建一个比较完整的 VI 的方法及步骤。上面是通过新建一个空白 VI 开始 VI 创建的,在 LabVIEW 中,提供了多种新建 VI 的途径,主要包括以下几种。

① 在启动窗口中选择"新建"栏中的"VI"项,本例即采用该方法。

② 在启动窗口中选择"新建"栏中的"基于模板的 VI"项,打开"新建"窗口,如图 3-10 所示。在窗口中选择"基于模板",模板针对不同的应用需求,设计了不同的程序框架,用户可以根据需要选择不同的模板并在模板中添加程序,可大大提高编程效率。在"新建"窗口中,除可以新建"基于模板的 VI"外,还提供了其他各种新建 VI 的方式。

图 3-10　LabVIEW 新建窗口

在启动窗口中选择"新建"栏中的"更多"项或直接单击"新建"也将打开"新建"窗口，打开窗口后，用户可以根据自己的需要新建 VI。

③ 在启动窗口中选择"新建"栏中的"项目"选项，创建一个项目后，在打开的"我的电脑"上单击鼠标右键，在弹出的快捷菜单中选择"新建"→"VI"，也可创建新的 VI，如图 3-11 所示。

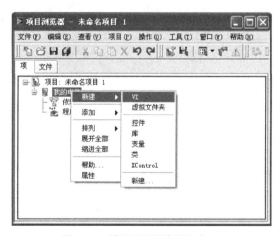

图 3-11　利用项目浏览器新建 VI

LabVIEW 项目是 LabVIEW 8.0 之后版本提出的一个新的概念，它用于管理 LabVIEW 项目中的 LabVIEW 文件和非 LabVIEW 文件，并创建和生成 EXE 文件。

另外，在前面板和程序框图窗口中，通过主菜单的"文件"菜单项下的"新建 VI"、"新建..."和"新建项目"也可以新建一个 VI。

3.1.2　VI 编辑

当一个 VI 创建后，一般情况下，需要对 VI 进行一些必要的编辑，以使其图形化交互界面美观、友好而易于操作，同时使程序框图布局结构更加合理，增加其可读性以利于理解。

1. 选择对象

移动、复制和删除等编辑操作一般要针对被选中的对象进行，所以选择对象是 VI 编辑的重要环节。在工具选板中将鼠标切换为"对象操作工具（定位/调整大小/选择）"或开启"自动选择工具"功能。

当选择单个对象时，直接用鼠标左键单击需要选中的对象。如果需要选择多个对象，则要在窗口空白处按住鼠标左键并拖动鼠标，使拖出的虚线框包含要选择的多个目标对象，或者按住 Shift 键，同时用鼠标左键顺序单击需要选择的目标对象，如图 3-12 所示。

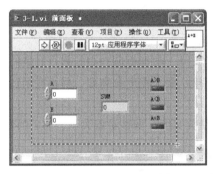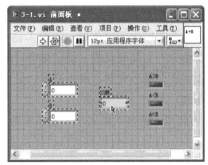

图 3-12　选择多个对象

2. 移动对象

选中要移动的对象后，按住鼠标左键不放，可以把对象拖动到需要的位置。在拖动时，对象除显示选中的虚线框外，还会出现一个红色的边框，同时在窗口下面还有一个文本框显示移动的相对坐标，如图 3-13 所示。放开鼠标左键，对象移动到相应的位置。

3. 删除和复制对象

选中目标对象，在窗口主菜单中选择"编辑"→"从项目中删除"选项，或直接按键盘上的 Delete 键，即可删除对象。

同样在选中目标对象的前提下，在主菜单中选择"编辑"→"复制"选项，将对象复制到剪贴板中，再选择"编辑"→"粘贴"选项，即完成对象的复制。

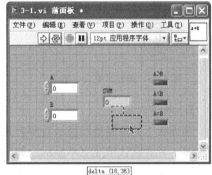

图 3-13　移动对象

4. 调整对象大小

大多数前面板对象的大小是可以调整的。大部分 LabVIEW 对象都有 8 个尺寸控制点，当对象操作工具位于对象上时，8 个尺寸控制点就会显示出来，用鼠标拖动某一尺寸控制点，可以调整对象的尺寸。调整大小时，也会出现一个红色边框和一个对象在调整大小过程中当前尺寸的文本框，如图 3-14 所示。调整对象大小时，字体大小不会改变。调整组合内某个对象的大小将同时改变组合内所有对象的尺寸。某些对象，如数值控件，其大小只能在水平或垂直方向上调整大小。数值对象只有两个尺寸控制点，只可以调整宽度，如图 3-14 所示。

图 3-14　调整对象大小

另外，如需限定对象的大小只能在水平或垂直方向变化，或者要保持对象的当前比例，则可在用鼠标拖曳的同时按 Shift 键。若需以对象中心为参考点改变大小，则可在拖曳的同时按 Ctrl 键。

除以上改变对象大小的方法外，LabVIEW 工具栏还提供了一个调整对象大小按钮，单击该按钮，弹出一个图形化下拉菜单，如图 3-15 所示。

利用该菜单中的工具可以统一设定多个对象的尺寸，包括将所选中的多个对象的长度设为这些对象的最大宽度、最小宽度、最小高度、最大高度、最大宽度和高度、最小宽度和高度以及指定的宽度和高度。

图 3-16 为利用"调整对象大小"菜单中的"最大宽度"调整对象大小、前后的效果。

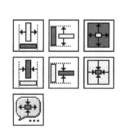

图 3-15　调整对象大小菜单

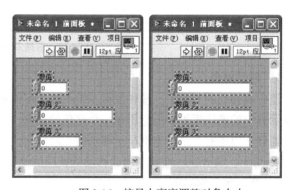

图 3-16　按最大宽度调整对象大小

5. 标注对象

前面板上的控制器和指示器都有其各自固定的标签，框图上的函数和子 VI 也有其各自的固定标签，只是默认情况下不显示。如果把输入控件和显示控件的框图端子理解为图形化编程语言的变量，那么标签就是变量名，因此指定恰当的标签非常重要。

LabVIEW 有两种标签：自带标签和自由标签。自带标签属于某一特定对象，并随对象移动，仅用于注释该对象。自带标签可单独移动，但移动该标签的对象时，标签将随对象移动。自由标签不附属于任何对象，用户可独立创建、移动、旋转或删除自由标签。自由标签可用于对前面板和程序框图添加注释。双击空白区域或使用标签工具可创建自由标签或编辑任何类型的标签。布尔控件还具有布尔文本标签，布尔文本标签随控件值改变。初始状态下，布尔控件在 TRUE 状态下标注为"开"，FALSE 状态下标注为"关"。用操作值工具单击按钮时，控件将转换至相反状态。用鼠标右键单击该对象并从快捷菜单中选择显示项下的布尔文本可标注布尔对象。在函数或子 VI 上单击鼠标右键，在弹出的快捷菜单中选择显示项下的标签选项，就可以打开对象标签。函数标签可以修改，而子 VI 的标签不能修改。新放置到前面板上的控件都带有默认的标签。选中一个标签，可以直接输入新的控件标签。如果要修改已有的标签，可以用鼠标左键双击整个标签文本，或者选择工具模板上的标签工具，进行修改操作。

6. 改变对象颜色

在建立前面板和框图对象时，LabVIEW 会自动给对象着色。用户可改变许多 LabVIEW 对象的颜色，也可改变大多数前面板对象、前面板窗格和程序框图工作区的颜色，但不能改变系统控件的颜色，因为这些对象的颜色与系统的颜色设置一致。

用上色工具右键单击对象或工作区，可改变前面板对象、前面板窗格和程序框图工作区的颜色。在主菜单中选择"工具"→"选项"，并从类别列表中选择"环境"，在颜色项中可改变一些对象的默认颜色。

单击位于工具选板的上色工具的前景和背景颜色盒，或用上色工具右键单击前面板或程序框图上的对象，可显示颜色选择器，如图 3-17 所示。

若颜色选择对话框中没有所需颜色，可选择颜色选项板中右下角的按钮，访问颜色定制对话框，如图 3-18 所示。红、绿、蓝 3 种颜色组件中的每一个描述 24 位颜色中的 8 位，因此，每个组件具有 0～255 的范围。在选项板中，最后显示的颜色为当前色。用颜色工具单击对象可以使对象设置为当前色。

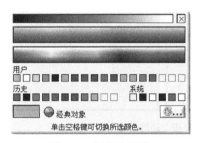

图 3-17　颜色选择器

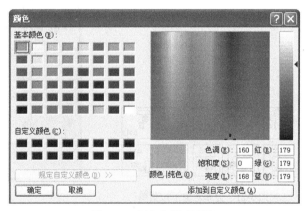

图 3-18　颜色定制对话框

7. 对齐和分布对象

选中需要对齐的对象，在工具栏中单击"对齐对象"按钮" "，会出现一个图形化的下拉菜单，如图 3-19 所示。在下拉菜单中选择所需要的对齐方式，选中的对象将按选择的对齐方式对齐。下拉菜单提供了上边缘、下边缘、左边缘、右边缘、垂直中心和水平居中 6 种对齐方式。

图 3-20 为利用"对齐对象"菜单中的"左边缘"对齐对象前后的效果。

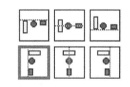

图 3-19　对齐对象下拉菜单

另外，LabVIEW 还提供了通过网格自动对齐对象功能。在前面板上，通过菜单"编辑"→"启用/禁用前面板网格对齐"来开启/禁用前面板网格对齐功能。在程序框图上，通过菜单"编辑"→"启用/禁用程序框图网格对齐"来开启/禁用程序框图网格对齐功能，开启程序框图网格对齐功能，需要显示程序框图网格，在主菜单中选择"工具"→"选项"，并从类别列表中选择"程序框图",在程序框图网格项中可以设定程序框图网格。

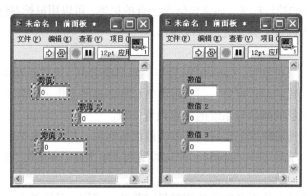

图 3-20　按左边缘对齐对象

分布对象方法和对齐对象操作类似。选中对象,在工具栏中单击"分布对象"按钮"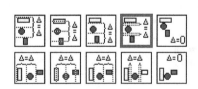",同样会出现一个图形化的下拉菜单,如图 3-21 所示。在下拉菜单中选择所需要的分布方式,选中对象将按选择的分布方式分布对象。下拉菜单提供了上边缘、下边缘等 10 种分布方式。

图 3-22 为利用"分布对象"菜单中的"上边缘"分布对象前后的效果。

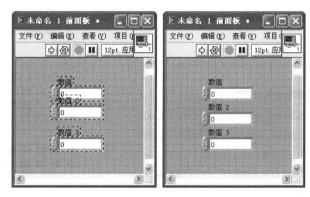

图 3-21　分布对象下拉菜单　　　　图 3-22　按上边缘分布对象

8. 改变对象在窗口中的前后顺序

在对象之间有重叠的情况下,如果需要按照某种前后顺序重新排列对象,则需要用到对象"重新排序"。

选中对象,在工具栏中单击"重新排序"按钮"",弹出下拉菜单,在下拉菜单中选择"向前移动"则选中对象向上移动一层,"向后移动"则向下移动一层,"移至前面"则移到最上一层,"移至后面"则移至最下一层。

9. 组合与锁定对象

在"重新排序"下拉菜单中还有几个选项,分别是"组合"和"取消组合"、"锁定"和"取消锁定"。

"组合"的功能是将几个选定的对象组合成一个对象组,对象组中的所有对象形成一个整体,它们的相对位置和尺寸都相对固定。当移动对象组和改变对象组的尺寸时,对象组中所有对象同时移动或改变尺寸。"取消组合"则是解除对象组中对象的组合,将对象组中的对象还原为独立对象。

"锁定"是将几个选定的对象组成一个对象组，并锁定该对象组的位置和大小，锁定后用户不能改变位置和尺寸。同时，用户也不能删除处于锁定状态的对象。"取消锁定"是解除对象的锁定状态。

10. 设置文本的属性

文本的属性主要包括文本的字体、形状、大小和颜色，文本属性的修改主要通过前面板和程序框图窗口工具栏上的"文本设置"按钮" 12pt 应用程序字体 ▼ "下拉菜单进行。

选中要设置的对象，从工具栏"文本设置"下拉菜单中分别选择需要的字体、大小、样式和颜色即可对文本的属性进行设置。

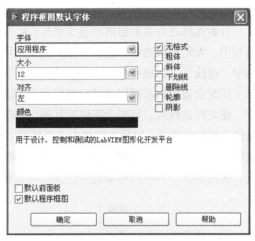

另外，单击下拉菜单项"字体对话框"打开字体对话框，如图 3-23 所示。利用字体对话框可设置单个对象、前面板及程序框图所有新建对象、LabVIEW 的所有新建对象、LabVIEW 对话框或LabVIEW 菜单和选板的字体选项，具体使用方法比较简单，在此不作详细介绍。

11. 建立和编辑连线

框图上的常用对象有输入控件和显示控件端子、函数和子 VI 等。输入控件和显示控件是单端子对象，而函数和子 VI 一般有多个端子。连线一般在端子之间进行，连线时可以使用工具选板上的"连线"工具，或单击"自动选择工具"按钮。如果直接选择了"连线"工具，线轴形状

图 3-23 字体设置对话框

的鼠标指针置于某个端子上时，整个端子都会闪烁，表明单击鼠标左键将对该端子连线。用"自动选择工具"时，"自动选择工具"的鼠标指针移动到端子上的非热区部分时保持定位工具的鼠标样式和功能，只有移动到端子的热区上后，LabVIEW 才自动选中连线工具，如图 3-24 所示。对于框图函数和子 VI，建立端子连线时将出现提示框，以指明鼠标指针所在端子的名称，可以根据这一信息确认鼠标热点处于正确的端子上。

图 3-24 数值输入控件端子连线

在需要连线处单击鼠标左键，移动鼠标指针到目标端子上再次单击鼠标左键，即可建立连线。连线时，要连接的两个端子哪个是数据源，哪个是目标端子没有关系，不需要考虑运行时连线上的数据流向。

在移动连线工具建立连线路径时，在连线起点和鼠标指针当前位置之间会出现流动的虚线预览路径，如图 3-25 所示。

LabVIEW 会默认使用自动寻路功能建立连线路径，即绕开其他框图对象以避免从其中穿过，

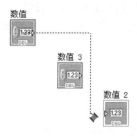

图 3-25　连线路径

且同时尽量减少拐角的次数。另外，自动寻路功能会尽量保证连线从输入控件框图端子右侧流出和从显示控件框图端子左侧流入。

开始连线之后，可按下"A"键，以临时关闭自动寻路功能，这时需要手动指定连线路径。在手动指定路径的情况下，如果不在空白区域单击鼠标左键，将建立只有一个直角拐角的连线。直角连线的第一个边是垂直还是水平和最初移动鼠标的方向相同。可以按下空格键在两种方向之间切换。手动连线时，在连线过程中单击鼠标左键将建立一个新的直角连线，新的直角连线的方向同样由开始新连线后最初的鼠标移动方向决定。

开始连线之后如果想取消连线动作，可按下"Esc"键或者将线头连回连线起点。在建立连线过程中，无论直接选中"连线"工具还是使用"自动选择工具"，都可以双击鼠标左键暂停连线。选中"连线"工具或者打开"自动选择工具"功能后，把鼠标指针移动到断线上会引起断线的闪烁（同时会显示提示框以描述断线错误），此时单击鼠标左键可以在断线基础上继续连线工作。

建立好连线后，可能会需要对其进行修改和编辑，修改的第一步就是选中所要编辑的连线。选择连线的方法是：鼠标左键单击选择线段，双击选择分支，三击选择整个连线，如图 3-26 所示。连线被选中的部分以流动的虚线框包围，此时按下"Delete"或者"Back Space"键将删除所选连线。使用定位工具可以移动选中连线，与其相连的连线会自动做相应变化以保证连接。

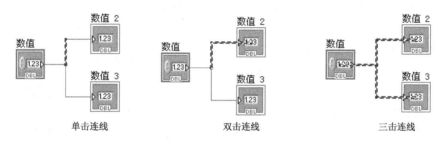

单击连线　　　　　　　双击连线　　　　　　　三击连线

图 3-26　选择连线

连线时可能会出现错误，表现为完成的连线是带有红色叉号的虚线。可以在错误的连线上按下鼠标右键，在弹出的快捷菜单里选择"列出错误"选项，打开"错误列表"窗口察看错误原因。或者直接把连线工具或自动选择工具状态下的鼠标指针定位到错误的连线上稍微停留，会有黄色的提示框弹出指明连线错误的原因。

错误的连线可能有多种情况，必须根据不同的情况采取不同的处理办法。例如，如果一条连线在连接过程中按前述方法被中断，则可以采用连线工具连接上悬空的线头继续连线；如果连线逻辑没有问题，只是多出了线头，则可以选中该线头并删除；如果连线上有多于一个或没有数据源，则必须提供正确数目的数据源；如果两个不同数据类型端子之间建立了连线而且没有默认的类型转换机制，也会提示连线错误，此时必须采用适当的转换机制或者修改程序逻辑。

悬空线头引起的错误如图 3-27 所示。双击选中该分支，然后按下"Delete"键，就可以删除多余的悬空线头。有时，悬空的线头因为被其他对象所掩盖而无法看到，那么可选择"编辑"→"删除断线"菜单命令或者按下"Ctrl+B"快捷键移除所有的错误连线。另外一种比较特殊的错误是数据回环，如图 3-28 所示。LabVIEW 的数据流驱动机制要求一个节点只有当所有的输入端子都接收到合法输入之后才能执行，执行节点之后，输出端子上才有合法的输出值。图 3-28 中，由于加法函数的第二个加数是自己的输出数据，而输出数据在函数获得合法的加数并且求得结果之前始终无效，这样的回环显然无法执行。

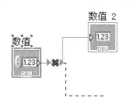

图 3-27 悬空线头引起的连线错误

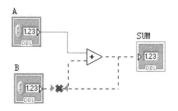

图 3-28 数据回环引起的连线错误

LabVIEW 还为用户提供了整理连线的功能，此功能可以把框图中混杂不清的连线清楚地显示出来。具体操作步骤是选择需要整理的连线，单击鼠标右键，在弹出的快捷菜单中选择"整理连线"，系统就可以对选中的连线进行整理，把不清楚的连线清晰地显示出来。图 3-29 所示为连线整理前后的效果。

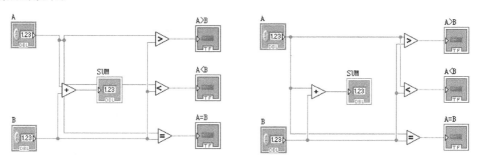

图 3-29 整理连线前后的效果

3.2 子 VI 创建与调用

3.2.1 子 VI 创建

LabVIEW 中的子 VI 类似于文本编程语言中的子程序或函数。如在 LabVIEW 中不使用子 VI，就好比文本编程语言中不使用子程序或函数一样，根本不可能构建大的程序。尤其在 LabVIEW 图形化编程环境中，图形连线会占据较大的屏幕空间，用户不可能把所有的程序在同一个 VI 程序框图中实现。因此，在多数情况下，需要把程序分成一个个小的模块来实现，这就是子 VI。

实际上，一个 VI 主要由 3 部分组成，这 3 部分分别是前面板、程序框图和图标/连线板，前面板和程序框图在第 2 章有详细介绍。在前面板和程序框图的右上角，均有一个和该 VI 对应的图标/连线板。

图标是一个 VI 的图形化表示，为 LabVIEW 中的 VI 设计形象化的图标，对图形化编程而言可以增加程序的可读性并易于识别。

LabVIEW 中的连线板是用来定义 VI 输入和输出参数并设置参数属性的工具。连线板作为一个编程接口，为子 VI 定义输入、输出端口数和这些端口的接线端类型。这些输入、输出端口相当于编程语言中的形式参数和结果返回语句。当调用 VI 节点时，子 VI 输入端子接收从外部控件或其他对象传输到各端子的数据，经子 VI 内部处理后又从子 VI 输出端子输出结果，传送给子 VI 外部显示控件，或作为输入数据传送给后面的程序。一般情况下，VI 只有设置了连线板端口才能作为子 VI 使用，如果不对其进行设置，则调用的只是一个独立的 VI 程序，不能改变其输入参数也不能显示或传输其运行结果。

实际上，创建一个子 VI，其主要工作就是定义 VI 的连线板参数和定制 VI 个性化图标。

创建子 VI 通常有两种方法：一种方法是通过一个现有的 VI 创建子 VI，另一种方法是在程序框图中选定相关程序创建子 VI。

下面以一个实例来详细介绍子 VI 创建过程，该 VI 用于实现求两数较大值的功能。

1. 以现有 VI 创建子 VI

（1）新建一个求两数较大值的 VI

图 3-30 所示为一个新创建的求两数较大值的 VI 的前面板和程序框图，其中"X"、"Y"为数值输入控件，用于输入两个数，"MAX(X;Y)"为数值显示控件，用于显示结果，显示两个数中较大一个数的数值。

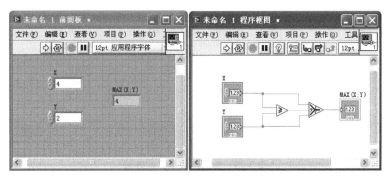

图 3-30　求两数较大值程序

（2）编辑连线板

连线板的编辑分两个步骤：一是要创建连线板端口，包括定义端口的数目和排列形式；二是要定义连线板端口和控件及指示器的关联关系，包括建立连接和定义接线端类型。

创建连线板端口的具体方法是，用鼠标右键单击前面板中的图标窗口，在弹出的快捷菜单中选择"显示连接板"，如图 3-31 所示，前面板右上角的图标会切换成连线板图标。每一个新创建的 VI 都会默认给定一个连线板，连线板上的每个小长方形区域代表一个输入或输出端口。接下来的工作就是根据需要将前面板中的控件与这些端口关联。通常情况下，用户并不需要把所有的控件都与一个端口建立关联以便与外部交换数据，因而需要改变连线板中端口的个数。

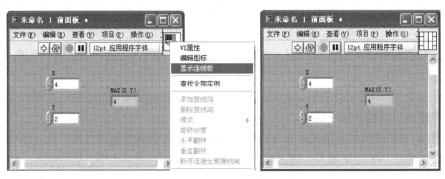

图 3-31　显示连线板

LabVIEW 提供了两种方法来改变端口的个数。

第一种是在连线板右键快捷菜单中选择"添加接线端"或"删除接线端"来逐个添加或删除接线端口。这种方法比较灵活,但比较烦琐。

第二种方法是在连线板右键菜单中选择"模式",会出现一个图形化下拉菜单,菜单中列出了 36 种不同的接线端口,用户可以从中选择一种合适的接线端口,如图 3-32 所示。这种方法简单但不够灵活,有时不能满足用户需求。

通常的做法是,先用第二种方法选择一个与实际需求较为接近的接线端口,然后再用第一种方法按照需要进行修改。

在本例中,只有两个输入、一个输出显示总共 3 个控件,比较简单,可以直接采用第二种方法选择一个接线端口,如图 3-33 所示。

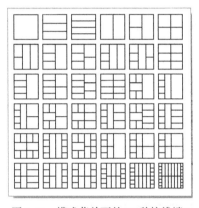

图 3-32　模式菜单下的 36 种接线端口

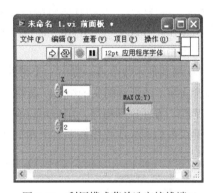

图 3-33　利用模式菜单选定接线端口

完成接线端口的创建之后,就可以定义前面板中的控件与接线端口中各输入、输出端口的关联关系,具体步骤如下。

① 在工具选板中将鼠标指针变为"连线工具"状态。

② 单击控件"X",此时该控件图标周围出现一个虚框,表明已选中控件"X"。

③ 选中控件"X"之后,将鼠标指针移至连线板的一个接线端口上,左键单击该端口。

此时这个端口便建立了与控件"X"的关联关系,端口名称为"X",端口颜色变成棕色,如图 3-34 所示。

注意,端口的颜色是由与之关联的前面板对象的数据类型来决定的,不同数据类型对应不同的颜色。如与数字量关联的端口的颜色是棕色的,与布尔量相关联的端口的颜色是绿色的。

另外,在鼠标指针状态为"自动选择工具"的状态下,移动鼠标指针到连线板的一个端口上,鼠标指针将自动变为"连线工具"状态,此时单击该

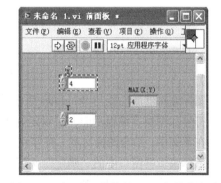

图 3-34　建立端口与控件"X"的关联关系

端口后再移动鼠标指针到需要与之关联的控件上并单击左键,也能建立端口与控件之间的关联关系。

按上述方法进行前面板其他控件与端口之间关联设置,完成所有控件与端口之间的关联,如

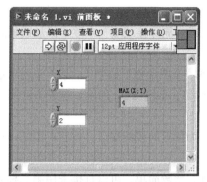

图 3-35　编辑完成的 VI 连线板

图 3-35 所示。

按照 LabVIEW 的定义，与输入控件相关联的接线端口都作为输入端口，在子 VI 被其他 VI 调用时，只能向输入端口输入数据而不能从输入端口向外输出数据。当某一个输入端口没有连接数据连线时，LabVIEW 会将与该端口相关联的控件中的数据默认值作为该端口的数据输入值。相反，与显示控件相关联的接线端口都作为输出端口，只能向外输出数据，而不能向内输入数据。

在编辑调试 VI 的过程中，用户有时会根据实际需要断开某些端口与前面板的对象的关联，此时，可以通过在需要断开端口的右键快捷菜单中选择"断开连接本接线端"来断开端口与对象的关联，选择"断开连接全部接线端"则断开所有端口的关联。另外，在右键快捷菜单中还提供了一些连线板的其他编辑操作，在此不一一介绍。

（3）定制图标

子 VI 和其他函数节点一样由一个带隐藏端子的图标显示。图标是 VI 的图形化表示，图标可以是包含文字、图形和图文的组合。新建一个 VI，系统将给定一个默认的图标。为了增加程序框图的可读性，方便识别程序，用户可以在图标编辑器中对子 VI 的图标进行个性化定制。

左键双击前面板或程序框图右上角的图标窗口，弹出"图标编辑器"，如图 3-36 所示。

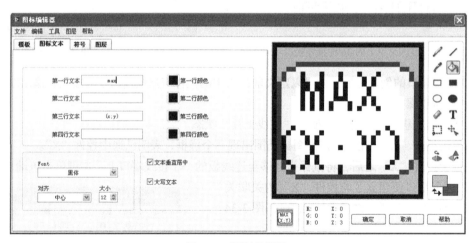

图 3-36　图标编辑器

图标编辑器的功能与 Windows 系统的画图工具类似，同时图标编辑器还提供了模板、图标文本、符号和图层等编辑功能，可以定制出能够反映 VI 基本功能的图标。

在本例中，结合图标文本、符号和图层定制了如图 3-36 所示的求两数较大值的图标。完成后单击图标编辑器窗口中的"确定"按钮完成图标定制，此时，前面板和程序框图的原图标将被新定制的图标代替，如图 3-37 所示。

另外，对于 VI 的图标，可以不通过 LabVIEW 提供的图标编辑器进行定制，而只须将一个 bmp 或 JPEG 格式的图片直接拖曳到 VI 前面板右上角的图标区域替换原来的图标即可，如图 3-38 所示。

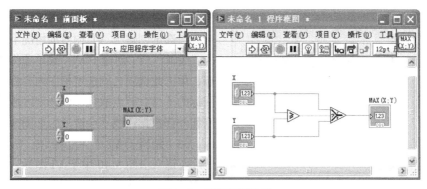

图 3-37 定制图标结果

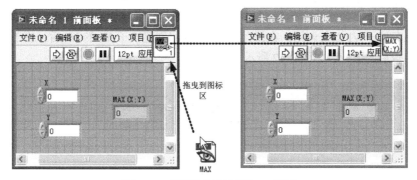

图 3-38 利用拖曳图片替换 VI 图标

（4）保存子 VI

完成连线板和图标编辑与定制后，保存该 VI（本例保存为 MAX.vi），这个 VI 就可以当作子 VI 来调用了。

2. 在程序框图中选定内容创建子 VI

在设计程序的过程中，如果需要模块化某段程序以使程序结构清晰或方便以后调用，可以通过选定程序框图中需要模块化的程序来创建成子 VI。

下面仍然以上面的实例介绍如何在程序框图中选定内容创建子 VI。

（1）选定要创建子 VI 的内容

创建一个实现求两数较大值的 VI，并用鼠标左键在程序框图中框选要创建成子 VI 的内容，框选后选中的节点和端子连线变为虚线状态，如图 3-39 所示。

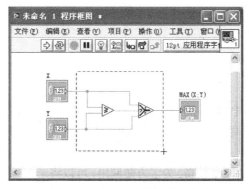

图 3-39 选定创建子 VI 的内容

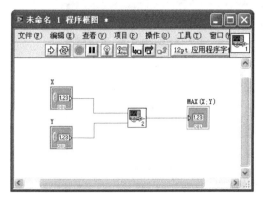

图 3-40　选定内容被子 VI 取代

（2）以选定内容创建子 VI

在选定创建子 VI 内容的情况下，主菜单中的"编辑"→"创建子 VI"菜单项将变为可选状态，单击此选项，则选定框图内容将被一个默认图标的子 VI 节点取代，而选定区域外原程序节点和外部数据连线不会改变，如图 3-40 所示。

（3）编辑子 VI

左键双击图 3-40 中子 VI 图标，则打开该子 VI 的前面板和程序框图，如图 3-41 所示。

打开该子 VI 后，可以进一步对该子 VI 进行包括图标、连线板、对象标签等的编辑，编辑完成后，可以保存该子 VI 以备调用。在保存子 VI 并返回创建该子 VI 的 VI 后，原子 VI 的图标将自动更新为编辑后的图标，如图 3-42 所示。

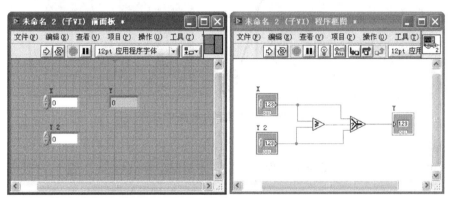

图 3-41　子 VI 前面板和程序框图

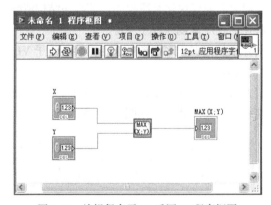

图 3-42　编辑保存子 VI 后原 VI 程序框图

注意，利用在程序框图中选定内容创建子 VI 时，该子 VI 在创建时会自动根据前面板中输入和输出控件建立相应个数的端口并自动建立连线板端口与前面板的对象之间的关联关系。

3. 添加子 VI 到用户库

如果创建的子 VI 使用的频率较高，为了方便调用，可以将子 VI 添加到函数选板的用户库中。子 VI 添加到用户库以后，调用时用户只需要打开函数选板的用户库子选板，从该选板中直接找到需要的子 VI，并放置至程序框图即可完成调用。

将一个子 VI 添加入用户库的方法如下。

① 在前面板或程序框图主菜单中选择"工具"→"高级"→"编辑选板"菜单项打开"编辑控件和函数选板"窗口，打开该窗口的同时弹出"函数"选板和"控件"选板。如图 3-43 所示。

② 在"函数"选板中打开"用户库"子选板，默认情况下，"用户库"子选板下除有一个空的"Express 用户库"子选板外，没有任何 VI 可以调用。如图 3-44 所示，在"用户库"子选板空白处单击右键，弹出快捷菜单，在菜单中选择"插入"→"VI..."菜单项，弹出文件选择对话框，如图 3-45 所示。

图 3-43　"编辑控件和函数选板"对话框

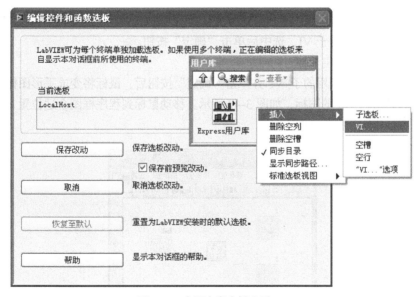

图 3-44　在用户库中插入子 VI

③ 在对话框中选择所要加入用户库的 VI，单击"打开"按钮，则已选择的 VI 将添加到用户库中。完成添加后，单击"编辑控件和函数选板"对话框中的"保存改动"，保存设置。完成后函数选板用户库子选板中将显示刚添加的子 VI 图标，如图 3-46 所示。

图 3-45　选择 VI 对话框　　　　　　　图 3-46　用户库子选板子 VI 图标

3.2.2　子 VI 调用

创建好一个子 VI 后，其调用就变得比较简单了。如果创建的子 VI 已添加至"函数选板"的"用户库"子选板中，则只须打开"用户库"子选板，用鼠标左键直接拖曳子 VI 图标并放置到程序框图中即实现子 VI 的调用。

若创建的子 VI 未添加到用户库，则可以按下面的步骤实现子 VI 的调用。

（1）选择子 VI

打开程序框图，在函数选板中单击"选择 VI…"子选板，弹出"选择需打开的 VI"对话框，在对话框中找到需要调用的子 VI，选中后单击"确定"按钮。

（2）放置子 VI 图标到主 VI 程序框图

在对话框中选中需要调用的子 VI 并单击"确定"按钮后，鼠标将变成手形图标，同时跟随鼠标还会出现选择的子 VI 的图标，如图 3-47 所示。移动鼠标到程序框图合适位置，单击鼠标左键，将子 VI 图标放置到程序框图中。

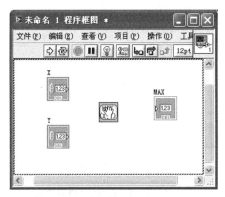

图 3-47　放置子 VI 到主 VI 中

（3）完成子 VI 端口的连接

用连线工具将子 VI 各个连接端口与主 VI 中的其他节点按设定的逻辑关系连接起来。

至此，就完成了子 VI 的调用。调用子 VI 的主 VI 的前面板及程序框图如图 3-48 所示。

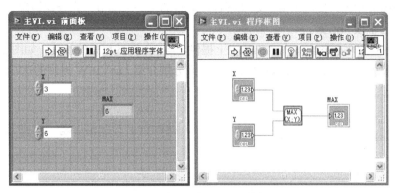

图 3-48　主 VI 前面板及程序框图

3.3　VI 的运行与调试

3.3.1　VI 运行

在 LabVIEW 中，用户可以通过两种方式来运行 VI，即运行和连续运行。

（1）运行 VI

在前面板或程序框图窗口的工具栏上单击"运行"按钮"⇨"，可以运行 VI。VI 运行时，"运行"按钮变为"➡"。使用这种方式运行 VI，VI 只运行一次。

（2）连续运行 VI

在工具栏上单击"连续运行"按钮"⧉"，可以连续运行 VI。连续运行是指 VI 运行一次结束后，继续重新运行。当 VI 正在连续运行时，"连续运行"按钮变为"⟳"，再次单击该按钮可停止 VI 的连续运行。

（3）停止运行 VI

当 VI 处于运行状态时，在工具栏上的"中止执行"按钮将由不可操作状态"⬤"变为可操作状态"⬤"。此时单击该按钮，可强行终止 VI 的运行。中止执行在程序调试过程中非常有用，当不小心使程序处于死循环时，用该按钮可以安全地终止程序的运行。当 VI 处于非运行状态时，"中止执行"按钮处于不可操作状态。

（4）暂停 VI 运行

在工具栏上单击"暂停"按钮"⏸"。可暂停 VI 的运行，此时 VI 将暂停在单击按钮时执行到的位置，同时按钮变为红色，再次单击该按钮，可恢复 VI 的运行。

3.3.2　VI 调试

调试程序对任何一种编程语言而言都是非常重要的，通过调试程序，编程者可以跟踪程序的运行情况，查找程序中存在的各种错误，并根据这些错误和运行结果修改、优化程序，最终得到一个正确、可靠的程序。

LabVIEW 编译环境提供了多种调试 VI 程序的手段，除了具有传统编程语言支持的单步运行、断点和探针等调试手段外，还提供了一种调试手段——高亮显示执行过程。高亮显示执行过程可以实时显示数据流动画，使用户清楚地观察程序运行的每一个细节，为查找错误、修改和优化程序提供了有效的手段和依据。

在 LabVIEW 程序框图窗口中，工具栏上提供了与 VI 调试相关的工具，如图 3-49 所示，通过使用这些工具就可以执行相应的调试过程。下面分别介绍 LabVIEW 提供的这几种调试方法。

图 3-49　LabVIEW 程序框图工具栏调试工具

1. 单步执行

单步执行 VI 与传统编程语言中的单步执行程序类似，所不同的是，传统编程语言中的单步执行是指按照程序中语句的逻辑顺序逐条语句地执行程序，而单步执行 VI 则是在框图程序中，按照节点之间的逻辑关系，沿数据连线逐个节点地执行 VI。单步执行用于观察 VI 运行时的每一个动作，包括"单步步入"、"单步步过"和"单步步出"3 种操作。

（1）单步步入

单击工具条上的"单步步入"按钮，就可进入单步执行 VI 状态。单击一次该按钮，程序按节点顺序执行一步。当遇到循环或子 VI 时，跳入循环或子 VI 内部继续逐步运行程序。

（2）单步步过

单击工具条上的"单步步过"按钮，就可进入单步步过 VI 状态，单击一次该按钮，程序按节点顺序执行一步。和单步步入不同的是，当遇到循环或子 VI 时，不跳入其内部逐条执行其中的内容，而是将其作为一个整体节点执行。

（3）单步步出

在框图程序的工具条中选择"单步步出"按钮，可跳出单步执行 VI 的状态，进入暂停运行状态。

在单步执行过程中，把鼠标指针移动到"单步步入"、"单步步过"和"单步步出"按钮上稍微停留，将会弹出提示框，指示单击该按钮将会执行何种动作。同时，在单步执行 VI 过程中，当前执行到的节点将闪烁以表示此时执行到该节点，如图 3-50 所示。

2. 设置高亮显示执行过程

单击工具栏上的"高亮显示执行过程"按钮"📖"，即可打开高亮显示执行功能。在该功能打开的前提下运行 VI，LabVIEW 会在程序框图上实时地显示程序执行过程，同时实时地用连线上移动的气泡来显示每一条数据连线和每一个端口的数据流动，如图 3-51 所示。使用该功能运行 VI，程序运行速度将变慢，从而方便观察程序执行过程中的细节。

3. 使用探针工具

探针用来检查 VI 运行时的即时数据，在需要查看即时数据的连线上单击鼠标右键，在弹出的快捷菜单上选择"探针"或使用工具选板上的探针工具，单击数据连线都可以为数据线添加探针。添加探针后，在探针处将出现一个内含探针编号的小方框，并同时弹出一个探针监视窗口，如图 3-52 所示。当程序运行时，监视窗口将显示即时数据及相关更新信息。

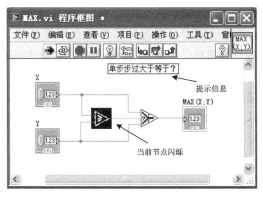

图 3-50　单步执行过程

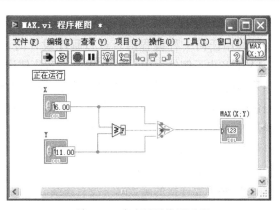

图 3-51　高亮显示执行过程

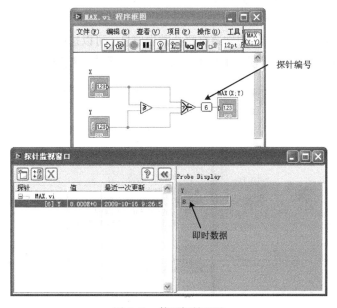

图 3-52　使用探针工具

4. 设置断点

在需要设置断点的连线或节点上单击鼠标右键，在弹出的快捷菜单上选择"断点"→"设置断点"，或使用工具选板上的断点工具单击数据连线或节点都可以设置断点。当断点位于某一个节点时，该节点图标的边框就会变红；当断点位于某一条数据连线时，数据连线的中央就会出现一个红点，如图 3-53 所示。

当程序运行到某断点时，VI 会自动暂停，此时断点处的节点会处于闪烁状态，提示用户程序暂停的位置。单击"暂停"按钮"**Ⅱ**"，可以恢复程序运行。用断点工具再次单击断点处或在右键快捷菜单中选择"断点"→"清除断点"，就会取消该断点。

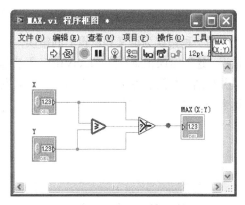

图 3-53　设置断点

5. 查找错误

利用任何一种编程语言进行程序设计时，在编程过程中出现各种错误是在所难免的，LabVIEW 也不例外。在 LabVIEW 中，程序错误一般分为两种。一种错误为程序编辑错误或编辑结果不符合语法，这种错误会导致程序无法正常运行，此时工具栏上的"运行"按钮将由原来的白色箭头图标变为灰色的折断箭头图标，即"列出错误"图标，这种错误的处理方法是先定位错误位置，然后再根据正确的语法修改代码。

典型的编辑和语法错误有以下几种。

① 由于框图连线一端悬空或连线两端数据类型不匹配造成断线。

② 必须要连接的函数端子没有连线。

③ 子 VI 不能执行或在框图中放置子 VI 后又编辑了该子 VI 的连线板等。

单击"列出错误"图标即可得到程序的错误列表，如图 3-54 所示。通过程序的错误列表，可以清楚地看到系统给用户的警告信息与错误提示。当运行 VI 时，警告信息让用户了解潜在的问题，但不会禁止程序的执行。如果想知道有哪些警告信息，可以选中图 3-54 中的"显示警告"复选框，这样，每当出现警告的时候，工具条上就会出现"警告"按钮。

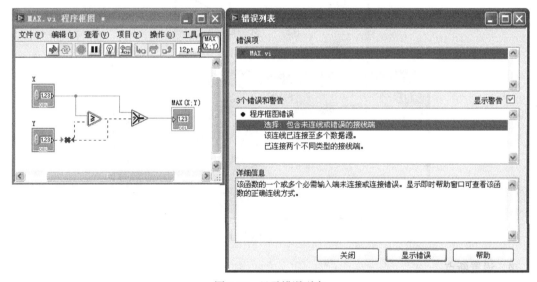

图 3-54　显示错误列表

另一种错误为语义和逻辑上的错误，或者是程序运行时某种外部条件得不到满足引起的运行错误，这种错误很难排除。LabVIEW 无法指出语义错误的位置，必须由程序员对程序进行充分测试并仔细分析运行结果来发现错误。一旦发现程序运行逻辑有问题，可以借助前面介绍的调试工具来查找错误的具体位置和出错原因。

3.4　习　　题

1. 简述创建 VI 的几种方法。

2. 创建一个 VI，求两个数的加、减、乘、除，并将结果显示出来。

3. 利用"基于模板的 VI…"创建一个基于"生成和显示"模板的 VI。要求在前面板上放置两个"旋钮"控件实现程序运行时对信号频率和幅度的调节，幅度调节范围为 0～10，频率范围为 0～100。

4. 在前面板中放置 6 个数值输入控件，并将其整齐排成 2 行 3 列的图形，同时将它们在程序框图中对应的接线端也整齐地排成 2 行 3 列的图形。

5. 简述子 VI 的功能、创建及调用方法。

6. 创建一个子 VI，该子 VI 功能是实现摄氏温度到华氏温度的转换，转换公式如下。

$$华氏度=9 \times 摄氏度 \div 5+32$$

修改该 VI 图标并保存该子 VI，将其添加到用户库中，并编写一个 VI 实现该子 VI 的调用。

7. 简述 VI 运行和连续运行的区别。

8. 简述 LabVIEW 提供的调试方法。

第4章
数据操作

在程序开发设计过程中,数据操作是最基本的操作,LabVIEW 支持几乎所有的数据运算操作。同时,作为一种通用的编程语言,同许多高级编程语言一样,LabVIEW 支持所有数据类型。本章主要介绍一些常用的数据类型,以及与这些数据类型相关的前面板对象及函数选板中与之相关的数据运算,常用的数据运算包括数学运算、布尔运算、比较运算及字符串运算等。

4.1 数 据 类 型

数据结构是程序设计的基础,不同的数据类型和数据结构在 LabVIEW 中存储的方式是不一样的。选择合适的数据类型不但能提高程序的执行效率,而且还能减少内存空间的占用。在 LabVIEW 程序框图中,以不同的端口图标和颜色来表示不同的数据类型。另外,输入控件端口图标的边框为粗实线,端口右侧有一个向右的箭头,表示输出数据;显示控件端口图标的边框为细实线,端口左侧有一个向右的箭头,表示输入数据。

在 LabVIEW 中,除了具有一般数据类型外,还有一些独特的数据类型。本节将介绍一些常用的基本数据类型:数值型、布尔型、字符串与路径。基本数据类型是利用 LabVIEW 编程的基础,同时也是复合数据类型的基石。

4.1.1 数值型

数值型是 LabVIEW 中的一种基本的数据类型,LabVIEW 以浮点数、定点数、整型数、不带符号的整形数以及复数表示数值数据类型。不同数据类型的差别在于存储数据使用的位数和表示的值的范围不同。在 LabVIEW 前面板中放置一个数值显示控件,右键单击该控件,从弹出的快捷菜单中选择"属性"菜单项,弹出"数值属性"对话框。在对话框中选择"数据类型"属性页,并单击"表示法"图标,则弹出数值型数据类型的详细分类,如图 4-1 所示。表 4-1 对数值型中的各种数据类型进行了说明。

LabVIEW 数值数据类型的使用涉及前面板的数值输入控件和显示控件及数值常量,因此有

图 4-1 数值数据类型详细分类

必要介绍一下这些对象。图 4-2 所示为控件选板中不同可见类别和样式中数值控件子选板中的数值控件，图 4-3 所示为函数选板中的数值常量。

表 4-1　　　　　　　　　　　　　　数值类型表

数据类型	图标	接线端口图标	存储位数	近似十进制数位数	数值范围
单精度浮点型	SGL	SGL	32	6	最小正数：1.40e-45　最大正数：3.40e+38 最小负数：−1.40e-45　最大负数：−3.40e+38
双精度浮点型	DBL	DBL	64	15	最小正数：4.94e-324　最大正数：1.79e+308 最小负数：−4.94e-324　最大负数：−1.79e+308
扩展精度浮点型	EXT	EXT	128	因平台而异，15～20 不等	最小正数：6.48e-4966　最大正数：1.19e+4932 最小负数：−4.94e-4966　最大负数：−1.19e+4932
单精度浮点复数	CSG	CSG	64	6	与单精度浮点数相同，实部虚部均为浮点
双精度浮点复数	CDB	CDB	128	15	与双精度浮点数相同，实部虚部均为浮点
扩展精度浮点复数	CXT	CXT	256	因平台而异，15～20 不等	与扩展精度浮点数相同，实部虚部均为浮点
定点型	FXP	FXP	64 或 72（包括上溢状态）	因用户配置而异	因用户配置而异
单字节整型	I8	I8	8	2	−128～127
双字节整型	I16	I16	16	4	−32 768～32 767
有符号长整型	I32	I32	32	9	−2 147 483 648～2 147 483 647
64 位整型	I64	I64	64	18	−1e19～1e19
无符号单字节整型	U8	U8	8	2	0～255
无符号双字节整型	U16	U16	16	4	0～65 535
无符号长整型	U32	U32	32	9	0～4 294 967 295
无符号 64 位整型	U64	U64	64	19	0～2e19

在传统编程语言中，数据通常分为变量和常量两种，LabVIEW 中的数据从某种意义上讲也分为常量和变量。LabVIEW 前面板控件选板中的控件相当于传统编程语言中的变量，这些控件在前面板和程序框图中以不同的形式出现。在前面板中放置的控件中的数据可以在程序运行时由用户通过键盘或鼠标改变（输入控件）或由程序动态赋值（显示控件）。而程序框图函数选板中的常量相当于传统编程语言中的常量，LabVIEW 中的常量只出现在程序框图中，不出现在前面板中，常量只能在编程时设定，一旦程序运行，其值就是一个常数，不能改变，对于所有数据类型的常量都是如此。

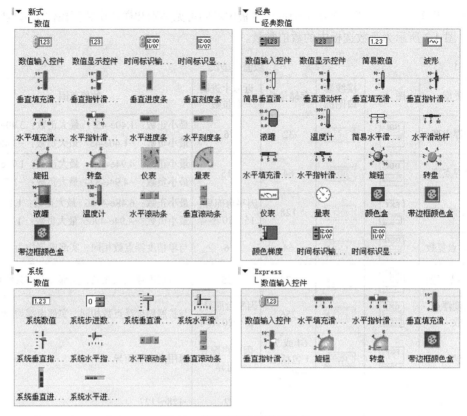

图 4-2　控件选板中的数值控件

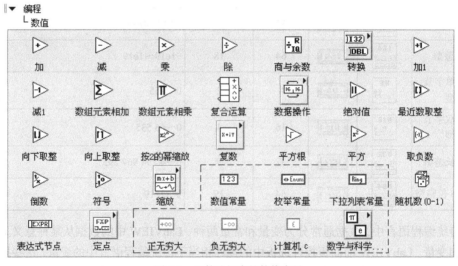

图 4-3　函数选板中的数值常量

在图 4-2 中可以看到，在控件选板的数值子选板中包含了多种不同形式的数值输入控件和显示控件，它们的外观各不相同，有数字输入框、滚动条、滑动杆、进度条、旋钮、转盘、仪表、量表、液罐、温度计、颜色盒等。这些对象在本质上是完全相同的，都是数值型，只是外观不同。LabVIEW 提供的这些控件的外观都非常形象，某些控件的外观和实际仪器的控制按钮和旋钮十分相似，这为创建虚拟仪器的前面板提供了很大的方便。由于对象有不同的外观，因此这些对象的属性相互之间有一定的差异，但由于在本质上都是数值型的，大部分属性都是相同的，因此在 VI 程序设计过程中，只要理解并掌握了其中一个的用法，就可以举一反三，掌握其他数值控件的用法。

下面以数值输入控件为例，介绍该对象属性的设置方法。

首先在 VI 前面板窗口中创建一个数值输入控件，在控件上单击鼠标右键，弹出如图 4-4 所示的右键快捷菜单，通过该菜单可以对控件的多数属性和功能进行定义。

"显示项"菜单项用于设定控件的"标签"、"标题"、"单位标签"、"基数"和"增量/减量"按钮是否显示。

"查找接线端"选项用于从前面板窗口定位该控件在程序框图中的接线端子。在程序框图接线端上弹出的快捷菜单里，该选项为"查找输入控件"，可以用来从程序框图定位前面板上的控件。

"转换为显示控件"选项把输入控件变为显示控件，对于显示控件来说，该选项为"转换为输入控件"，可以将显示控件转换为输入控件。

图 4-4　数值输入控件右键快捷菜单

选择"说明和提示"选项将打开"说明和提示"对话框，在这里可以定义输入控件的"说明"（该说明会出现在"即时帮助"窗口中）和"提示"（在运行时出现在鼠标移动到该控件上时显示的提示框中）。

"创建"子菜单给出了可以为数值输入控件建立的几种特殊程序对象，包括局部变量、属性节点、引用和调用节点。这些特殊对象的用法将在后面章节进行介绍。对于输入控件的框图端子，该菜单下还有"常量"选项，用于建立以输入控件当前值为初始值的同类型数值常量。

"替换"子菜单是一个临时控件选板，可以在该临时选板中选择其他控件，以代替当前数值输入控件。

"数据操作"子菜单中，"重新初始化为默认值"选项把数值输入控件还原为默认值；"当前值设为默认值"选项把当前值设置为默认值；"剪切数据"、"复制数据"和"粘贴数据"选项则用于在数值控件之间对数据进行操作。

"高级"子菜单下的"快捷键"选项可用于打开属性设置对话框的"快捷键"选项卡，在打开的对话框中能为输入控件指定快捷键。"同步显示"选项用于显示每一次更新。"自定义"选项用于在当前输入控件的基础上自定义控件。"运行时快捷菜单"包括两个子菜单："禁用"选项表示禁止运行时显示的快捷菜单，"编辑"选项可以自定义运行时的快捷菜单。"隐藏输入控件"用于隐藏当前控件。"启用状态"子菜单下的 3 个选项用于定义控件的启用状态。

"将控件匹配窗格"用来调整控件大小以匹配所属窗格，并设置为按窗格大小缩放控件。

"根据窗格缩放对象"可以开启或关闭前面板对象根据窗格自动缩放的功能。

"表示法"子菜单是一个包含数值数据具体类型图标的菜单，通过图标菜单可以为该控件设定具体的数值数据类型，如"单精度浮点型"、"双精度浮点型"等。

数值输入控件快捷菜单的"属性"选项用于打开对象的属性设置对话框，如图 4-5 所示。每个前面板输入控件和显示控件都具有与之关联的属性对话框。属性对话框是按照选项卡方式组织的，例如，对于数值输入控件对应的如图 4-5 所示的属性对话框中有"外观"、"数据类型"、"数据输入"、"显示格式"、"说明信息"、"数据绑定"和"快捷键"共 6 个选项卡。前面介绍过的很多快捷菜单选项功能都能在这里找到，在快捷菜单中和在属性对话框中定制这些控件属性和参数没有任何区别。例如"外观"选项卡中,"标签"选项区域的"可见"复选框定义标签的可见状态,等同于快捷菜单的"显示项"子菜单下的"标签"选项。

图 4-5　数值输入控件属性设置对话框

选择数值输入控件快捷菜单里的"数据输入…"和"显示格式…"选项,将分别对应打开如图 4-5 所示属性对话框的"数据输入"和"显示格式"选项卡。在"数据输入"选项卡里可以定义数值输入控件允许的数值范围。在"显示格式"选项卡里可以定义和修改数值的表示格式。

各种数据类型的前面板输入控件和显示控件都有各自的属性对话框,尽管这些属性对话框的内容可能略有不同,但它们的组织方式和使用方法都相同。

在输入控件和显示控件的程序框图接线端上通过单击右键打开的快捷菜单里,"显示为图标"菜单项默认为选中状态,也就是说,向前面板添加输入控件和显示控件时,在框图上生成的端子显示为包含控件外形的方形图标。取消该菜单项的选中状态,将使得端子恢复为传统的显示方式,在这种方式下,只能从端子了解到控件的数据类型,而无法了解控件的具体种类和外形。例如在图 4-6 中,左图为选中"显示为图标"菜单项后的数值输入控件端子;右图为取消选中该菜单项后的输入控件端子。

图 4-6　程序框图中控件接线端的两种显示方式

另外,前面板上的各种输入控件和显示控件也都有各自的快捷菜单,这些菜单项的内容根据控件的类别略有不同,用户可以查阅帮助或通过练习来了解它们的具体使用方法及功能,在此不一一详细介绍。

4.1.2　布尔型

布尔数据类型比较简单,其只有"真(True)"和"假(False)",或者"1"和"0"两种取值,也叫逻辑型数据类型。

在 LabVIEW 中，布尔型控件主要包含在控件选板的"布尔"子选板中，图 4-7 所示为控件选板中不同可见类别和样式"布尔"子选板中的布尔控件。同数值型类似，布尔常量存在于函数选板的"布尔"子选板中，包括"真常量"和"假常量"，图 4-8 所示为函数选板中"布尔"子选板下的布尔常量。

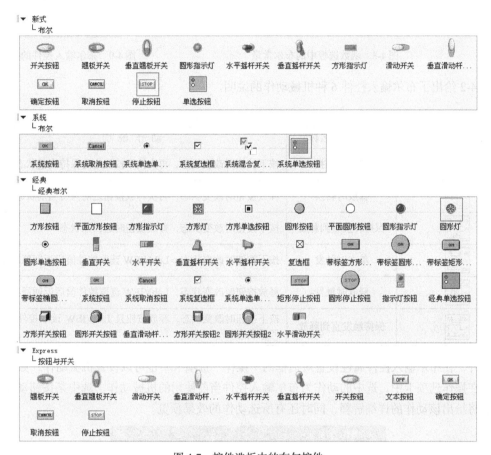

图 4-7　控件选板中的布尔控件

从图 4-7 中可以看到，控件选板的"布尔"子选板中有各种不同的布尔型前面板对象，如不同形状的按钮、指示灯和开关等，这些都是从实际仪器的开关、按钮、指示灯演化而来的，十分形象。利用这些布尔按钮，用户可以设计出很逼真的虚拟仪器前面板。同数值型控件类似，这些不同的布尔控件外观也是不同的，但内涵及本质相同，都是布尔型。另外，布尔输入控件和显示控件的右键快捷菜单内容与数值控件基本相同，不再详细介绍。

布尔输入控件的一个重要属性是机械动作，正确配置这一属性将有助于更精确地模拟物理仪器上的开关器件。在布尔输入控件的快捷菜单里，"机械动作"子菜单中给出了所有可用的机械动作选项，如图 4-9 所示，但对于布尔显示控件，该菜单项被禁用。在图 4-9 中，出现在选项方框边缘的粗线框表示该选项为布尔输入控件当前使用的机械动作。这些菜单选项图例中使用了特殊的标记，其中"m"（Motion）及其右侧的图形表示鼠标左键在布尔输入控件上的操作动作；"v"（Value）及其右侧的图形表示输入控件包含的布尔值变化情况；第二行的机械动作图例中的"RD"（Read）及其右侧图形表示 VI 读取布尔输入控件的时间点。

| 图4-8　函数选板中的布尔常量 | 图4-9　布尔输入控件的机械动作 |

表4-2 给出了布尔输入控件 6 种机械动作的说明。

表4-2   布尔输入控件的 6 种机械动作

机械动作图例	机械动作名称	动 作 说 明
	单击时转换	按下按钮时改变状态，再次按下按钮之前保持当前状态
	释放时转换	释放按钮时改变状态，再次释放按钮之前保持当前状态
	保持转换直到释放	按下按钮时改变状态，释放按钮时返回原状态
	单击时触发	按下按钮时改变状态，LabVIEW 读取控件值后返回原状态
	释放时触发	释放按钮时改变状态，LabVIEW 读取控件值后返回原状态
	保持触发直到释放	按下按钮时改变状态，释放按钮且 LabVIEW 读取控件值后返回原状态

另外，在布尔输入控件属性设置对话框的"操作"选项卡中也可以设置机械动作，如图 4-10 所示。在操作选项卡中，选中的动作为布尔输入控件当前使用的机械动作。选中某按钮动作，窗口右侧将给出该动作的详细解释，同时还有所选动作的效果预览。

图 4-10　布尔输入控件属性设置对话框操作选项卡

4.1.3 字符串与路径

字符串是 LabVIEW 中的一种基本数据类型。LabVIEW 为用户提供了功能强大的字符串控件和字符串运算功能函数。路径也是一种特殊的字符串,专门用于对文件路径的处理。

在 LabVIEW 中,字符串与路径主要包含在控件选板的"字符串与路径"子选板中(在 Express 中为"文本输入控件"),图 4-11 所示为控件选板中不同可见类别和样式中"字符串与路径"子选板中的字符串与路径控件。同其他类型类似,常量存在于函数选板的"字符串"子选板中,图 4-12 列出了函数选板中"字符串"子选板下的字符串常量。

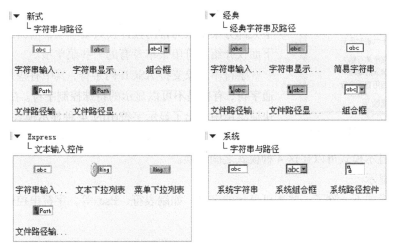

图 4-11 控件选板中的字符串与路径控件

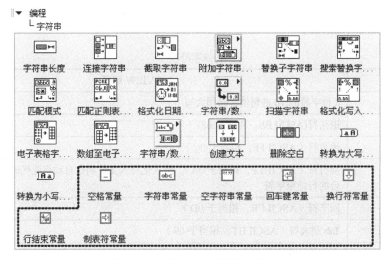

图 4-12 函数选板中的字符串常量

从图 4-11 中可以看出,字符串与路径子选板中共有 3 种对象:字符串控件(输入/显示)、组合框控件和文件路径控件(输入/显示)。

1. 字符串控件

字符串对象用于处理和显示各种字符串,用数据操作工具或文本编辑工具单击字符串对象的显示区,即可在对象显示区的光标位置进行字符串的输入和修改。字符串的输入修改操作与常见

图 4-13　字符串控件快捷菜单

的文本编辑操作几乎完全一样，LabVIEW 的一个字符串对象就是一个简单的文本编辑器。用户可以通过双击并拖动鼠标来选定一部分字符，对已选定的文字进行剪切、拷贝和粘贴等操作，还可改变选定文字的大小、字体和颜色等属性。同样，常用的文本编辑功能键在输入字符串时同样有效，如光标键、换页、退格键和删除键等。

与数值及布尔控件一样，通过字符串控件快捷菜单可以对控件的多数属性和功能进行定义。创建一个字符串输入控件，通过鼠标右键单击控件打开如图 4-13 所示快捷菜单，快捷菜单中大部分菜单项为常用控件公共菜单项，前面已经做了介绍，下面仅介绍字符串菜单专有的一些菜单项。

字符串对象支持 ASCII 码字符，其中有些是可以显示的普通字符，有些是不可以显示的特殊控制字符。在图 4-13 所示的快捷菜单中列出了显示字符串的 4 种显示模式：正常显示、'\'（反斜杠）代码显示、密码显示、十六进制显示。通过单击快捷菜单项字符串显示模式可以在这 4 种模式之间切换。

（1）正常显示

在该显示模式下，除了一些不可显示的字符，如制表符、Esc 等，字符串控件显示键入的所有字符。

（2）'\'代码显示

在这种显示模式下，字符串控件除了显示普通字符外，用'\'形式还可以显示一些特殊的控制字符。该模式适用于调试 VI 及把不可显示字符发送至仪器、串口及其他设备。表 4-3 列出了 LabVIEW 对不同代码的解释。

表 4-3　　　　　　　　　　　特殊字符表

代　　码	LabVIEW 解释
\00～\FF	8 位字符的 16 进制值，必须大写
\b	退格符(ASCII BS，相当于\08)
\f	换页符（ASCII FF，相当于\0C）
\n	换行符（ASCII LF，相当于\0A）。格式化写入文件函数自动将此代码转换为独立于平台的行结束字符
\r	回车符（ASCII CR，相当于\0D）
\t	Tab 制表符（ASCII HT，相当于\09）
\s	空格符（相当于\20）
\\	反斜杠（ASCII \，相当于\5C）
%%	百分比

反斜杠后的大写字母用于十六进制字符，小写字母用于换行、退格等特殊字符。例如，LabVIEW 将\BFare 视为十六进制 BF 和 are，将\bFare 和\bfare 分别视为退格符和 Fare 及退格符和 fare。而在\Bfare 中，\B 不是退格代码，\Bf 也不是有效的十六进制代码，在这种情况下，当反斜

杠后仅有部分有效十六进制字符时,LabVIEW 将认为反斜杠后带有 0 而将\B 解释为十六进制 0B。如果反斜杠后既不是合法的十六进制字符, 也不是表 4-3 所示的特殊字符, LabVIEW 将忽略该反斜杠字符。

不论是否选中"\"代码显示,都可通过键盘将表 4-3 中列出的不可显示字符输入到一个字符串输入控件中。但是, 如在显示窗口含有文本的情况下启用反斜杠模式, 则 LabVIEW 将重绘显示窗口, 显示不可显示字符在反斜杠模式下的表示法及 "\" 字符本身。

（3）密码显示

该模式将使输入字符串控件的每个字符（包括空格）都显示为星号（*）。从程序框图中读取字符串数据时, 实际上读取的是用户输入的数据。如从控件复制数据,LabVIEW 将只复制 "*" 字符。

（4）十六进制显示

十六进制显示将显示字符的 ASCII 值, 而不是字符本身。调试或与仪器通信时, 可使用十六进制显示。

图 4-14 给出了一个字符串在 4 种不同显示模式下的显示结果,该字符串共包括 "LabVIEW"、一个空格、"String"、一个空格、"Display" 和一个换行符共 23 个字符。

在快捷菜单中, "限于单行输入" 用于配置在字符串常量和控件中仅限于单行输入, 该选项可防止用户在字符串控件中输入回车符。在复制一个多行字符串并将多行字符串粘贴至只限于单行输入的字符串对象时, LabVIEW 仅粘贴多行字符串的第一行。"键入时刷新" 选项设定后, 控件值将在用户输入字符时同步刷新, 而不是等待用户输入回车键或者文本输入结束才刷新。该选项可用于检查输入的正确性或向用户提供反馈。"启用自动换行" 选项用于设定使控件中的文本根据控件大小自动换行。取消该选项, 字符串将只在遇到一个换行符时换行。另外, 如果文本较多而在控件中无法全部浏览, 可以在属性设置对话框中设置控件的滚动条, 通过滚动条浏览文本。

2. 组合框控件

组合框是一种特殊的字符串对象,除了具有字符串对象的功能外, 还添加了一个字符串列表。在字符串列表中, 可以预先设定几个预定的字符串, 供用户选择, 如图 4-15 所示。单击组合框右侧的 "下拉" 按钮 "▼", 会出现一个下拉列表, 列表中列出了预先设定的字符串选项, 用户可以任意选择来设定组合框当前字符串选项。当组合框没有预设字符串选项时, "下拉" 按钮将不可用。

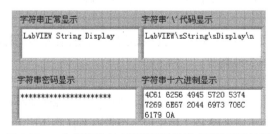

图 4-14　一个字符串在 4 种不同显示模式下的显示结果

图 4-15　组合框对象

在组合框对象的快捷菜单中选择 "编辑项…" 将弹出属性设置对话框并打开 "编辑项" 选项卡。在该选项卡中, 可以编辑、预设组合框对象中可选择的字符串条目, 如图 4-16 所示。

图 4-16　组合框对象编辑项选项卡

在编辑区域中，左边的"项"为在组合框中显示的字符串，右边的"值"为组合框实际存储的值。当选中"值与项值匹配"时，"值"中的字符串选项与"项"中的内容保持一致。另外，快捷菜单中的"允许未定义字符串"处于勾选状态或编辑项选项卡中的"允许在运行时有未定义的值"被选中时，在组合框控件中输入字符串值时，可输入的字符串并不局限于已在该控件的字符串列表中定义的字符串，用户可以在运行时直接输入新的字符串。右键单击组合框控件，取消勾选快捷菜单中的"允许未定义字符串"则禁止用户输入未定义字符串。

3. 文件路径控件

文件路径对象也是一种特殊的字符串对象，专门用于处理文件的路径。文件路径控件用于输入或返回文件或目录的地址，可与文件 I/O 节点配合使用，如图 4-17 所示。用户可以直接在文件路径输入控件中输入文件的路径，也可以通过单

图 4-17　文件路径控件

击右侧的"浏览"按钮打开一个 Windows 标准文件对话框，在对话框中查找需要的文件，文件路径显示控件不能输入，也没有浏览按钮。

路径控件与字符串控件的工作原理类似，但 LabVIEW 会根据用户所用操作平台的标准句法将路径按一定格式处理。路径通常分为以下 3 种类型。

（1）非法路径

如函数未成功返回路径，该函数将在显示控件中返回一个非法路径值。该非法路径值可作为一个路径控件的默认值来检测用户何时未提供有效路径，并显示一个带有选择路径选项的文件对话框。可使用文件对话框函数显示文件对话框。

（2）空路径

空路径可用于提示用户指定一个路径。将一个空路径与文件 I/O 函数相连时，空路径将指向映射到计算机的驱动器列表。

（3）绝对路径和相对路径

相对路径是文件或目录在文件系统中相对于任意位置的地址。绝对路径描述从文件系统根目录开始的文件或目录地址。使用相对路径可避免在另一台计算机上创建应用程序或运行 VI 时重新指定路径。

4.2　数据运算

LabVIEW 提供了丰富的数据运算功能，除了基本的数据运算符外，还有许多功能强大的函数节点，并且还支持通过一些简单的文本脚本进行数据运算。与文本语言编程不同的，在文本语言编程中都具有运算符优先级和结合性的概念，而 LabVIEW 是图形化编程，运算是按照从左到右沿数据流的方向顺序执行的，不具有优先级和结合性的概念。

上一节介绍了 LabVIEW 中的 3 种基本数据类型，本节将结合 3 种基本数据类型，介绍一些基本的数据运算方法，另外还有一些数据运算方法将在后续章节介绍，用户也可以直接参考联机帮助文档来了解这些运算方法。

4.2.1　数值运算

数值运算是编程语言中最基本的运算之一。在 LabVIEW 中，数值运算符包含在程序框图"函数选板"的"数值"子选板中，如图 4-18 所示。"数值"子选板中除一些实现基本数值运算的函数节点外，还包含了几个子选板和一些常量。

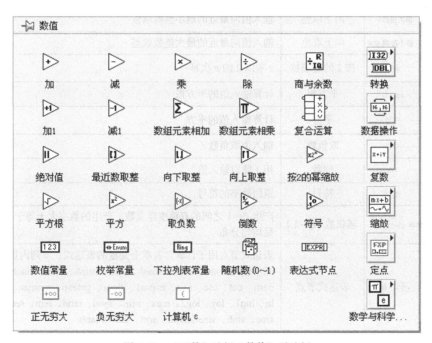

图 4-18　"函数"选板"数值"子选板

基本数值运算节点主要实现加、减、乘、除等基本数值运算，表 4-4 列出了"数值"子选板中基本数值运算节点功能及使用说明。

表 4-4   基本数值运算函数节点

图标及端口	功能	说明
$x+y$	加	计算输入的和
$x-y$	减	计算输入的差
$x*y$	乘	计算输入的积
x/y	除	计算输入的商
$x-y*floor(x/y)$, $floor(x/y)$	商与余数	计算输入的整数商和余数
$x+1$	加 1	输入值加 1
$x-1$	减 1	输入值减 1
数值数组 $\sum$ 和	数组元素相加	返回数值数组中所有元素的和
数值数组 $\prod$ 乘积	数组元素相乘	返回数值数组中所有元素的积。如数值数组为空数组，则函数返回值 1；如数值数组只有一个元素，函数则返回该元素
值0 值1 ... 值n-1 结果	复合运算	执行对一个或多个数值、数组、簇或布尔输入的运算。右键单击函数，从快捷菜单中选择运算（加、乘、与、或、异或）。从数值选板中拖曳该函数至程序框图时，默认模式为"加"；从布尔选板拖放该函数时，默认模式为"或（OR）"
abs(x)	绝对值	返回输入的绝对值
数字 最接近的整数值	最近数取整	输入值向最近的整数取整
$floor(x)$: 最大整数 $\leq x$	向下取整	输入值向最近的最小整数取整
$ceil(x)$: 最小整数 $\geq x$	向上取整	输入值向最近的最大整数取整
$x*2^n$	按 2 的幂缩放	x 乘以 2 的 n 次幂
$sqrt(x)$	平方根	计算输入值的平方根
x^2	平方	计算输入值的平方
$-x$	取负数	输入值取负数
$1/x$	倒数	用 1 除以输入值
数字 $-1, 0, 1$	符号	返回数字的符号
数字 (0-1)	随机数（0～1）	产生 0～1 之间的双精度浮点数。产生的数字大于等于 0，小于 1，呈均匀分布
输入 $2+x*log(x)$ 输出	表达式节点	表达式节点用于计算含有单个变量的表达式。下列内置函数可在公式中使用：abs、acos、acosh、asin、asinh、atan、atanh、ceil、cos、cosh、cot、csc、exp、expm1、floor、getexp、getman、int、intrz、ln、lnp1、log、log2、max、min、mod、rand、rem、sec、sign、sin、sinc、sinh、sizeOfDim、sqrt、tan 和 tanh

除了表中列出基本数值运算函数节点外，"数值"子选板中还包括"转换"、"数据操作"、"复数"、"缩放"、"定点"、"数学与科学常量"6 个子选板。表 4-5 列出了各上述子选板功能说明，对于各子选板中具体函数的功能及用法，在此不一一介绍。

表 4-5   "数值"子选板中的子选板及功能

图 标	子选板	说 明
I32 / DBL	转换 VI 和函数	转换 VI 和函数用于数据类型的转换，包括转换为长整型、转换为单精度浮点数、转换为单精度复数、单位转换、布尔值至（0,1）转换、RGB 至颜色转换等 25 个实现数据类型转换的函数节点
16 | 16	数据操作函数	数据操作函数用于改变 LabVIEW 使用的数据类型，包括强制类型转换、平化至字符串、从字符串还原等 9 个函数节点
x+iy	复数函数	复数函数用于根据两个直角坐标或极坐标的值创建复数或将复数分为直角坐标或极坐标两个分量，包括复共轭、极坐标至复数转换、复数至极坐标转换等 7 个函数节点
mx+b	缩放 VI	缩放 VI 可将电压读数转换为温度或其他应变单位，包括转换 RTD 读数、转换应变计读数、转换热敏电阻读数和转换热电偶读数 4 个函数节点
FXP	定点函数	定点函数可对定点数字的溢出状态进行操作，包括定点转换为整型、整型转换为定点、清除定点溢出状态等 5 个函数节点
π / e	数学与科学常量	数学与科学常量包括一些常用的由科学数据委员会（CODATA）制定的一些常量，直接用于创建 LabVIEW 应用程序，该子选板共包含 17 个常量

数值运算函数的输入都是数值型数据。除了函数说明中所指明的一些特例以外，默认的输出数据通常和输入数据保持相同的数值表示方法，如果输入数据包含多种不同的数值表示方法，那么默认输出数据的类型是输入数据的类型中数值较大的那种类型。例如，将一个 8 位整数和一个 16 位整数相加，默认的输出将是一个 16 位整数。如配置了数值函数的输出，则指定的设置将覆盖原有的默认设置。

数值运算函数是对数值、数值数组、数值簇、数值簇构成的数组，以及复数等数据对象的操作。对以上函数允许的输入类型进行归纳，得到以下定义。

数值型 = 数值标量 OR 数值型数组 OR 各种数值型簇

数值标量可以是浮点型数值、整型数值或实部和虚部都为浮点数的复数。在 LabVIEW 中，元素为数组的数组是非法的。数组的维数和大小是任意的，簇中元素的数量也是任意的。函数输出和输入的数值表示法一致。

对于只有一个输入端的函数，函数将处理数组或簇中的每一个元素。对于有两个输入的函数，用户可以使用如下方式组合。

① 两个输入类似：当两个输入结构相同时，输出的结构与输入相同。

② 两个输入中有一个标量：当两个输入中有一个数值标量，而另一个是数组或簇时，输出为数组或簇。

③ 两个输入指定了某种类型的数组：当两个输入中有一个数值数组（如簇数组），另一个是数值类型（如簇）时，输出为数组（簇数组）。

对于两个输入结构类似的情况，LabVIEW 将处理两个输入结构中的每一个元素。例如将两个数组中的元素一一相加，此时必须保证两个数组维数相同。两个维数不同的数组作为输入相加时，输出的结果数组的维数和输入数组中维数较小的一致。两个簇相加的时候，两个簇必须拥有相同的元素个数，并且每对相应元素的类型必须相同。

对于两个输入包含一个标量和一个数组（或簇）的情况，LabVIEW 的函数将处理输入标量和输入数组（或簇）中的每一个元素。例如，LabVIEW 可以将数组中的每个元素减去一个特定的数，无论数组的维数有多大。

对于两个输入中一个是数值类型，另一个是指定类型元素构成的数组的情况，LabVIEW 函数将处理指定数组的每个元素。例如，每张图都可以看作是以点为元素的数组，每个点又可以看作是一个簇，簇中包含两个数值型的元素 x 和 y。如果要将一张图在 x 方向上移动 5 个单位，在 y 方向上移动 8 个单位，那么可以将这张图中的每个点加上点（5,8）。

这就是 LabVIEW 的数据多态性表现之一。图 4-19 以"加"函数为例列出各种输入可能的组合。

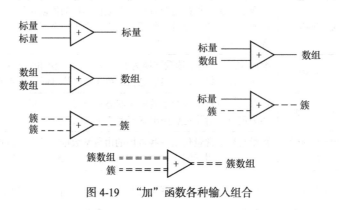

图 4-19　"加"函数各种输入组合

4.2.2　比较运算

比较运算也称为关系运算。比较运算函数节点包含在"函数选板"的"比较"子选板中，如图 4-20 所示。

图 4-20　"比较"子选板中的关系运算函数节点

在 LabVIEW 中，比较函数可用来比较数值、字符串、布尔值、数组和簇，某些比较函数的比较模式还可以改变。不同数据类型的数据进行比较时，比较的规则是不同的，简单介绍如下。

（1）数值比较

数值比较先将数字转换为相同的表示法后再行比较。为了进行准确的比较，比较函数节点将每个输入转换为其最大化表示。对于带有非法数值（NaN）的一个或两个输入，其比较将返回不相等的结果。不是所有数都可表示为 ANSI/IEEE 标准浮点数，因此，使用浮点数的比较可能会由于舍入误差导致非预期的错误。

（2）字符串比较

比较函数依据 ASCII 字符码的值对字符串进行比较。在比较时，从字符串的第 0 个元素开始，一次比较一个元素，直至函数发现不相等或直至一个字符串的末尾才结束比较。如前面的字符都一样，"比较"函数认为长的字符串比短的字符串大。

例如，字符 a（其十进制值为 97）比字符 A（65）大，而后者又比数字 0（48）大，数字 0（48）又比空格符（32）大。LabVIEW 从字符串的开始处逐个比较字符串，直至发现不相等字符时才停止比较。例如，LabVIEW 在发现比字符 e 小的字符 c 前，会一直对字符串 abcd 和 abef 作比较。有字符比没有字符大，因此，字符串 abcd 比 abc 大，因为前者含有更多字符。

（3）布尔比较

在布尔比较中，布尔值 TRUE 比布尔值 FALSE 大。

（4）数组和簇比较

某些比较函数节点有两种比较数组或簇的模式。在"比较集合"模式下，比较两个数组或簇时，函数返回的是一个布尔值。在"比较元素"模式下，函数将逐个比较数组或簇的元素，并返回所有比较结果的相应布尔值构成的数组或簇。

比较多维数组时，每个连接至函数的数组必须要有相同的维数。仅在"比较集合"模式下运行的"比较"函数比较数组时的方式与比较字符串相同，即从第一个元素开始逐一比较每个元素直至发现不相等时才停止比较。在"比较元素"模式下，"比较"函数返回与输入数组具有相同维数的一个布尔值数组。输出数组中的每一维为该维中较短的那个输入数组。在每一维内（如一行、一列或一页），函数比较每个输入数组内的相应元素值，从而在输出数组内产生相应的布尔值。

如果要对两个簇进行比较，那么它们必须要有相同的元素数目，每个元素的数据类型必须兼容，并且各个元素在簇内的顺序必须一致。例如，可以将含有 DBL 和字符串的一个簇与含有 I32 和字符串的另一个簇进行比较。在"比较元素"模式下，"比较"函数返回一个布尔元素的簇，其中每个元素对应于输入的簇元素。在"比较集合"模式下，"比较"函数返回一个布尔值。函数比较相对应的元素直至发现不相等，然后返回结果。只有两个簇的所有元素都相等，"比较"函数才会将这两个簇视为相等。

表 4-6 列出了"比较"子选板中比较函数节点的功能及使用说明。

表 4-6　　　　　　　　　　　比较函数节点功能说明

图标及端口	功　　能	说　　明
x y ⊨ x = y?	等于？	如 x 等于 y，则返回 TRUE；否则，函数返回 FALSE。该函数可改变比较模式
x y ≠ x != y?	不等于？	如 x 不等于 y，则返回 TRUE；否则，函数返回 FALSE。该函数可改变比较模式
x y > x > y?	大于？	如 x 大于 y，则返回 TRUE；否则，函数返回 FALSE。该函数可改变比较模式
x y < x < y?	小于？	如 x 小于 y，则返回 TRUE；否则，函数返回 FALSE。该函数可改变比较模式

续表

图标及端口	功 能	说 明
x y ⟶ ≥ ⟶ x ≥ y?	大于等于?	如 x 大于等于 y，则返回 TRUE；否则，函数返回 FALSE。该函数可改变比较模式
x y ⟶ ≤ ⟶ x ≤ y?	小于等于?	如 x 小于等于 y，则返回 TRUE；否则，函数返回 FALSE。该函数可改变比较模式
x ⟶ =0 ⟶ x = 0?	等于 0?	x 等于 0 时返回 TRUE；否则，函数返回 FALSE
x ⟶ ≠0 ⟶ x != 0?	不等于 0?	x 不等于 0 时返回 TRUE；否则，函数返回 FALSE
x ⟶ >0 ⟶ x > 0?	大于 0?	x 大于 0 时返回 TRUE；否则，函数返回 FALSE
x ⟶ <0 ⟶ x < 0?	小于 0?	x 小于 0 时返回 TRUE；否则，函数返回 FALSE
x ⟶ ≥0 ⟶ x ≥ 0?	大于等于 0?	x 大于等于 0 时返回 TRUE；否则，函数返回 FALSE
x ⟶ ≤0 ⟶ x ≤ 0?	小于等于 0?	x 小于等于 0 时返回 TRUE；否则，函数返回 FALSE
t s f ⟶ ⟶ s? t:f	选择	根据 s 的值，返回连接至 t 输入或 f 输入的值。s 为 TRUE 时，函数返回连接到 t 的值；s 为 FALSE 时，函数返回连接到 f 的值
x ⟶ ⟶ max(x,y) y ⟶ ⟶ min(x,y)	最大值与 最小值	比较 x 和 y 的大小，在顶部的输出端中返回较大值，在底部的输出端中返回较小值。如所有输入都是时间标识值，那么该函数接受时间标识。如输入为时间标识，则函数在顶部输出中返回离当前较近的值，在底部输出中返回离当前较远的值。如输入的数据类型不一致，将出现断线。该函数可改变比较模式
上限 x ⟶ ⟶ 已强制转换(x) 下限 ⟶ ⟶ 范围内?	判定范围并 强制转换	根据上限和下限，确定 x 是否在指定的范围内，还可选择将值强制转换到指定范围之内。该函数只在比较元素模式下进行强制转换。如所有输入都是时间标识值，那么该函数接受时间标识。该函数可改变比较模式
数字/路径/ 引用句柄 ⟶ ⟶ 非法数字 /路径/ 引用句柄?	非法数字/ 路径/引用 句柄?	如数字/路径/引用句柄为非法数字（NaN）、非法路径或非法引用句柄，则返回 TRUE；否则，函数返回 FALSE
数组 ⟶ ⟶ 为空?	空数组?	如数组为空，则函数返回 TRUE；否则，函数返回 FALSE
字符串 /路径 ⟶ ⟶ 为空?	空字符串/路 径?	如字符串/路径为空字符串或空路径，则返回 TRUE；否则，函数返回 FALSE
char ⟶ ⟶ 数字?	十进制数?	如 char 代表 0～9 之间的十进制数，则返回 TRUE；如 char 为字符串，则函数使用字符串中的第一个字符；如 char 为数值，函数将其解析为该数的 ASCII 值；如 char 是浮点数，则该函数将 char 四舍五入为最近的整数；否则，函数返回 FALSE
char ⟶ ⟶ 十六进制?	十六进制数?	如 char 代表 0～9、A～F 之间的十六进制数，则返回 TRUE；如 char 为字符串，则函数使用字符串中的第一个字符；如 char 为数值，函数将其解析为该数的 ASCII 值；如 char 是浮点数，该函数将其四舍五入为最近的整数；否则，函数返回 FALSE
char ⟶ ⟶ 八进制?	八进制数?	如 char 代表 0～7 之间的八进制数，则返回 TRUE；如 char 为字符串，则函数使用字符串中的第一个字符；如 char 为数值，函数将其解析为该数的 ASCII 值；如 char 是浮点数，该函数将其四舍五入为最近的整数；否则，函数返回 FALSE

续表

图标及端口	功 能	说 明
char — 可打印ASCII码?	可打印?	如 char 代表可打印的 ASCII 字符，则返回 TRUE；如 char 为字符串，该函数使用字符串中的第一个字符；如 char 为数值，函数将其解析为该数的 ASCII 值；如 char 是浮点数，该函数将其四舍五入为最近的整数；否则，函数返回 FALSE
char — space,h/v tab, cr, lf, ff?	空白?	如 char 代表空白字符（例如空格、制表位、换行、回车符、换页或垂直制表符），则返回 TRUE；如 char 为字符串，该函数使用字符串中的第一个字符；如 char 为数值，函数将其解析为该数的 ASCII 值；如 char 是浮点数，该函数将其四舍五入为最近的整数；否则，函数返回 FALSE
char — 类编号	字符类	返回 char 的类编号。如 char 为字符串，该函数使用字符串中的第一个字符；如 char 为数值，函数将其解析为该数的 ASCII 值
操作数1 — 结果 错误输入（无错误）— 错误输出	比较	比较指定的输入项，确定这些值之间的等于、大于或小于关系
FXP — 溢出?	定点溢出?	如 FXP 包含溢出状态且 FXP 是溢出运算的结果，该值为 TRUE。否则，函数返回 FALSE

4.2.3 逻辑运算

逻辑运算又称为布尔运算，传统编程语言使用逻辑运算符将关系表达式或逻辑量连接起来，形成逻辑表达式。逻辑运算函数节点包含在"函数选板"的"布尔"子选板中，LabVIEW 中逻辑运算函数节点的图标与数字电路中的逻辑运算符的图标相似，如图 4-21 所示。

图 4-21 "布尔"子选板中的布尔运算函数节点

表 4-7 列出布尔子选板中布尔函数节点的功能及使用说明。

表 4-7   布尔函数节点功能说明

图标及端口	功 能	说 明
x y — x与y?	与	计算输入的逻辑与。两个输入必须为布尔或数值。如两个输入都为 TRUE，函数返回 TRUE；否则，返回 FALSE
x y — x或y?	或	计算输入的逻辑或。两个输入必须为布尔或数值。如两个输入都为 FALSE，则函数返回 FALSE；否则，返回 TRUE
x y — x异或y?	异或	计算输入的逻辑异或（XOR）。两个输入必须为布尔或数值。如两个输入都为 TRUE 或都为 FALSE，函数返回 FALSE；否则，返回 TRUE

图标及端口	功　能	说　　明
x ─────▷○── 非x？	非	计算输入的逻辑非。如 x 为 FALSE，则函数返回 TRUE；如 x 为 TRUE，则函数返回 FALSE
x ─── ∧ ── 非（x与y）？ y ───┘	与非	计算输入的逻辑与非。两个输入必须为布尔或数值。如两个输入都为 TRUE，则函数返回 FALSE；否则，返回 TRUE
x ─── ∨ ── 非（x或y）？ y ───┘	或非	计算输入的逻辑或非。两个输入必须为布尔或数值。如两个输入都为 FALSE，则函数返回 TRUE；否则，返回 FALSE
x ─── ∨ ── 非（x异或y）？ y ───┘	同或	计算输入的逻辑异或（XOR）的非。两个输入必须为布尔或数值。如两个输入都为 TRUE 或都为 FALSE，函数返回 TRUE；否则，返回 FALSE
x ─── ⇒ ── x蕴含y？ y ───┘	蕴含	将 x 取反，然后计算 y 和取反后的 x 的逻辑或。两个输入必须为布尔或数值。如 x 为 TRUE 且 y 为 FALSE，则函数返回 FALSE；否则，返回 TRUE
布尔数组 ──▷ 逻辑与	数组元素 与操作	如布尔数组中的所有元素为 TRUE，或布尔数组为空，则返回 TRUE；否则，函数返回 FALSE。该函数接受任何大小的数组，并对布尔数组中的所有元素进行与操作，最后返回值
布尔数组 ──▷ 逻辑或	数组元素 或操作	如布尔数组中的所有元素为 FALSE，或布尔数组为空，则返回 FALSE；否则，函数返回 TRUE。该函数接受任何大小的数组，并对布尔数组中的所有元素进行或操作，最后返回值
数字 ──── 布尔数组	数值至布 尔数组 转换	将整数或定点数转换为布尔数组。如将整数连线至数字接线端，根据整数位数的不同，布尔数组将返回含有 8 个、16 个、32 个或 64 个元素的布尔数组。如将定点数连线至数字接线端，则布尔数组所返回数组的大小等于该定点数的字长。数组第 0 个元素对应于整数二进制表示的补数的最低有效位
布尔数组 ──── 数字	布尔数组 至数值 转换	将布尔数组作为数字的二进制表示，把布尔数组转换为整数或定点数。如数字有符号，LabVIEW 将数组作为数字二进值表示的补。数组的第一个元素与数字的最低有效位相对应
布尔 ──── 0，1	布尔值至 (0,1)转换	将布尔值 FALSE 或 TRUE 分别转换为十六位整数 0 或 1
值0 ─┐ 值1 ─┤ + ── 结果 值n-1 ─┘	复合运算	执行对一个或多个数值、数组、簇或布尔输入的运算。可从右键快捷菜单中选择运算（加、乘、与、或、异或）。从"数值"选板中拖放该函数至程序框图时，默认模式为"加"；从"布尔"选板拖放该函数时，默认模式为"或(OR)"

　　同数值运算函数节点类似，逻辑函数节点支持的数据也具有多态性。

　　逻辑函数节点的输入是布尔型或数值型数据。如果输入是数值型，那么 LabVIEW 将对输入数据进行位运算操作；如果输入是整型，那么输出数据是和输入相同表示的整型；如果输入是浮点型，那么 LabVIEW 会将它舍入为一个 32 位整型数字，而输出结果也将是 32 位整型。

　　逻辑函数节点可以处理数值或布尔型的数组、数值或布尔型的簇、数值簇或布尔簇构成的数组等类型的数据。

　　对以上函数允许的输入类型进行归纳，得到以下定义。

　　　　逻辑型 = 布尔标量 OR 数值标量 OR 逻辑型数组 OR 多个逻辑型簇

　　复数和以数组为元素的数组除外。

　　如果一个逻辑函数节点有两个输入，那么可以用和算术函数相同的方式组合这两个输入。但是，逻辑函数还受到一个更为严格的限制：只能对两个布尔值或两个数值进行基本操作。例如，不能在布尔值和数值之间进行"与（AND）"运算。

图 4-22 所示为以"与"函数为例列举两个布尔值输入的几种组合方式。

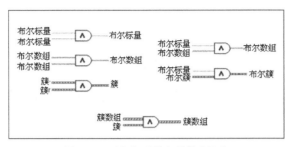

图 4-22   "与"函数各种输入组合

4.2.4 字符串运算

在虚拟仪器控制应用软件中，经常需要实现与各种仪器的通信和处理各种不同的文本命令，而这些命令通常由字符串组成，因此对字符串进行合成、分解、变换是软件开发人员经常遇到的问题。LabVIEW 为用户提供了丰富的字符串运算函数，这些字符串函数提供包括合并两个或两个以上字符串、从字符串中提取子字符串、将数据转换为字符串、将字符串格式化用于文字处理或电子表格等功能。

字符串运算函数节点包含在"函数选板"的"字符串"子选板中，如图 4-23 所示。

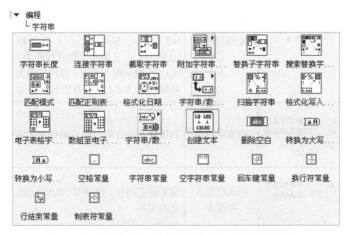

图 4-23   "字符串"子选板中的字符串运算函数节点

表 4-8 列出"字符串"子选板中基本字符串运算函数节点的功能及使用说明。

表 4-8　　　　　　　　　　　　基本字符串运算函数节点功能说明

图标及端口	功　能	说　　明
字符串 ——▣⊢ —— 长度	字符串长度	在长度中返回字符串的字符长度（字节）
字符串0 字符串1 —— 连接的字符串 字符串n-1	连接字符串	连接输入字符串和一维字符串数组作为输出字符串。对于数组输入，该函数连接数组中的每个元素

图标及端口	功能	说明
字符串 / 偏移量(0) / 长度(剩余) / 子字符串	截取字符串	返回输入字符串的子字符串,从偏移量位置开始,包含"长度"个字符
字符串 / 子字符串("") / 偏移量(0) / 长度(子字符串长度) / 结果字符串 / 替换子字符串	替换子字符串	插入、删除或替换子字符串,偏移量在字符串中指定
输入字符串 / 搜索字符串 / 替换字符串("") / 偏移量(0) / 错误输入(无错误) / 结果字符串 / 替换数量 / 替换后偏移量 / 错误输出	搜索替换字符串	将一个或所有子字符串替换为另一子字符串。如需使用"多行?"布尔输入端,右键单击函数并选择正则表达式
字符串 / 正则表达式 / 偏移量(0) / 子字符串之前 / 匹配子字符串 / 子字符串之后 / 匹配后偏移量	匹配模式	在字符串的偏移量位置开始搜索正则表达式,如找到匹配的表达式,将字符串分解为3个子字符串。正则表达式为特定的字符的组合,用于模式匹配。关于正则表达式中特殊字符的更多信息,可参考帮助文件中正则表达式输入的说明
多行?(F) / 忽略大小写?(F) / 输入字符串 / 正则表达式 / 偏移量(0) / 错误输入 / 匹配之前 / 所有匹配 / 匹配之后 / 匹配后偏移量 / 错误输出	匹配正则表达式	在输入字符串的偏移量位置开始搜索所需正则表达式,如找到匹配字符串,将字符串拆分成3个子字符串和任意数量的子匹配字符串。将函数调整大小,以查看字符串中搜索到的所有部分匹配
时间格式字符串(%c) / 时间标识 / UTC格式 / 日期/时间字符串	格式化日期/时间字符串	通过时间格式代码指定格式,按照该格式将时间标识的值或数值显示为时间。例如,%c 可显示根据地域语言设定的日期/时间。时间相关格式代码为:%X(指定地域时间),%H(小时,24小时),%I(小时,12小时),%M(分钟),%S(秒),%<digit>u(分数秒,精度<digit>),%p(AM/PM)。日期相关格式代码为:%x(指定地域日期),%y(两位年份),%Y(四位年份),%m(月份),%b(月名缩写),%d(一个月中的天值),%a(星期名缩写)
格式字符串 / 输入字符串 / 初始扫描位置 / 错误输入(无错误) / 默认1(0 dbl) / 剩余字符串 / 扫描后偏移量 / 错误输出 / 输出1	扫描字符串	扫描输入字符串,然后根据格式字符串进行转换
格式字符串 / 初始字符串 / 错误输入(无错误) / 输入1(0) / 输入n(0) / 结果字符串 / 错误输出	格式化写入字符串	使字符串路径、枚举型、时间标识、布尔或数值数据格式化为文本
格式字符串 / 电子表格字符串 / 数组类型(2D Dbl) / 数组	电子表格字符串至数组转换	将电子表格字符串转换为数组,维度和表示法与数组类型一致。该函数适用于字符串数组和数值数组
格式字符串 / 数组 / 电子表格字符串	数组至电子表格字符串转换	使任何维数的数组转换为字符串形式的表格(包括制表位分隔的列元素,独立于操作系统的 EOL 符号分隔的行),对于三维或更多维数的数组而言,还包括表头分隔的页
起始文本 / 错误输入(无错误) / 结果 / 错误输出	创建文本	对文本和参数化输入进行组合,创建输出字符串。如输入的不是字符串,该 Express VI 将根据配置把输入转化为字符串

续表

图标及端口	功 能	说 明
位置 (两端) 字符串 —[abc]— 删减后字符串	删除空白	将所有空白 (空格、制表符、回车符和换行符) 从字符串的起始、末尾或者两端删除。该 VI 不会删除双字节字符
字符串 —[aA]— 所有大写字母字符串	转换为大写字母	将字符串中的所有字母字符转换为大写字母。将字符串中的所有数字作为 ASCII 字符编码处理。该函数不影响非字母表中的字符
字符串 —[Aa]— 所有小写字母字符串	转换为小写字母	将字符串中的所有字母字符转换为小写字母。将字符串中的所有数字作为 ASCII 字符编码处理。该函数不影响非字母表中的字符

从图 4-23 "字符串"子选板可以看出, 子选板除列出了表 4-8 给出的字符串运算函数节点外, 还包括 3 个子选板和一些字符串常量。表 4-9 列出了 3 个子选板主要实现的功能, 其中各子选板中具体函数节点的功能不再详细介绍。

表 4-9 　　　　　　　　　　　"字符串"子选板中的子选板及功能

图 标	子 选 板	说 明
	附加字符串函数	用于字符串内扫描和搜索、模式匹配以及字符串的相关操作。包括反转字符串、匹配真/假字符串、匹配字符串、搜索/拆分字符串、搜索替换模式、索引字符串数组、添加真/假字符串、选择并添加至字符串、在字符串中搜索标记、字符串移位 10 个函数节点
	字符串/数值转换函数	用于转换字符串。包括八进制字符串至数值转换、十进制数字字符串至数值转换、格式化值、扫描值、十六进制数字字符串至数值转换、十六进制数字字符串至数值转换、数值至八进制字符串转换、数值至工程字符串转换、数值至十进制数字字符串转换、数值至十六进制字符串转换、数值至小数字符串转换、数值至指数字符串转换 12 个函数节点
	字符串/数组/路径转换函数	用于转换字符串、数组和路径。包括路径至字符串数组转换、路径至字符串转换、字符串数组至路径转换、字符串至路径转换、字符串至字节数组转换、字节数组至字符串转换 6 个函数节点

4.3 习 题

1. 列举 LabVIEW 中的各种数据类型并写出它们在程序框图中的接线端的特征颜色。

2. 在前面板中放置 3 个数值输入控件, 并将它们的表示法分别设置为"单精度"、"双字节整型"和"无符号双字节整型", 并比较它们在程序框图中对应接线端边框的颜色。

3. 在前面板放置一个量表控件, 将其指针颜色设置为绿色, 主刻度设置为红色, 标记文本设置为蓝色, 显示梯度, 并将主刻度设为反转。

4. 创建一个数值输入控件, 将其改为数值显示控件, 并在程序框图中的接线端取消选中"显示为图标", 改变其显示方式。

5. 在前面板中放置一个转盘控件和温度计控件, 数值范围都设置为 0～100, 要求温度计指示值随转盘指针转动而改变。

6. 创建一个 VI, 利用随机数产生一个 0～100 之间的整数, 若该数大于 50, 前面板上放置的指示灯点亮。

7. 创建一个 VI，比较 3 个数的大小，并输出其中的最大值和最小值。

8. 输入一个数，判断其能否同时被 3 和 5 整除。

9. 创建一个方形指示灯控件，并将其转换为布尔输入控件。

10. 在前面板中放置一个开关按钮控件和一个方形指示灯控件，并将它们在程序框图中连接起来，分别将开关按钮控件的机械动作设置为"单击时转换"和"保持转换直到释放"，连续运行 VI 并单击开关按钮控件，比较两种情况下方形指示灯的状态改变情况的不同。

11. 创建一个 VI，实现二进制全加器逻辑运算功能，已知全加器逻辑运算表达式如下。

$$S_i = A_i \oplus B_i \oplus C_{i-1} \qquad C_i = (A_i \oplus B_i)C_{i-1} + A_iB_i$$

其中，S_i 为本位和、C_i 为本位向高位的进位、A_i 为被加数、B_i 为加数、C_{i-1} 为低位向本位的进位。要求输入变量和输出变量均用方形指示灯控件，设置显示"布尔文本"，并修改"开时文本"为"1"，关时文本为"0"。

12. 在前面板中分别放置一个字符串输入控件和一个字符串显示控件，要求在输入控件中输入一个字符串，运行 VI，在显示控件中显示"你输入的字符串是：<输入的字符串>，字符串长度为：<输入字符串的长度>。"

13. 创建一个 VI，将字符串"欢迎使用 LabVIEW 8.6!"中的"8.6"替换为"2009"后输出。

14. 创建一个组合框和字符串显示控件，在组合框中用 5 个条目显示 5 名同学的姓名，选定姓名后，在字符串显示控件中显示选定姓名对应的学号。

15. 创建一个 VI，产生 5 个范围为 0～100 的随机数并转换为一个字符串显示在前面板中，要求每个随机数保留 2 位小数，每个数之间用空格分隔。

第5章
程序结构

程序结构对任何一种计算机编程语言来说都是十分重要的,它控制整个程序语言的执行过程,一个好的程序结构,可以大大提高程序的执行效率。LabVIEW 作为一种图形化的高级程序开发语言,执行的是数据流驱动机制,在程序结构方面除支持循环、顺序、条件等通用编程语言支持的结构外,还包含一些特殊的程序结构,如事件结构、禁用结构、公式节点等。由于 LabVIEW 是图形化编程语言,它的代码以图形形式表现,因此各种结构的实现也是图形化的。每种结构都含有一个可调整大小的清晰边框,用于包围根据结构规则执行的程序框图部分。结构边框中的程序框图部分被称为子程序框图,从结构外接收数据和将数据输出结构的接线端称为隧道,隧道是结构边框上的连接点。同其他编程语言一样,程序结构是 LabVIEW 编程的核心,掌握好 LabVIEW 中的程序结构,才能编写出功能完整、执行高效的应用程序。本章将详细介绍 LabVIEW 为用户提供的各种程序结构及其使用方法,包括顺序结构、循环结构、条件结构、事件结构、禁用结构和公式节点等。

5.1 顺序结构

5.1.1 LabVIEW 程序数据流编程

传统的编程语言大都遵循控制流程序执行模式,如 Visual Basic、C++、JAVA 以及绝大多数其他文本编程语言。在控制流中,程序元素的先后顺序决定了程序的执行顺序,即程序按照程序代码编写的顺序自上而下逐条语句顺序执行,且每个时刻只执行一步。LabVIEW 作为一种图形化的编程语言,有其独特的程序执行顺序,那就是数据流执行方式。在数据流执行方式下,只有当节点所有输入点的数据都流到该节点时,才会执行该节点。节点在执行时产生输出数据并将该数据传送给数据流路径中的下一个节点。数据流经节点的动作决定了程序框图上 VI 和函数的执行顺序。图 5-1 给出了实现 *Result*=(*A*+*B*)/*C* 的控制流编程和数据流编程的流程图。

在图 5-1(a)所示的控制流编程中,程序强制"获取数据 *A*"在"获取数据 *B*"之前执行,若数据 *B* 在数据 *A* 准备好之前已经准备好,在程序中也必须在等待数据 *A* 准备好并获取后才执行获取数据 *B*。而在数据流编程中,"获取数据 *A*"和"获取数据 *B*"没有先后之分,两个任务根据需要在时间上相互交叠,不仅如此,对于"获取数据 *A*"、"获取数据 *B*"、"执行 *A*+*B*"的过程与"获取数据 *C*"这个过程之间也没有先后之分。图 5-2 所示为实现 *Result*=(*A*+*B*)/*C* 的 LabVIEW 程序框图中的 LabVIEW 程序。

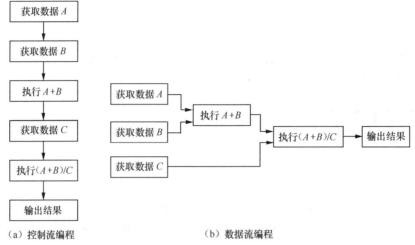

（a）控制流编程　　　　　　　　　　（b）数据流编程

图 5-1　控制流和数据流编程流程图

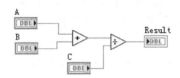

图 5-2　实现 *Result*=(*A*+*B*)/*C* 的 LabVIEW 程序

LabVIEW 是以数据流而不是命令的先后顺序决定程序框图元素的执行顺序，因此可创建具有并行执行的程序框图，如图 5-3 所示。

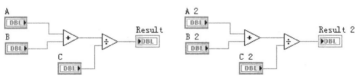

图 5-3　多段代码执行情况

在图 5-3 中，同一个程序框图中有两段类似的代码，这两段代码是如何执行的呢？在 LabVIEW 中，这两段代码的实际执行过程并不是按照从左到右的顺序先执行第一段代码再执行第二段代码的，这两段代码是并行独立执行的。正是因为在 LabVIEW 中自动实现了多线程，从而使得代码的执行效率大大提高。而对于传统的文本编程语言，要实现多线程编程必须进行人为的设计，而且实现起来也是比较费力的。

数据流编程能够提高程序代码的执行效率，但也存在某些方面的不足。例如，当程序框图中两个或两个以上的节点都满足节点执行条件时，这些节点将独立并行执行，用户无法知道到底哪个节点先执行，哪个节点后执行。在很多情况下，程序员需要这些节点按照设定的先后顺序执行，此时数据流控制就无法满足要求，必须引入特殊的程序结构，在此结构内程序严格按预先设定的顺序执行，这个结构就是 LabVIEW 的顺序结构。

5.1.2　顺序结构的组成

在 LabVIEW 中，顺序结构一般由多个框架组成。从框架 0 到框架 *n*，首先执行框架 0 中的程序，然后执行框架 1 中的程序，……，这样依次执行下去。类似于放映机中的电影胶片按照顺序一副图像接一副图像地放映，LabVIEW 顺序结构按照顺序一帧（框架）接一帧顺序执行。

LabVIEW 有两种顺序结构，分别是平铺式顺序结构和层叠式顺序结构，这两种顺序结构功能是相同的，只是外观和用法稍有差别。这两种顺序结构都位于"函数选板"→"编程"→"结构"子选板中，如图 5-4 所示。

图 5-4 "函数选板"中的"结构"子选板

1. 层叠式顺序结构

层叠式顺序结构允许在程序框图窗口的同一位置堆叠多个子框图。每个子框图（被称为一帧）有各自的序号，执行顺序结构时，按照序号由小到大逐个执行，最小序号为 0。最初建立的顺序结构只有一帧，在顺序结构边框上单击右键弹出快捷菜单，通过菜单选项可为顺序结构添加帧。图 5-5 左图所示为顺序结构边框上的弹出快捷菜单，其中"添加顺序局部变量"选项为顺序结构添加局部变量；"删除顺序"选项移除顺序结构，同时保留当前帧代码；"在后面添加帧"选项可用于在当前帧后面（下面）添加一个空白帧；"在前面添加帧"选项则在当前帧前面（上面）添加一个空白帧；"复制帧"选项是对当前帧进行复制，并把复制的结果作为新一帧放到当前帧的后面；"删除本帧"选项是删除当前帧，只有一帧时该选项不可用。

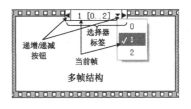

图 5-5 层叠式顺序结构及快捷菜单

在图 5-5 中，左图为刚刚建立的顺序结构，只有一个框架，即只有一帧。选择"在后面添加帧"或"在前面添加帧"选项生成新帧之后，在结构的上边框出现了选择器标签。此处标签内容为"1[0..2]"，表示该顺序结构含有序号为 0~2 的 3 个帧，并且第 1 帧为当前帧。选择器标签左右的两个箭头按钮分别为"减量"按钮和"增量"按钮，用于在层叠式顺序结构各帧之间切换。

单击标签右侧的向下黑色箭头按钮，将打开帧列表，可以用来实现在多个帧之间快速跳转。

在具有多个帧的顺序结构的边框上单击右键而弹出的快捷菜单里，利用"显示帧"和"本帧设置为"子菜单，可以实现帧的快速切换和帧代码之间的互换。

2. 平铺式顺序结构

平铺式顺序结构和层叠式顺序结构实现的功能是一样的，其区别仅为表现形式不同，如图 5-6 所示。

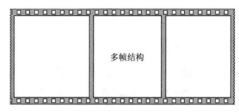

图 5-6　平铺式顺序结构

和层叠式顺序结构一样，新建的平铺式顺序结构同样只有一帧，在结构边框上单击右键而弹出的快捷菜单中，选择"在后面添加帧"选项可用于在当前帧后面（右侧）添加一个空白帧，选择"在前面添加帧"选项则在当前帧前面（左侧）添加一个空白帧。新添加的帧的宽度可以通过鼠标拖曳帧的边框进行调整。在层叠式顺序结构中，程序执行顺序是按照帧的序号由小到大顺序执行的，而在平铺式顺序结构中，程序是按照从左到右的顺序逐帧执行的。

层叠式顺序结构的优点是节省程序框图窗口空间，但用户在某一时刻只能看到一帧代码，这会给程序代码的阅读和理解带来一定的难度。平铺式顺序结构比较直观，方便代码的阅读，但它占用的窗口空间较大。两种顺序结构可以通过快捷菜单中的"替换为平铺式/层叠式顺序"选项相互转换，另外层叠式顺序结构还可以通过"替换为分支结构"选项转换为分支结构，平铺式顺序结构通过"替换为定时结构"选项转换为定时结构。

对于图 5-3 所示的同一程序框图窗口中的两段代码，如要求按先后顺序执行两段代码，分别用层叠式顺序结构和平铺式顺序结构实现的情况如图 5-7 所示（其中为了便于阅读，将层叠式结构各帧分别截图后按顺序平铺排放）。

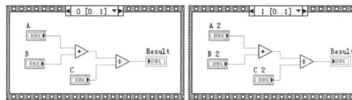
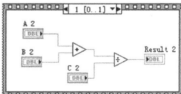

（a）层叠式顺序结构

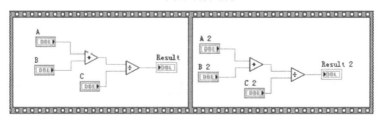

（b）平铺式顺序结构

图 5-7　两段代码用两种顺序结构的实现

5.1.3　顺序结构中数据传递

在顺序结构的编程过程中，不同的帧之间可能需要传递数据，顺序结构外部和内部也可能存在数据传递。顺序结构有层叠式和平铺式两种结构，这两种结构中不同帧之间的数据传递方式是不同的，但这两种结构内部与外部之间的数据传递方式是相同的。

1. 层叠式顺序结构中的数据传递

在层叠式顺序结构中，是通过局部变量的机制来实现不同帧之间的数据传递的。在层叠式顺序结构的边框上单击右键弹出快捷菜单，选择"添加顺序局部变量"选项，在顺序结构边框上出现一个小方块（所有帧程序框的同一位置都有），表示添加了一个局部变量。小方块可以沿框四周移动，颜色随传输数据类型的系统颜色发生变化。

添加局部变量后，若在某帧为该局部变量接入数据（相当于赋值），则在其后各帧中局部变量的数据可以作为输入数据使用，而在其前面的帧该局部变量不能使用。图 5-8 所示为应用顺序结构局部变量的实例。

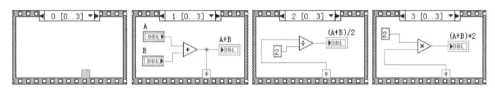

图 5-8　层叠式顺序结构局部变量应用

图 5-8 所示的顺序结构有 4 帧，添加了一个局部变量，在第 1 帧为局部变量接入了数据。在为局部变量接入数据帧的前面的帧（在此为第 0 帧）中，局部变量用阴影方块占位，表示局部变量不能使用。在第 1 帧中，求两个数 A、B 的和并将和输入到下边框上的局部变量中，此时第 1 帧后面的各帧均可使用该局部变量，局部变量小方块中的箭头表明数据的流动方向。在本例中，通过局部变量将 A、B 的和传递到后面的帧，在第 2 帧中实现 $(A+B)/2$，在第 3 帧中实现 $(A+B)*2$。

可以为顺序结构添加多个局部变量，这些局部变量以在结构边框上的位置来进行标识。通过局部变量快捷菜单中的"删除"选项可以删除局部变量。

2. 平铺式顺序结构中的数据传递

在平铺式顺序结构中，由于每个帧都是可见的，不需要借助局部变量这种方式来实现帧间的数据传递，故在平铺式顺序结构中，不能添加局部变量。平铺式顺序结构中的数据通过连线直接穿过帧壁进行传递。图 5-9 给出了与图 5-8 所示层叠式顺序结构功能完全相同的平铺式顺序结构。

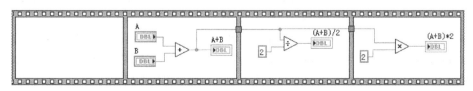

图 5-9　平铺式顺序结构局部变量应用

3. 顺序结构外部与内部的数据交换

顺序结构外部与内部之间的数据传递是通过在结构边框上建立隧道来实现的。隧道有输入隧道和输出隧道两种，输入隧道用于从外部向内部传递数据，输出隧道用于从内部向外部传递数据。在顺序结构执行前，输入隧道上得到输入值，在执行结构的过程中，这个值保持不变，且每帧都能读取该值。只能在某一帧中向输出隧道写入数据，如在超过一个帧中对同一输出隧道赋值，则会引起多个数据源错误，输出隧道上的值只能在整个顺序结构执行完后才会输出。图 5-10 所示为两种顺序结构外部数据与内部数据交换的实例。

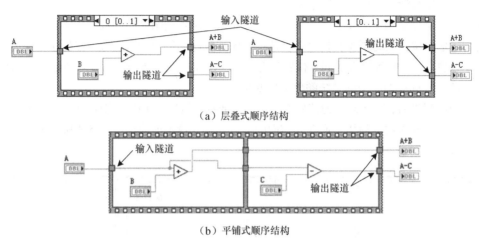

（a）层叠式顺序结构

（b）平铺式顺序结构

图 5-10　顺序结构外部与内部数据交换应用

在图 5-10 中，结构外的数值数据 *A* 通过输入隧道传递到结构内，与顺序结构第一帧的数值 *B* 进行加运算，与第二帧中数值 *C* 做减运算，最后将结果通过输出隧道输出到结构外的数值显示控件。

5.1.4　顺序结构应用举例

为了更好地理解顺序结构的应用，下面给出一个典型的顺序结构应用实例：计算程序运行时间的例程。

本实例程序具有以下功能：输入一个 0～10000 之间的整数，测量计算机利用随机数产生器需要多长时间才能产生与之相等的数。在给定一个整数后，程序开始运行，记下开始运行时间并开始产生随机数，产生的随机数与给定的数值相比较，当两者相等时，程序停止运行并记下程序停止运行时间，最后计算时间差便得到题目需要计算的时间。由于需要用到前后两个时刻的差，即用到了先后次序，故可用顺序结构来解决此题。

在本例中，随机数产生器产生的数在 0～1 之间，将其乘以 10000 并转换为整型后再与输入的数值进行比较，同时还利用了一个 While 循环来控制程序的运行。由层叠式顺序结构实现该例子的具体程序框图和前面板分别如图 5-11、图 5-12 所示。

顺序结构虽然可以保证执行顺序，对编写代码有一定的帮助，但同时也阻止了程序的并行执行，因此在编程时应充分利用 LabVIEW 固有的并行机制，避免使用太多顺序结构。在编程不太复杂的情况下，可以通过建立节点间的数据依赖性来实现简单的顺序执行过程，这样既达到顺序控制执行的目的同时也提高了运行效率。

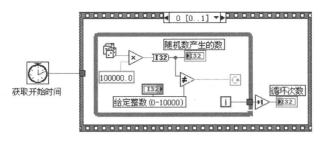

（a）第一帧程序

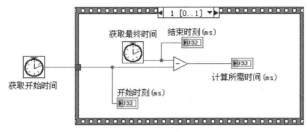

（b）第二帧程序

图 5-11　计算运行时间实例程序框图

图 5-12　计算运行时间实例前面板

5.2　循　环　结　构

循环是用来控制重复性操作的结构，有两种循环结构：For 循环和 While 循环。这两种循环结构位于"函数选板"→"编程"→"结构"子选板中。

5.2.1　For 循环

1. For 循环的构成

For 循环是按预先设定的次数执行循环结构内子程序的一种结构，在"结构"子选板中用鼠标单击"For 循环"后，将鼠标指针移到程序框图上，此时鼠标指针变为缩小的 For 循环的样子，在适当位置单击鼠标左键并拖曳到适当大小后再次单击鼠标左键，则在程序框图中创建一个空的 For 循环结构，如图 5-13 所示。

最基本的 For 循环由循环框架、总数接线端 N 和计数接线端 i 组成，等效的 C 语言程序代码如下。

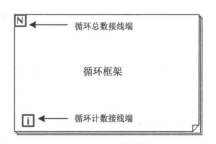

图 5-13　For 循环的结构

```
for(i=0;i<N;i++)
{
    循环体
}
```

和其他程序语言一样，LabVIEW 中的 For 循环执行的是包含在循环框架中的程序，循环框架中程序的添加有两种方法：一种是将对象拖曳到循环结构内；另一种是将循环结构包围在已存在的对象周围，如图 5-14 所示。

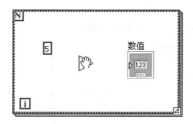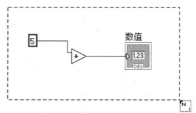

图 5-14　For 循环中对象的两种添加方法

循环总数接线端为一个输入接线端，相当于 C 语言 For 循环中的计数变量 N，用于控制循环执行的总次数。总数接线端在程序运行前必须进行赋值，通常情况下该值为整型，若将其他数据类型接入该端口，For 循环会自动转换为整型。计数接线端相当于 C 语言中的当前执行的循环次数 i，该接线端为一个输出接线端，i 从 0 开始计数，一直计到 $N-1$，循环计数接线端每次循环的递增步长为 1。

2．For 循环的执行过程

For 循环的执行流程：在开始执行前，从循环总数接线端子读入循环执行次数，然后循环计数接线端子输出当前已经执行循环次数的数值（从 0 开始），接着执行循环框架中的程序代码，循环框架中的程序执行完后，如果执行循环次数未达到设定次数，则继续执行，否则退出循环。如果循环总数接线端子的初始值为 0，则 For 循环内的程序一次都不执行。需要注意的是，在循环执行过程中，改变循环总数接线端的值将不改变循环执行次数，循环按执行前读入的循环总数接线端所确定的次数执行。另外，For 循环的执行次数除了可以由循环总数接线端设定外，还可以由其他方式确定，后面将对此进行介绍。

图 5-15 所示为一个利用 For 循环绘制正弦波曲线的实例。

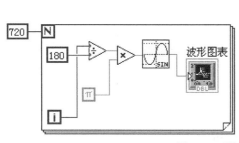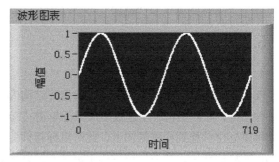

图 5-15　利用 For 循环画正弦曲线

3．For 循环的执行中止

在一些文本编程语言中，可以使用 Goto 或 Exit 语句使程序从循环体内跳转到循环体外，从而中止循环的执行。而在 LabVIEW 早期版本，对 For 循环不提供中止循环的机制，如果要实现这个功能，必须采用 While 循环。但是从 LabVIEW 8.5 开始，For 循环增加了条件接线端，同 While 循环一样可在满足条件时停止循环。在 For 循环结构边框单击右键弹出快捷菜单，从快捷菜单中选择"条件接线端"，循环中将出现一个条件接线端◉，总数接线端的外观变为 [N⊘]。将停止循环的布尔数据（如布尔控件或比较函数的输出值）连至条件接线端，则可以通过条件接线端的输入中止循环的执行。在 For 循环中使用条件接线端时，必须连接布尔数据或错误簇至条件接线端，连接数值到总数接线端或对输入数组建立自动索引，有关自动索引的内容将在后面介绍。图 5-16 给出了一个 For 循环使用条件接线端中止循环执行的实例。本实例中，当输入数组的元素和给定的字符串相同时，停止循环执行。

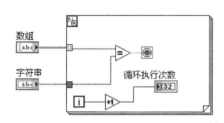

图 5-16　For 循环条件接线端的应用

4. 并行 For 循环

LabVIEW 是自动多线程编程语言，只要 VI 的代码可以并行执行，LabVIEW 将自动将它们分配到多个线程上并发执行以提高程序的执行效率。当前多核处理器已成为大多数计算机的主流配置，为了强化 LabVIEW 的并行处理能力，在 LabVIEW 2009 中引入了并行 For 循环。在 LabVIEW 前面的版本中，一个 For 循环在执行时只为其分配到一个线程进行执行，故 LabVIEW 按照顺序执行 For 循环。而并行 For 循环是为一个 For 循环分配多个线程以实现并发执行一个 For 循环。通过并行 For 循环利用多个处理器可以提高 For 循环的执行速度，特别是对于处理大量计算的应用，能大大提高执行效率。

右键单击 For 循环外框，在弹出的快捷菜单中选择"配置循环并行..."，打开"For 循环并行迭代"对话框，启用并行循环，如图 5-17 所示。图中"生成的并行循环实例数量"可以理解为该循环配置的最大并发运行的实例数。

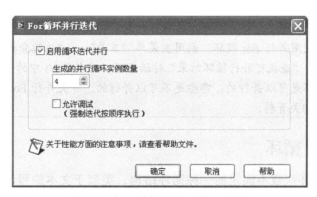

图 5-17　"For 循环并行迭代"对话框

启用并行循环执行后，总数接线端下方将出现一个并行接线端 P 。并行接线端是一个输入接线端，其值指定了 LabVIEW 并行运行循环的数量。下面以一个数组求和的实例来介绍并行 For 循环，如图 5-18 所示。

在图 5-18 所示的实例中，数组的长度为 10000，为了测试并行 For 循环的执行效率，可以采用顺序结构来对循环执行的过程进行计时。由于对一个长度为 10000 的数组利用 For 循环进行求和本身所需要的时间极短，为了更清楚地体现循环执行的效果，在每次循环中都人为添加了一个 1ms 的延时增加循环的执行时间。同时，为了在 For 循环中实现求和运算，使用了移位寄存器，有关移位寄存器的内容在后面介绍。

从图 5-18 所示的前面板可以看出，当设定并行 For 循环的并行数量不同时，程序的执行时间是不同的。当设定并行数量为 1 时，实际上只有一个线程在执行 For 循环，此时运行时间约为 20s。当设定并行数量为 4 时，实际工作线程有 4 个，相当于将数组元素分为 4 部分，每部分独立并行求和后再将 4 部分的和加起来即得到总和。此时由于是多线程并发执行，因此执行时间大大缩短。

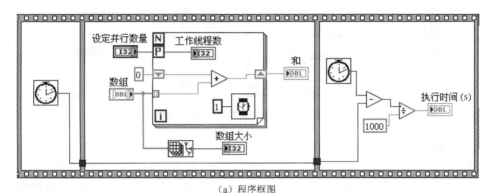

（a）程序框图

（b）并行数量为 1 时前面板执行结果显示　　　　（c）并行数量为 4 时前面板执行结果显示

图 5-18　用并行 For 循环实现数组求和

　　　　并不是所有的 For 循环都可以执行并行执行功能的。例如，循环之间的数据互相依赖，就不能使用并行 For 循环。利用主菜单"工具"→"性能分析"→"查找可并行的循环…"打开"查找可并行循环结果"对话框可以对当前 VI 中的 For 循环进行分析，并给出哪些循环是可以并行的，哪些是不可以并行的。有关并行 For 循环的其他内容请读者参考其他相关资料。

5.2.2　While 循环

While 循环是循环次数不固定的一种循环结构，类似于文本编程语言中的 Do 循环或 Repeat-Until 循环。While 循环执行子程序框图直到满足某个条件。在"结构"子选板中用鼠标单击"While 循环"后，将鼠标指针移到程序框图上，此时鼠标指针变为缩小的 While 循环的样子，在适当位置单击鼠标左键并拖曳到适当大小后再次单击鼠标左键，则在程序框图中创建一个空的 While 循环结构，如图 5-19 所示。

在一个 VI 中创建 While 循环的方法和创建 For 循环是相同的，最基本的 While 循环由循环框架、计数接线端 i 和条件接线端组成。和 For 循环类似，While 循环执行的同样是包含在循环框架中的程序，计数接线端为当前执行循环的次数 i，该接线端为一个输出接线端，i 从 0 开始计数，一直计到循环结束。条件接线端是一个布尔变量，需要接入一个布尔值，用于控制循环是否继续执行。条件接线端有两种使用状态：默认的状态如图 5-19 所示，接线端图标为一个绿色方框包围的红色实心圆点，其含义为"真（True）时停止"，它表示当接入的布尔值为"真（True）"时，循环停止，否则循环继续执行；在条件接线端的右键快捷菜单中选择"真（True）时继续"，则切换到另外一种使用状态，接线端图标变为一个绿色方框包围的带箭头的圆弧，如图 5-20 所示，它表示当接入的布尔值为"真（True）"时，循环继续执行，否则循环停止。

图 5-19　While 循环的结构

图 5-20　真（True）时继续的 While 循环

While 循环的执行流程：首先"循环计数"接线端输出当前执行的循环的次数，循环框架内的程序开始执行，框架内的所有代码执行完成后，循环计数器的值加 1，根据流入"条件接线端"的布尔型数据判断是否继续执行循环。条件为"真（True）时停止"时，如流入的布尔数据为真，则停止循环，否则继续循环；条件为"真（True）时继续"时，情况相反。在 While 循环中，循环框架中的代码至少执行一次。

图 5-21 所示为利用 While 循环画一个随机曲线的实例。

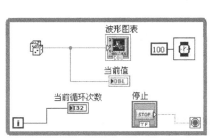

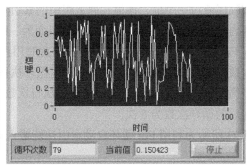

图 5-21　利用 While 循环画随机曲线

5.2.3　循环结构外部与内部数据交换与自动索引

1. 循环结构外部与内部数据交换

在顺序结构中，结构外部和内部之间的数据传递是通过隧道来实现的。与顺序结构相同，循环结构（包括 For 循环和 While 循环）外部和内部之间的数据交换也是通过隧道来进行的。

直接将循环结构外部对象与内部对象用线连接起来，这时，连线在循环结构边框上将出现一个小方格，这就是实现结构内外数据交换的隧道，小方格的颜色代表了流过其中的数据类型，如图 5-22 所示。

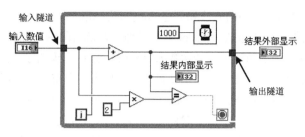

图 5-22　循环结构外部与内部数据交换

数值输入控件输入的数值通过 While 循环边框上的隧道传入循环中，在每次循环时，这个数值与循环计数端子输出的循环计数值进行求和，并在循环内部显示每次求和结果，当求和结果等于输入数值的 2 倍时，循环停止，同时通过边框上的隧道将最后结果传递到循环结构外进行输出显示。

循环的所有输入端子都是在进入循环之前读取完毕的，即循环开始之后，就不再读取输入端子值，输出数据只有在循环完全退出后才输出。例如图 5-22 中"输入数值"的数据只在循环运行前读入一次，在执行循环时，即使该控件中的值发生改变，也不影响程序运行结果，每一次与循环计数值求和的都是最初读入的那个值。所以如果想在每一次循环中都检查某个端子的 While 循环边框上的数据隧道数据，就必须把这个端子放在循环内部，即作为子框图的一部分。在图 5-22 中，"结果内部显示"数值显示控件在循环内部，它将显示每一次循环执行的输入数值与循环计数值二者之和，而"结果外部显示"控件中显示的数据需要通过隧道从循环结构内部流到外部，该数据只有在循环完全退出时向外输出，因此"结果外部显示"只显示最后一次循环的求和结果。

2. 自动索引

For 循环和 While 循环均具有一种特殊的自动索引功能。当把一个数组连接到循环结构的边框上生成隧道后，可以选择是否打开自动索引功能。如果自动索引功能被打开，则数组将在每次循环中按顺序流过一个值，该值在原数组中的索引与当次循环的循环计数端子值相同，就是说数组在循环内部将会降低一维，比如二维数组变为一维数组，一维数组变为标量元素等。

对于 For 循环，自动索引被默认打开，此时用户不需要为循环总数接线端 N 赋值来指定循环执行的次数，而会自动根据数组的大小决定循环执行的次数。当然，如果用户一定要给 N 指定一个值，则循环按照 N 和数组确定的最小的执行次数执行。即如果数组有 5 个元素，指定的 N 为 10，则最后的循环次数为 5 次。

图 5-23 所示为利用 For 循环自动索引功能输入和输出一维数组的实例。

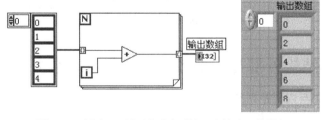

图 5-23　利用 For 循环自动索引输入和输出一维数组

当打开 For 循环自动索引功能后，隧道小方格中间会出现"回"标志，表明将在这个隧道上打开或者生成数组数据；而关闭索引功能的隧道小方格是实心的。在图 5-23 中，For 循环的循环总数接线端子 N 没有接入任何数据，因为循环次数可以根据输入隧道接入的数组元素个数确定。

本例中，循环次数为输入的整型数组的长度 5，每次循环，顺序取出该数组的一个元素与循环计数值做求和运算，求和结果在输出隧道上累积生成数组，当循环结束后，在输出隧道上累积生成的数组一次性传递到输出数组中显示。对于图 5-23 给出的实例，如果不打开自动索引功能，则必须为循环总数接线端指定循环执行的总次数。在每次循环时，数组整体传入循环框架进行运算，而不是在循环过程中依次取出一个元素进行运算。图 5-24 所示为图 5-23 所示实例禁用自动索引功能的循环执行情况。

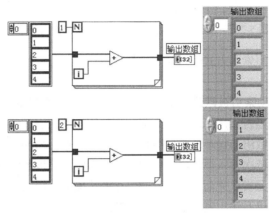

图 5-24 For 循环禁用自动索引输入和输出一维数组

当循环结构输入隧道禁用自动索引功能后，循环执行次数由循环总数端子接入数据决定，在图 5-24 中，给出了执行 1 次循环和 2 次循环的情况。对于执行 1 次循环，数组一次性完整地输入循环框架内，各元素分别与循环计数值（循环一次为 0）求和，执行完后一次性输出。对于执行 2 次循环，循环执行前，数组一次性完整地输入循环内，每次循环，输入数组中的各元素与循环计数值求和，循环执行完后，将最后一次性输出循环执行结果。另外，从图 5-23 和图 5-24 所示的内部连线也可以看出在启用和禁用自动索引时数据的传递方式，输入的数组均为一维数组，当启用自动索引功能后，循环内部数组降低一维，变为标量，当禁用自动索引功能时，循环内部与外部一样，数组的维数不变。另外，前面介绍的均为 For 循环输入、输出同时启用/禁用自动索引的情况，如果，For 循环输入和输出一个启用自动索引、一个禁用自动索引，其执行情况又是如何的呢？对此，用户可以建立如图 5-25 所示实例来学习体会，此处不再详细介绍。

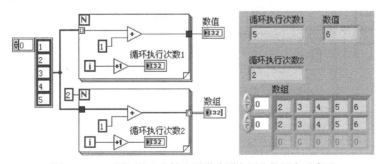

图 5-25 For 循环输入和输出隧道分别启用和禁用自动索引

对于二维数组或多维数组，方法也是一样的。图 5-26 所示为一个利用索引输入输出一个二维数组的例子。

在图 5-26 中，最外层循环按行输入，二维数组变为一维数组，内层循环按输入行的元素逐个输入，一维数组变为标量。多维数组依此类推。

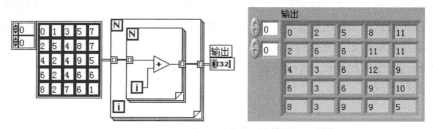

图 5-26　For 循环在索引方式下二维数组的输入与输出

当有多个数组同时按照索引方式输入时，循环的次数以元素最少的数组为准，如图 5-27 所示，循环次数为 3。

对于 While 循环，自动索引被默认关闭。在 While 循环中，循环的执行次数受"条件接线端"的输入决定，与输入数组是否启用自动索引无关。在禁用自动索引的情况下，数组一次性整体输入到循环内，每次循环，数组与循环体其他数据整体进行运算，循环停止后输出。在启用自动索引的情况下，数组按元素依次输入循环内，每次循环，顺序取出该数组的一个元素与循环内其他数据进行运算，当数组中元素取完而循环还没有停止的情况下，接入数组的连线取"默认值"作为数组元素，每次循环结果在输出隧道上累积生成数组，当循环停止后，在输出隧道上累积生成的数组一次传递到输出数组中显示。图 5-28 所示为 While 循环禁用自动索引和开启自动索引输入、输出数组的实例。

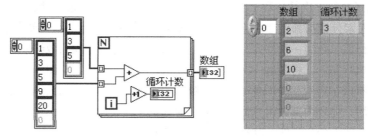

图 5-27　For 循环多个数组同时按索引方式输入的情况

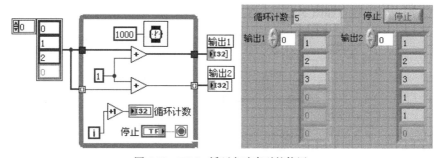

图 5-28　While 循环自动索引的使用

5.2.4　移位寄存器及反馈节点

1. 移位寄存器

为了实现将前一次循环完成时的某个数据传递到下一次循环的开始，在 LabVIEW 循环结构中引入了称为移位寄存器的附加对象。移位寄存器的功能是将 $i-1$、$i-2$、$i-3$、…次循环的计算结果保存在循环的缓冲区中，并在第 i 次循环时将这些数据从循环框架左侧的移位寄存器中送出，供循环框架内的节点使用。

在循环结构框架边框上单击右键，在弹出的快捷菜单中选择"添加移位寄存器"选项，可以为循环结构创建一个移位寄存器，如图 5-29 所示。如果需要，可以为循环结构添加多个移位寄存器。

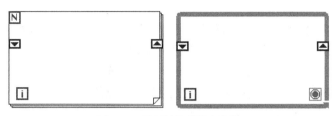

图 5-29　循环结构移位寄存器

新添加的移位寄存器有左、右两个端子，而且左、右两个端子分别有一个向下和向上的箭头，移位寄存器端子的颜色由接入的数据类型决定。其中带向上箭头的右端子在每一次循环结束时传入数据，然后将这一数据在下一次循环开始前传给带向下箭头的左端子，这样就可以从左端子得到前一次循环结束时保存在右端子中的值。

可以为移位寄存器的左端子指定初始值，该值将在循环开始前读入一次，循环执行后就不再读取该初始值。一般情况下，为了避免错误，建议为移位寄存器左端子明确提供一个初始值。移位寄存器的值也可以通过右端子输出到循环结构外，输出发生在循环结束后，因此，输出的值是移位寄存器右端子的最终值。

一个移位寄存器可以有多个左端子，但只有一个右端子。在移位寄存器左端子或右端子的右键快捷菜单中选择"添加元素"或向下、向上拖曳左端子的尺寸控制点，均可创建多个左端子，如图 5-30 所示。

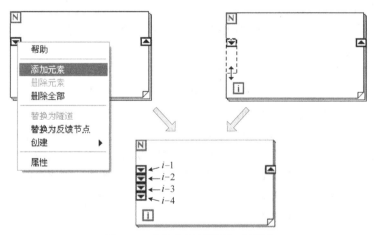

图 5-30　为移位寄存器添加左端子

在移位寄存器有多个左端子的情况下，多个左端子中将保留前面多次循环的数据，从上到下依次为 $i-1$、$i-2$、$i-3$、$i-4$、…次循环的数据值。通过快捷菜单的"删除元素"可以删除左端子，也可以反方向拖曳左端子，删除从拖曳边沿开始没有接入连线的左端子，"删除全部"则删除该移位寄存器。

图 5-31 所示为一个利用移位寄存器求 100 以内能被 3 整除的整数个数的实例, 运行该例子得到的结果为 34。

2. 反馈节点

在循环结构中, 反馈节点和只有一个左端子的移位寄存器的功能相同, 用于将数据从一次循环传递到下一次循环。和移位寄存器相比, 反馈节点是一种在两次循环之间传递数据更简洁的表示形式。

在程序框图的"函数选板"→"编程"→"结构"子选板中选中"反馈节点"图标, 移动鼠标到程序框图合适位置, 单击鼠标左键即可在程序框图中放置一个"反馈节点", 然后根据数据流建立连线。另外, 在需要建立反馈节点输出和输入端利用连线工具直接将输出和输入相连, 则自动建立一个"反馈节点"。图 5-32 所示为两种建立反馈节点的方法。另外, 反馈节点一般是配合循环结构使用的, 因此反馈节点应在循环结构内创建。

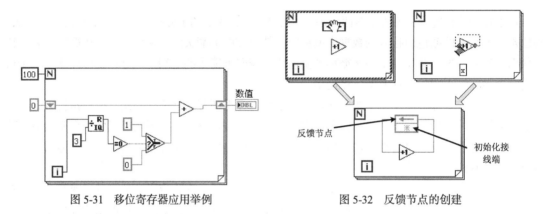

图 5-31 移位寄存器应用举例   图 5-32 反馈节点的创建

反馈节点由两部分组成, 分别为反馈节点和初始化接线端。反馈节点在没有连线的时候是黑色的, 连线后其颜色由接入数据的数据类型决定, 如图 5-32 所示。反馈节点有两个接线端子, 输入接线端在每次循环结束时将值存入, 输出接线端在每次循环开始时把上一次循环存入的值输出, 反馈节点箭头的方向表示数据流的方向。

同移位寄存器一样, 反馈节点也需要初始化, 初始化接线端可以位于循环框架内部, 也可以位于循环框架外部, 默认位于循环框架内。如果需要将初始化接线端移动到循环框架外, 可以在初始化接线端的快捷菜单中选择"将初始化器移出一个循环"选项, 初始化接线端则移到循环结构的左边框上。在反馈节点的快捷菜单"全局初始化"→"编译或加载时初始化"被勾选的情况下, 初始化接线端位于循环框架内, 表示在编译或加载 VI 时, 节点即会被全局初始化, 此时无需为其指定初始值。若在循环框架内为初始化器接入了一个初始值, 则该菜单选项变为"全局初始化"→"首次调用时初始化"。初始化接线端在框架外部, 在循环框架外部对初始化接线端赋值, 则在循环执行时初始化。图 5-33 所示为在循环框架内和在循环框架外初始化赋值的两种情况的示例。

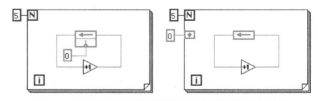

图 5-33 反馈节点在循环框架内和循环框架外初始化

为了进一步了解反馈节点的执行过程, 下面举例说明。图 5-34 所示为利用反馈节点对小于 5 的正整数叠加求和的实例。为了清楚了解程序的工作过程, 在该例中, 每次叠加的结果累积在输出隧道以形成数组, 当累加完成后, 输出到数组中, 数组最后一个元素的值为最后的结果。

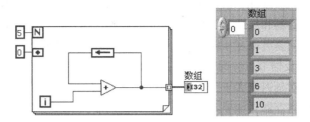

图 5-34　反馈节点应用举例

在移位寄存器中, 可以通过创建多个左端子来获取前面多次循环的值, 如 $i-1$、$i-2$、$i-3$、… 次循环的值, 在反馈节点中, 要实现该功能, 可以通过设定反馈节点的"延迟"属性来实现。在反馈节点快捷菜单中, 选择"属性"菜单项, 打开"对象属性"对话框, 在对话框中选择"配置"选项卡, 如图 5-35 所示。

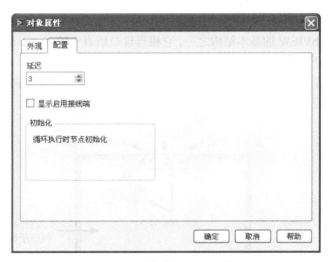

图 5-35　反馈节点属性对话框

在"配置"选项卡中, 通过设定不同延迟, 可以设定在某次循环开始时从反馈节点输出端读出的是前面第几次循环的值, 默认设置为 1, 表示为前一次循环的值即 $i-1$ 次的值, 如设置为 2, 表示 $i-2$ 次的值, 依此类推。当设定延迟的值大于 1 时, 程序框图上的反馈节点图标将显示所设定的延迟值。图 5-36 所示为将图 5-34 中的反馈节点的延迟设置为 2 的情况。

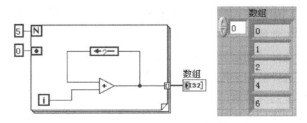

图 5-36　反馈节点设置延迟值的情况

图 5-36 程序的运行结果和图 5-34 是不同的, 读者可以自行分析其工作过程。为了同时获得某次循环前面多次循环的值, 可以创建多个反馈节点, 并设置不同的延迟值。

另外，通过勾选反馈节点快捷菜单"显示启用接线端"菜单项，反馈节点将显示启用接线端。该接线端为一个布尔输入接线端，通过接入该接线端的布尔值可以控制是否启用反馈节点。

前面介绍了移位寄存器和反馈节点及其使用方法，作为循环结构中两个重要的附加对象，反馈节点和移位寄存器之间是可以互相转换的。在"反馈节点/移位寄存器"的快捷菜单中选择"替换为移位寄存器/替换为反馈节点"即可实现二者的转换。但是对于有多个左端子的移位寄存器，不能转换为反馈节点；对延迟值大于 1 的反馈节点转换为移位寄存器，将自动替换为延迟值为 1 的反馈节点对应的移位寄存器，如要不改变原来程序的功能，则需要为替换后的移位寄存器创建多个左端子，并根据原来反馈节点实现的功能重新建立正确的连线。

5.3 条 件 结 构

5.3.1 条件结构的组成

条件结构也是 LabVIEW 的基本结构之一，它相当与 C 语言中的 if…else 语句或 Switch 语句，用来控制在不同条件下执行不同程序块的功能。

条件结构位于"函数选板"→"编程"→"结构"子选板中，其放置到程序框图上的方法与循环结构相同。条件结构的组成如图 5-37 所示。

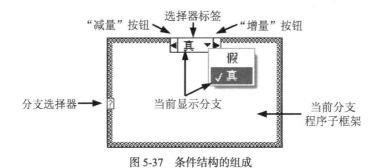

图 5-37　条件结构的组成

从图 5-37 可以看出，最基本的条件结构由条件结构分支程序子框架、分支选择器端子、选择器标签及"减量"、"增量"按钮组成。

通过将条件结构拖动到框图上的方法创建条件结构时，默认的分支选择器为布尔数据类型，同时自动生成两个选择器标签分别为"真"和"假"的子框图。在分支选择器的快捷菜单中，可以看到有"创建常量"、"创建输入控件"、"创建显示控件"等选项。选择"创建常量"、"创建输入控件"将分别创建布尔常量或布尔输入控件，且创建的布尔常量或布尔输入控件自动和分支选择器的输入端子相连；选择"创建显示控件"将创建布尔显示控件，该控件将自动和分支选择器的输出端子相连。分支选择器用于控制条件结构中子框架中程序的执行，执行条件结构时，与接入分支选择器数据相匹配的标签对应的子框图中的程序得到执行。

类似于层叠式顺序结构，条件结构的子框架是堆叠在一起的，单击选择器标签左侧和右侧的"减量"、"增量"按钮，可以向前、向后切换当前显示分支子框架，单击选择器标签右端的黑色向下的箭头按钮，将弹出所有已定义的标签列表，可以利用这个列表在多个分支子框图之间实现快速切换。

5.3.2　条件结构的配置及操作

条件结构根据不同的使用情况有一个或者多个子框图，每个子框图都是一个执行分支，每一个执行分支都有自己的选择器标签。分支选择器的值可以是布尔型、字符串型、整型或者枚举类型，其颜色会随连接的数据类型而改变，同时根据分支选择器接入的数据类型不同，选择器标签的设置也有差异，下面对此分别进行介绍。

1.　布尔型

如选择器接线端的数据类型是布尔型，其选择器标签只能设置为"真"和"假"，该结构只包含"真"和"假"分支，如图 5-38 所示。

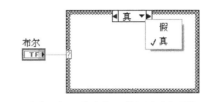

2.　整型

如果分支选择器接线端是一个整数，则

图 5-38　分支选择器接布尔型数据时选择器标签的设置

该结构可以包括任意个分支。对于每个分支，可使用标签工具在条件结构上部的条件选择器标签中输入值、值列表或值范围。如使用列表，数值之间用逗号隔开。如使用数值范围，指定一个类似"10…20"的范围可用于表示 10～20 之间的所有数字（包括 10 和 20）。也可以使用开集范围，例如，"..100"表示所有小于等于 100 的数，"100.."表示所有大于等于 100 的数。图 5-39 所示为分支选择器接整型数据时选择器标签的设置情况。

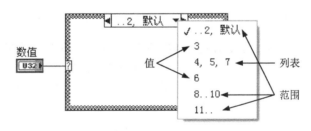

图 5-39　分支选择器接整型数据时选择器标签的设置

3.　字符串型

如果分支选择器接线端是一个字符串，则该结构同样包括任意个分支。对于每个分支，也可使用标签工具在条件结构上部的条件选择器标签中输入值、值列表或值范围。对于字符串，"..a"和"a.."都是开集范围，表示以小于 a 和大于 a 开头的字符串，其中"..a"不包括字符 a 和以 a 开头的字符串，"a.."包含以 a 开头的字符串。"a..c"表示范围，包括所有 a 或 b 开头的字符串，但不包括以 c 开头的字符串。a 仅表示单个字符 a，但不能表示以 a 开头的字符串，如要表示以 a 开头的字符串，需定义标签为"a..b"，"abc"和"bcd"均仅表示字符串 abc 和 bcd。在使用开集和范围时，LabVIEW 通过 ASCII 值确定字符串的范围。一般情况下，需要注意的是字符串范围区分大小写，例如"A..c"和"a..c"表示不同的范围，若在选择器快捷菜单中选择"不区分大小写选项"，则将在不区分大小写的情况下，将所有小写字母转换为大写后再进行范围比较。如果分支接线端是字符串，在选择器标签中输入的值将自动加上双引号。图 5-40 给出了分支选择器接字符串数据类型时选择器标签的设置情况。

4.　枚举型

对于分支选择器接线端接入枚举型数据的情况，选择器标签应根据枚举型数据选项列表中的选项值进行设定。当接入枚举型数据时，如枚举型数据选项列表中的某些选项值没有与其对应的分支子框图的话，则在选择结构框架的快捷菜单中将出现"为每个值添加分支"选项。选择该选项，将自动根据枚举数据的选项列表中的值创建对应的分支子框图。和接入字符串数据类型一样，接入枚举型数据时，选择器标签中输入的值自动加上双引号。图 5-41 所示为分支选择器接枚举数据类型时选择器标签的设置情况。

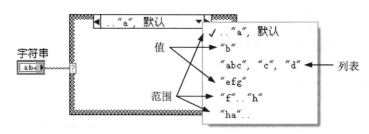

图 5-40　分支选择器接字符串类型数据时选择器标签的设置

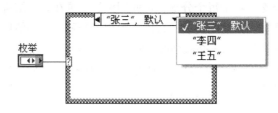

图 5-41　分支选择器接枚举型数据时选择器标签的设置

对于 LabVIEW 条件结构，要么在选择器标签中列出所有可能的输入情况，要么必须给出一种默认值情况。错误的条件选择器标签值将自动用红色显示，表示该标签值设置有错。

在条件结构程序框架上单击右键，将弹出相应的快捷菜单。通过其中的菜单选项可以完成对条件结构的相关操作。下面就一些关键菜单项进行详细介绍。

"在后面添加分支"选项用于在当前分支后面增加一个空白分支并自动生成合适的标签。

"在前面添加分支"选项的功能是在当前分支前面增加一个空白分支。

"复制分支"选项将复制当前框图的分支并且把新生成的分支置于当前分支的后面。

"删除本分支"选项删除当前分支。

"删除空分支"选项删除所有不包含代码的空白分支。

"显示分支"子菜单列出所有分支的标签，可以实现分支之间的快速跳转，这与单击选择器标签右侧向下箭头的作用相同。

"将子程序框图交换至分支"子菜单把当前分支内容和目标分支内容对换，其他分支不受任何影响。

"将子程序框图移位至分支"子菜单把当前分支内容移动到目标分支图之后，两者之间的所有分支顺序移动。

"删除默认"选项去除当前分支的默认标记，只对带有默认标记的分支起作用。对于不带默认标记的分支，这一命令将被"本分支设置为默认分支"命令代替。

"重排分支"子菜单对所有分支进行重排序，该选项打开的"重排分支"对话框，如图 5-42 所示。在"分支列表"列表框中，每个分支标签占据一行。重排序时，在"分支列表"列表框中把想要改变位置的标签拖动到目标位置即可。"分支选择器全名"列表框总是显示选中标签的完整内容。"排序"按钮可以对标签实现自动排序，排序的依据是每个标签的第一个数字值。

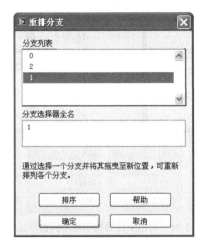

图 5-42　"重排分支"对话框

5.3.3　条件结构内部与外部的数据交换

和前面介绍的几种结构类似，条件结构内部与外部之间的数据也是通过隧道来交换传递的。向条件结构边框内输入数据时，各个子程序框图连接或不连接这个数据的隧道都可以。但是从条件结构边框向外输出数据时，各个子程序框图都必须为这个隧道连接数据，否则隧道图标是空的，程序"运行"按钮也是断开的。当各个子程序框图都为这个隧道连接好数据后，隧道图标才成为实心的，程序才可以运行，如图 5-43 所示。如果允许没有连线的子程序框图输出默认值，可以在数据隧道上右击，在弹出的快捷菜单中选择"未连线时使用默认"命令。在这种情况下，程序执行到没有为输出隧道连线的子程序框图时，就输出相应数据类型的默认值。

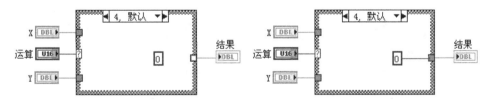

图 5-43　条件结构的输出隧道要求所有分支都有输入值

5.3.4　条件结构应用举例

为了更好地理解条件结构的应用，下面给出条件结构的应用实例：用条件结构来实现两个数之间加、减、乘、除等 4 种不同的运算。

为了实现该实例，在前面板放置了两个数值输入控件，用于输入待运算的两个数，其中一个数值显示控件显示运算结果，另一个菜单式下拉列表控件用于控制运算操作。菜单式下拉列表控件的选项列表设定为"加"、"减"、"乘"、"除"，分别对应的数值为"0"、"1"、"2"、"3"。对应于 4 种不同的运算，程序框图中的选择结构共有 4 个分支子框图，其选择器标签分别为"0"、"1"、"2"、"3"，其中"0"分支为默认分支，表明默认运算操作为"加"。程序框图及前面板如图 5-44 所示。为了便于阅读，将堆叠在一起的各分支子框架及各自前面板运行结果分别截图后按顺序平铺排放。

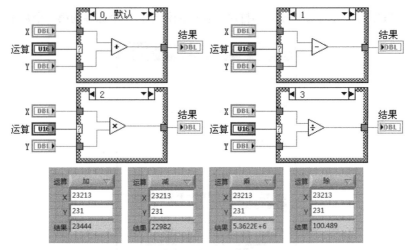

图 5-44　利用条件结构实现不同数学运算

5.4　事　件　结　构

5.4.1　事件驱动概念

现在来编写一个单击计数器的 VI：当用户单击一次按钮时，计数器加 1。到目前为止，用前面介绍的知识来实现这个 VI 的唯一办法就是通过 While 循环和条件结构不断地去查询这个按钮是否被单击，如果被单击的话，计数器加 1，否则计数器值不变，该 VI 的程序框图如图 5-45 所示。

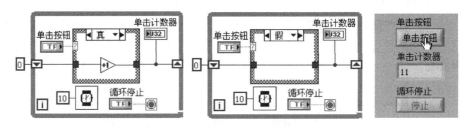

图 5-45　基于 While 循环和条件结构的单击计数器

分析该程序可以看出，程序在没有用户单击的情况完全都是在"空转"，这就浪费了大量的 CPU 资源，而且当单击"事件"发生太快时可能被忽略。为了解决这个问题，LabVIEW 提供了事件结构。在事件结构中，LabVIEW 采用事件驱动来控制程序的执行。

在介绍事件结构前，先介绍事件的有关概念。首先，什么是事件？事件是对活动发生的异步通知。事件可以来自于用户界面、外部 I/O 或程序的其他部分。用户界面事件包括鼠标单击、键盘按键等动作。外部 I/O 事件则是诸如数据采集完毕或发生错误时硬件定时器或触发器发出的信号。其他类型的事件可通过编程生成并与程序的不同部分通信。LabVIEW 支持用户界面事件和通过编程生成的事件，但不支持外部 I/O 事件。

在由事件驱动的程序中，系统中发生的事件将直接影响执行流程。与此相反，过程式程序只按预定的自然顺序执行。事件驱动程序通常包含一个循环，该循环等待事件的发生并通过执行代码来响应事件，然后不断重复以等待下一个事件的发生。程序如何响应事件取决于为该事件所编写的代码。事件驱动程序的执行顺序取决于具体所发生的事件及事件发生的顺序。程序的某些部分可能因其所处理的事件的频繁发生而频繁执行，而其他部分也可能由于相应事件从未发生而根本不执行。

另外，使用事件结构是因为在 LabVIEW 中使用用户界面事件可使前面板的用户操作与程序框图执行保持同步。事件允许用户每当执行某个特定操作时执行特定的事件处理分支。如果没有事件，程序框图必须在一个循环中轮询前面板对象的状态以检查是否发生任何变化。轮询前面板对象需要较多的 CPU 时间，且如果执行太快则可能检测不到变化。通过事件响应特定的用户操作则不必轮询前面板即可确定用户执行了何种操作。LabVIEW 将在指定的交互发生时主动通知程序框图。事件不仅可减少程序对 CPU 的需求、降低系统开销、简化程序框图代码，还可以保证程序框图对用户的所有交互都能作出响应。使用编程生成的事件，可在程序中不存在数据流依赖关系的不同部分间进行通信。通过编程产生的事件具有许多与用户界面事件相同的优点，并且可共享相同的事件处理代码，从而更易于实现高级结构，如使用事件的队列式状态机等。

5.4.2　事件结构的组成

事件结构位于"函数选板"→"编程"→"结构"子选板上。向框图添加事件结构的方法和添加其他程序结构相似。新添加到框图上的事件结构如图 5-46 所示。

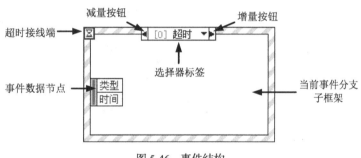

图 5-46　事件结构

从图 5-46 可以看出，事件结构由如下 3 个基本的组成部分。

① 事件超时端子：隶属于整个事件结构，用于设定事件结构在等待指定事件发生时的超时时间，以 ms 为单位。当值为-1 时，事件结构处于永远等待状态，直到指定的事件发生为止。当值为一个大于 0 的整数时，事件结构会等待相应的时间，当事件在指定的时间内发生时，接受事件并响应该事件，若超过指定的时间，事件没发生，则事件会停止执行，并返回一个超时事件。通常情况下，应当为事件结构指定一个超时时间，否则事件结构将一直处于等待状态。

② 事件数据节点：为子框图提供所处理事件的相关数据。事件数据节点由若干个事件数据端子组成，使用操作值工具单击事件数据节点的某个端子将打开数据列表，可以在其中选择所要访问的数据。使用定位工具拖曳事件数据节点的上下边沿，可以增减数据端子。

③ 选择器标签：用于标识当前显示的子框图所处理事件的事件源，其增减与层叠式顺序结构和选择结构中的增减类似。

事件结构是一种多选择结构，能同时响应多个事件，其工作原理就像具有内置等待通知函数的条件结构一样。事件结构可包含多个分支，一个分支即是一个独立的事件处理程序。一个分支配置可处理一个或多个事件，但每次只能发生这些事件中的一个事件。事件结构执行时，将等待一个之前指定事件的发生，待该事件发生后即执行事件相应的条件分支。一个事件处理完毕后，事件结构的执行亦告完成。事件结构并不通过循环来处理多个事件。与"等待通知"函数相同，事件结构也会在等待事件通知的过程中超时，发生这种情况时，将执行特定的超时分支。

5.4.3　事件结构的配置与操作

事件结构的组织方式是把多个子框图堆叠在一起，根据所发生事件的不同，每次只有一个子框图得到执行，并且该子框图执行完后，事件结构随之退出。虽然事件结构每次只能运行一个框图，但可以同时响应几个事件。当向程序框图中添加一个事件结构后，默认的只有一个超时事件分支子框图。通常，在构建用户界面时，需要处理任意多的事件，这就导致了事件结构往往被放置在 While 循环内部，与循环结构搭配使用。

在事件结构程序框架上单击右键，将弹出相应的快捷菜单，如图 5-47 所示。通过这些菜单选项可以完成对事件结构的配置及相关操作。

图 5-47　事件结构快捷菜单

"删除事件结构"选项用于删除事件结构，仅仅保留当前事件分支的代码；"编辑本分支所处理的事件"选项用于编辑当前事件分支的事件源和事件类型；"添加事件分支"选项用于在当前事件分支后面增加新的事件分支；"复制事件分支"选项用于复制当前事件分支，并且把复制结果放置在当前分支后面；"删除本事件分支"选项用于删除当前分支；"显示动态事件接线端"选项则用于显示动态事件端子。

对于事件结构，无论是执行编辑、添加还是复制等操作，都会打开如图 5-48 所示的"编辑事件"对话框。每个事件分支都可以配置为处理多个事件，当这些事件中的任何一个发生时，对应事件分支的代码都会得到执行。在"编辑事件"对话框中，"事件分支"下拉列表中列出所有事件分支的序号和名称。在这里选择某个分支时，"事件说明符"列表框会列出为这个分支配置好的所有事件。"事件说明符"列表框的组成结构如下：每一行是一个配置好的事件，每行都分为左右两部分，左边列出事件源（应用程序、本 VI、动态、窗格、分隔栏和控件这 6 个可能值之一），右边给出该事件源产生的事件名称。图 5-48 中为分支 1 指定了一个事件，事件源是"单击按钮"，事件名称是"鼠标按下"，即它是由单击按钮产生的鼠标按下事件。

在"事件说明符"列表框中选中某一个已经配置好的事件之后，"事件源"列表框在 6 种可能的事件源里自动选中对应的事件源，"事件"列表框在选中事件源可能产生的所有事件列表中自动选中对应的事件。图 5-48 中，在"事件说明符"列表框选中了"单击按钮"产生的"鼠标按下"事件后，"事件源"列表框中自动选中事件源"单击按钮"，"事件"列表框中显示应用程序事件源的所有可能事件，并且"鼠标按下"事件被选中。改变已有事件的方法是先在"事件说明符"列表框中选中该事件，然后在"事件源"列表框中选择新的事件源，这时"事件"列表框给出该事件源可能产生的所有事件列表，在其中选择所要处理的事件，即可完成对已有事件的修改操作。

图 5-48　"编辑事件"对话框

　　为当前事件分支添加事件的方法是单击"事件说明符"列表框下侧的"添加事件"按钮，这时在"事件说明符"的事件列表最下面出现新的一行，事件源和事件名都为待定，用"–"表示。在"事件源"列表框选择合适的事件源，然后在"事件"列表框给出的该事件源所能够产生的所有事件中选择所需要的事件，即可完成添加事件的操作。选中"事件说明符"列表框中的某个事件，然后单击下侧的"删除"按钮，将删除这个事件。

　　LabVIEW 的事件分为通知事件和过滤器事件两种。在"编辑事件"对话框的"事件"列表框中，通知事件左边为绿色箭头，过滤器事件左边为红色箭头。

　　通知事件用于通知程序代码某个用户界面事件已经发生，并且 LabVIEW 已经进行了最基本的处理。例如，修改一个数值控件的数值时，LabVIEW 会先进行默认的处理，即把新数值显示在数值控件中，此后，如果已经为这个控件注册了"值改变"事件，该事件的代码将得到执行。可以有多个事件结构都配置成响应某个控件的某个通知事件，当这个事件发生时，所有的事件结构都得到了该事件的一份拷贝。

　　过滤器事件用于告诉程序代码某个事件已经发生，LabVIEW 还未对其进行任何处理，从而便于用户就程序如何与用户界面的交互作出自己相应的定制。使用过滤事件参与事件处理可能会覆盖事件的默认行为。在过滤事件的事件结构分支中，可在 LabVIEW 结束处理该事件之前验证或改变事件数据，或完全放弃该事件以防止数据的改变影响到 VI。例如，将一个事件结构配置为放弃前面板关闭事件可防止用户关闭 VI 的前面板。过滤事件的名称以问号结束，如"前面板关闭？"，以便与通知事件区分。

同通知事件一样，对于一个对象上同一个过滤事件，可配置任意数量与其响应的事件结构，但 LabVIEW 将按自然顺序将过滤事件发送给为该事件所配置的每个事件结构。LabVIEW 向每个事件结构发送该事件的顺序取决于这些事件的注册顺序。在 LabVIEW 能够通知下一个事件结构之前，每个事件结构必须执行完该事件的所有事件分支。如果某个事件结构改变了事件数据，LabVIEW 会将改变后的值传递到整个过程中的每个事件结构。如果某个事件结构放弃了事件，LabVIEW 便不把该事件传递给其他事件结构。只有当所有已配置的事件结构处理完事件，且未放弃任何事件时，LabVIEW 才能完成对触发事件的用户操作的处理。

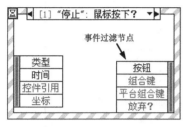

图 5-49　事件过滤节点

建议仅在希望参与处理用户操作时使用过滤事件，过滤事件可以是放弃事件或修改事件数据。如果仅需知道用户执行的某一特定操作，则应使用通知事件。处理过滤事件的事件结构分支有一个事件过滤节点，如图 5-49 所示，可将新的数据值连接至这些接线端以改变事件数据。如果不对某一数据项连线，那么该数据项将保持不变。还可将真值连接至"放弃？"接线端以完全放弃某个事件。

事件结构中的单个分支不能同时处理通知事件和过滤事件。一个分支可处理多个通知事件，但仅当所有事件数据项完全相同时才能处理多个过滤事件。

与条件结构一样，事件结构也支持隧道。但在默认状态下，无须为每个分支中的事件结构输出隧道连线。所有未连线的隧道的数据类型将使用默认值。用鼠标右键单击隧道，从快捷菜单中取消选择"未连线时使用默认"恢复至默认的事件结构行为，即所有事件结构的隧道必须要连线。

5.4.4　事件结构的应用举例

图 5-50 给出了利用事件结构实现类似图 5-45 单击计数器功能实例的程序框图和前面板。此实例包含两种事件处理的代码实例，通过该实例可以进一步加深对事件结构的理解与掌握。

在图 5-50 中，对于分支 0，在编辑事件结构对话框内，响应了"按钮 1"控件上"鼠标按下"的通知事件，因此当用鼠标单击按钮 1 时，计数器 1 将加 1，实现对单击操作进行计数。对于分支 1，同时响应了"按钮 1"和"按钮 2"控件的"值改变"的通知事件，即分支 1 同时处理了两个事件，因此当用鼠标单击这两个按钮中的任何一个以改变按钮的取值，则计数器 2 将加 1 以实现计数。

对于分支 2，在编辑事件结构对话框中，响应了"停止"按钮控件的"鼠标按下？"过滤事件。在该分支中，放置了一个双按钮对话框，并将对话框的输出取反接入事件过滤节点中的"放弃？"。对于分支 3，响应了"停止"按钮控件的"鼠标按下"通知事件。在该分支中，放入了一个真常量，并将其连接至 While 循环条件接线端。当程序运行时，单击"停止"按钮，则弹出对话框，如果选择"是"，"鼠标按下"事件得以发生，分支 3 中的程序得以执行，循环结束，VI 停止运行；若选择"否"，"鼠标按下"事件被屏蔽，分支 3 中的程序不运行，VI 继续执行。

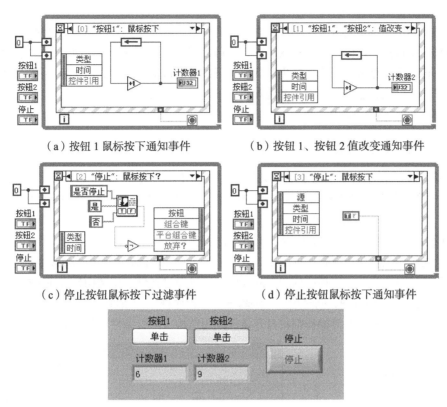

（a）按钮 1 鼠标按下通知事件　　　　（b）按钮 1、按钮 2 值改变通知事件

（c）停止按钮鼠标按下过滤事件　　　　（d）停止按钮鼠标按下通知事件

图 5-50　利用事件结构实现的单击计数器

5.5　禁　用　结　构

禁用结构是自 LabVIEW 8 后新增加的功能，主要用来控制程序是否被执行。有两种禁用结构，最常用的一种是程序框图禁用结构，其功能类似于 C 语言中的注释语句/*...*/，用于大段地注释程序，另一种是条件禁用结构，用于通过外部环境变量来控制代码是否执行，类似于在 C 语言中通过宏定义来实现条件编译。在禁用结构中，其注释屏蔽掉的代码不仅不执行，而且不编译，这对程序调试很有用。这两种禁用结构都在"函数选板"→"编程"→"结构"子选板中，其使用方法与条件结构类似。

5.5.1　程序框图禁用结构

在 C 语言中，如果不想让一段程序执行，可以通过/*...*/的方法注释掉。在 LabVIEW 7 及之前版本中只能通过条件结构来避免程序的执行，使用起来很不方便，而且是伪注释，因此，LabVIEW 8 以后的版本都增加了程序框图禁用结构来实现真正的注释功能。程序框图禁用结构如图 5-51 所示。

程序框图禁用结构从形式上看与条件结构有些相似，但它的每一个子程序框图执行与否，是由选择器标签中的

图 5-51　程序框图禁用结构

文本（禁用/启用）来决定的。

程序框图禁用结构最初放置在程序框图中时有两个子程序框图，默认显示禁用状态。此时，程序框图禁用结构边框内的代码都是灰色的，但可以编辑。运行这个程序时，边框内的代码不编译，也不执行，有数据输出隧道时输出默认值。可以通过快捷菜单"启用本程序子框图"命令启用禁用的子程序框图，还可以通过"禁用本程序子框图"再次禁用。再次禁用以后则必须设置一个处于启用状态的子程序框图，程序才能运行。

5.5.2 条件禁用结构

在 C 语言中，程序员可以通过宏定义的方法来通过外部条件控制某段程序是否执行，而在 LabVIEW 中的条件禁用结构也提供了类似的功能。通过定义外部环境变量为真或假来控制代码是否执行。此外，还可以通过判断当前操作系统的类型来选择执行哪段代码。条件禁用结构如图 5-52 所示，其选择标签列出了执行该子程序框图代码的条件。

条件禁用结构最初放置在程序框图中时只有一个子程序框图，并设置为默认状态，表示当所有条件都不满足时也执行该子程序框图中的代码。可以通过条件禁用结构的快捷菜单项"添加"、"删除"、"复制"子程序框图，同时还可以编辑某一子程序框图的条件。对于条件禁用结构，无论是执行编辑、添加还是复制等操作都将打开条件禁用结构"配置条件"对话框，如图 5-53 所示。

图 5-52 条件禁用结构

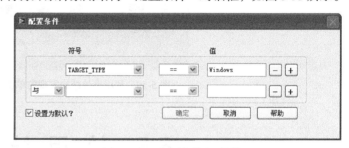

图 5-53 "配置条件"对话框

在"配置条件"对话框中，下拉式列表框中列出了一些环境变量，因此可以方便地编辑条件。其中，"设置为默认?"复选框表示当所有条件都不满足时也执行该代码。同条件结构一样，必须指定默认情况下执行的代码，否则程序不可执行。在"配置条件"对话框中配置的条件如果成立，其对应的程序框图就是正常的；如果不成立，其对应的程序框图会变成灰色，代表该段代码不会执行，图 5-54 所示为一个条件禁用结构的实例。

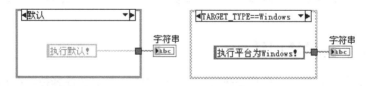

图 5-54 条件禁用结构实例

在图 5-54 中，条件禁用结构有两个子程序框图，第一个为默认执行框图，第二个子程序框图的条件为"TARGET==Windows"，表示当运行平台为 Windows 平台时，执行该子程序框图。如果运行该 VI 的平台的操作系统为 Windows，那么运行该实例后，在字符串显示控件中将显示"执行平台为 Windows!"，否则为"执行默认!"。

在图 5-53 中，只列出了几个常用的环境变量，而大部分环境变量只有在项目中才能使用。通

过定义整个项目的环境变量，该项目下所有的 VI 都可以被这些环境变量控制。如果该项目下的
VI 脱离项目单独运行的话，将不受环境变量的控制。下面简单介绍在项目中定义环境变量的方法。

　　首先，新建一个项目，保存该项目后，用鼠标右键单击该项目，在弹出的快捷菜单中选择"属
性"选项，如图 5-55 所示。

图 5-55　条件禁用结构环境变量编辑途径

　　在选择属性选项后弹出的"项目属性"对话框中选择条件禁用符号，并添加两个条件禁用符
号 Varialble_1 和 Varialble_2，值分别为 True 和 False，如图 5-56 所示。

图 5-56　"项目属性"对话框

下面就可以利用这两个环境变量来控制该项目下的 VI 代码的执行了。打开该工程下任何一个 VI，将需要被外部环境变量控制的程序代码放置在条件禁用结构框中，在编辑子程序框图条件时打开"配置条件"对话框，此时，在项目中定义的环境变量将出现在"配置条件"对话框中的下拉列表框中，供编辑条件使用。

在条件禁用结构中，如果配置了多个子程序框图，当多个子程序框图中有两个或两个以上的子程序框图执行条件满足时，将会执行排在最前面的子程序框图中的程序，但可以通过结构快捷菜单中的"重排子程序框图…"选项打开"重排分支"对话框对子程序框图重新排序。

5.6 公 式 节 点

公式节点也是一种程序结构，是便于在程序框图上执行数学运算的文本节点。使用时，用户不必使用任何外部代码或应用程序，且创建方程时不必连接任何基本算术函数。公式节点除接受文本方程表达式外，还接收文本形式以及为 C 语言编程者所熟悉的 if 语句、while 循环、for 循环和 do 循环。这些程序的组成元素与 C 语言程序中的元素相似，但并不完全相同。

公式节点尤其适用于含有多个变量或较为复杂的方程，以及对已有文本代码的利用。可通过复制、粘贴的方式将已有的文本代码移植到公式节点中，不必通过图形化编程的方式再次创建相同的代码。

在 LabVIEW 中公式节点类似于其他结构，本身也是一个可以调整大小的矩形框。当需要输入输入、输出变量时，可在边框上单击鼠标右键，在弹出的快捷菜单中选择添加输入或添加输出并输入相应的变量名即可，输入变量和输出变量的数目可以根据具体情况而定，设定的变量名称是大小写敏感的，如图 5-57 所示。

使用标签工具或操作工具，输入要在公式节点中计算的方程。每个赋值中赋值运算符（=）的左侧仅可有一个变量，每个赋值必须以分号（;）结束，注释内容可通过/*…*/封闭起来。在公式节点中输入公式时必须确保使用正确的公式节点语法。图 5-58 所示为一个实现 $y=x^2+x+1$，$z=2y+1$ 的实例。

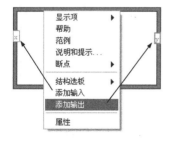

图 5-57　添加输入、输出变量

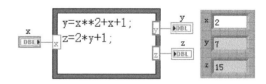

图 5-58　公式节点简单应用举例

公式节点的文本编程语言的语法与 C 语言非常接近，但是只能实现基本的逻辑流程和运算，不能对文件或设备进行操作或通信，没有输入、输出语句。LabVIEW 公式节点主要有以下几种语句：变量声明与赋值语句、条件语句、循环语句、Switch 语句等控制语句。下面对它们逐个进行简要介绍。

（1）变量声明

公式节点支持的数据类型有：float、float32、float64、int、int8、int16、int32、uint8、uint16、 uint32。

变量声明的方法和 C 语言一样。

```
float a;//声明浮点型数据
uint32 y[10];//声明数组
```

 如果数据来源于外部输入，就不能再在公式节点内声明了；如果用到的变量不来自外部输入，那么就必须声明，即任何情况下数据必须有且只能有一次声明。

（2）赋值语句

赋值符号有：=、+=、-=、*=、/=、>>=、<<=、&=、〈=、|=、%=、**=。具体含义和 C 语言一致，例如："a=b;"。

```
a&=b;//等价于 a=a&b;
```

（3）条件语句

If 语句举例如下。

```
if(a>0)
b=a;
```

If...else 语句举例如下。

```
if(a>0)
{b=a;
c=2*a;
}
else
b=2*a;
```

（4）循环语句

Do...while 语句举例如下。

```
do
{a++;
b--;
}While (b>=0);
```

While 语句举例如下。

```
While(b>=0)
{a++;
b--;
}
```

For 语句举例如下。

```
For(i=0;i<10;i++)
{y[i]=i;
b+=i;
}
```

Break、Continue 语句用于当某种条件满足时终止循环或让循环立即重新从头运行。Break 语句还能用在 Switch 语句中，含义仍然一样。

Break 语句举例如下。

```
for (i=0:i<10;i++)
{y[i]=i;
if(y[i]>5)Break;  //当 y[i]>5 的时候,终止循环
b+=i;
```

（5）Switch 语句

Switch 语句举例如下：

```
Switch(a)
{Case 0:b=a+1;break;
Case 1:b=a+2;break;
Case 11:b=a+7;break;
Default:b=0;
}
```

Break 语句是必需的，如果没有 Break 语句，程序将按顺序执行，Switch 语句将没有任何意义。

公式节点可以使用 LabVIEW 预定义的函数：abs、acos、acosh、asin、asinh、atan、atan2、atanh、ceil、cos、cosh、cot、csc、exp、expm1、floor、getexp、getman、int、intz、ln、lnp1、log、log2、max、min、mod、pow、rand、rem、sec、sign、sin、sinc、sinh、sizeOfDim、sqrt、tan、tadh。有关这些函数的具体含义读者可以查询 LabVIEW 帮助系统。

5.7　习　　题

1. LabVIEW 中可用的结构有哪些?

2. 移位寄存器和反馈节点的功能是什么，它们之间有哪些异同点?

3. 如何在 LabVIEW 中控制数据的流向。

4. 在 LabVIEW 中如何实现大段代码的注释?

5. 在 LabVIEW 中，结构内部和外部及结构之间的数据是通过什么方式传递的?

6. 循环结构内部与外部数据传递时，数据传递隧道自动索引功能打开与关闭有什么不同?

7. 创建一个 VI，测试在程序前面板的字符输入控件中输入"这是一个测试输入特定字符串所用时间的 LabVIEW 程序!"字符串所用的时间，并将时间显示在前面板中。

8. 产生 10 000 个随机数，求其中的最大值、最小值和这 10 000 个数的平均值，并求出程序执行所需的时间。

9. 用 For 和 While 循环分别实现 100 以内奇数的和，即 1+3+5+…+99。

10. 求分数序列 $\frac{2}{1}$、$\frac{3}{2}$、$\frac{4}{3}$、$\frac{5}{4}$、$\frac{6}{5}$、…前 50 项之和。

11. 用 For 循环产生 100 个随机数存放在数组里，并利用移位寄存器求出数组中的最大值及对应的数组索引。

12. 利用 While 循环结构产生两个随机数，画出这两个随机数当前值的波形及两个随机数当前平均值的波形。

13. 创建一个温度报警程序，产生范围为 0～100 的随机数来模拟温度值，当温度大于 60 时，提示温度过高，当温度小于 30 时提示温度过低，若温度大于 90 或小于 10 则退出运行状态。

14. 产生 100 个范围在 0～100 的随机整数来模拟 100 个学生的考试成绩，成绩小于 60 分为不及格，成绩在 60～69 分为及格，成绩在 70～79 分为中，成绩在 80～89 分为良，成绩大于等于 90 分为优，编写程序统计"优"、"良"、"中"、"及格"、"不及格"学生的人数并显示出来。

15. 利用事件结构实现数字的自动累加。即在数值输入控件中，每当用户按下一个数字后，累加值就及时发生变化。例如，依次按下 1、2 时，累加值为 3，再按下 5 时，累加值为 8。

16. 利用 LabVIEW 编写一个简单的计算器程序，前面板按钮及布局如图 5-59 所示。

图 5-59　习题 16 图

17. 分别用公式节点和图形代码实现运算：$z = x^2 + 3xy - y^2 + 2x$。

18. 利用公式节点判断一个数是否是素数。

19. 编程求解 Josophus 问题：M 个小孩围成一圈，从第 1 个小孩开始顺时针方向每数到第 n 个小孩则该小孩离开，最后剩下的一个小孩为胜利者，求第几个小孩是胜利者。

20. 编程求 10 000 以内的所有"水仙花数"，并用数组显示出来。"水仙花数"是指一个 n（$n \geqslant 3$）位数，它的每一位数字的 n 次幂之和等于它本身。（例如 3 位数：$153 = 1^3 + 5^3 + 3^3$）

第6章
变量、数组、簇和矩阵

LabVIEW 是一种图形化的编程语言，在程序设计中，主要通过连线控件来实现数据交换。但是，当程序比较复杂时，这种连线容易混乱，并导致程序的可读性变差。另外，在某些情况下，无法通过连线的方式来实现数据传递，如不同 VI 之间的数据传递就无法通过连线来完成。在 LabVIEW 中，为了实现应用程序中无法连线的位置间的信息传递，引入了局部变量和全局变量。局部变量和全局变量的引入解决了数据和对象在同一 VI 程序中的复用和在不同 VI 中的共享问题。

LabVIEW 除了提供诸如数值型、布尔型、字符串这样的基本数据类型外，还提供了数组、簇、矩阵和波形等比较复杂的复合数据类型及对这些复合数据类型进行操作的函数及子 VI。掌握这些复合数据类型及相关的操作将会极大地方便 VI 的编程工作，同时也是学好 LabVIEW 所必需的。

6.1　变　　量

6.1.1　局部变量

当无法访问某前面板对象或需要在程序框图节点之间传递数据时，可创建局部变量。局部变量创建后，仅仅出现在程序框图上，而不出现在前面板上。

局部变量可对前面板上的输入控件或显示控件进行数据读/写。写入一个局部变量相当于将数据传递给其他接线端。而且，局部变量还可向输入控件写入数据和从显示控件读取数据。事实上，通过局部变量，前面板对象既可作为输入访问也可作为输出访问。

1. 创建局部变量

创建一个局部变量有两种方法：一种方法是用鼠标右键单击一个前面板对象或程序框图接线端并从快捷菜单中选择"创建"→"局部变量"，该对象的局部变量的图标将出现在程序框图上；另一种方法是从"函数"选板上选择一个局部变量并将其放置在程序框图上，此时局部变量节点尚未与一个输入控件或显示控件相关联，其显示为一个图标"⬚"。如需使局部变量与输入控件或显示控件相关联，可用鼠标右键单击该局部变量节点，从快捷菜单中选择"选择项"，展开的快捷菜单将列出所有带有自带标签的前面板对象（利用鼠标"操作值"工具直接单击图标，也将弹出所有自带标签的前面板对象），单击菜单中列出的对象，即建立了局部变量与对象的关联。两种建立局部变量的方法分别如图 6-1、图 6-2 所示。LabVIEW 通过自带标签关联局部变量和前面板对象，为了使程序有较强的可读性并便于分辨，前面板控件的自带标签应具有一定的描述性。

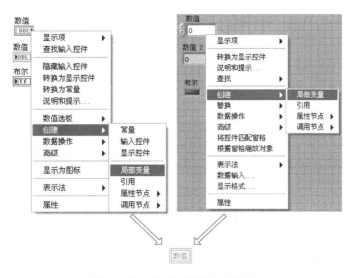

图 6-1　第一种建立局部变量的方法

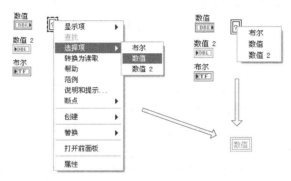

图 6-2　第二种建立局部变量的方法

2. 局部变量的读/写

创建了一个局部变量后，就可从变量读/写数据了。默认状态下，新变量将接收数据，变量就像一个显示控件，同时也是一个写入局部变量。将新数据写入该局部变量，与之相关联的前面板输入控件或显示控件将根据新数据的写入而更新。

变量可配置为数据源，读取局部变量。用鼠标右键单击变量，从快捷菜单中选择"转换为读取"，便可将该变量配置为一个输入控件。节点执行时，VI 将读取相关联前面板输入控件或显示控件中的数据。

如需使变量从程序框图接收数据而不是提供数据，可用鼠标右键单击该变量并从快捷菜单中选择"转换为写入"。

在程序框图上，读取局部变量与写入局部变量的区别相当于输入控件和显示控件间的区别。与输入控件类似，读取局部变量的边框较粗；写入局部变量的边框则较细，类似于显示控件。

3. 局部变量应用举例

图 6-3 所示为一个利用局部变量实现一个布尔开关同时控制两个 While 循环的实例。

该实例通过典型的并行循环结构，使用布尔开关局部变量读取开关的值，可同时停止两个循环。由于布尔控件的"单击时触发"机械动作与局部变量不兼容，因此通过另一个局部写入变量将开关值重置为"开"，仿真"单击时触发"机械动作。

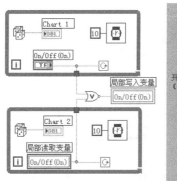
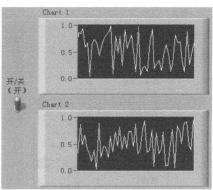

图 6-3　利用局部变量控制两个 While 循环

6.1.2　全局变量

局部变量主要用于在程序内部传递数据，但不能实现程序之间的数据传递。全局变量则可在同时运行的多个 VI 之间访问和传递数据，是内置的 LabVIEW 对象。创建全局变量时，LabVIEW 将自动创建一个有前面板但无程序框图的特殊全局 VI。向该全局 VI 的前面板添加不同的输入控件和显示控件可定义其中所含全局变量的数据类型。该前面板实际便成为一个可供多个 VI 进行数据访问的容器。

假设现有两个同时运行的 VI，每个 VI 都含有一个 While 循环并将数据点写入一个波形图表。第一个 VI 含有一个布尔控件来终止这两个 VI，此时需用全局变量通过一个布尔控件将这两个循环终止。如这两个循环在同一个 VI 的同一张程序框图上，可用一个局部变量来终止这两个循环。

1. 全局变量的创建

全局变量的创建比局部变量创建稍复杂一点，在函数选板中选择"编程"→"结构"→"全局变量"，将其放置到程序框图中，可以在程序框图中得到一个全局变量图标 [图]。双击该图标，将打开一个与前面板相似的全局变量的前面板，可在该前面板中放置需要创建为全局变量的输入控件和显示控件。LabVIEW 以自带标签区分全局变量，因此前面板控件的自带标签应具有一定的描述性。可创建多个仅含有一个前面板对象的全局 VI，也可创建一个含有多个前面板对象的全局 VI 从而将相似的变量归为一组。在全局变量的前面板中创建控件如图 6-4 所示。

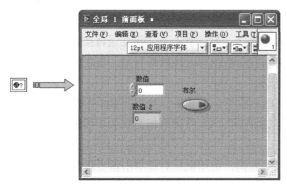

图 6-4　全局变量前面板

所有对象在全局 VI 前面板上放置完毕后，保存该全局 VI 并返回到原始 VI 的程序框图。要使用全局变量，必须选择全局 VI 中想要访问的对象，即建立程序框图中全局变量节点与全局变量前面板中对象之间的关联，如图 6-5 所示。用鼠标右键单击程序框图中的全局变量节点，并从快捷菜单项"选择项"的下拉子菜单列出的全局 VI 中所有带自带标签的前面板对象中选中一个前面板对象，即建立了节点与全局变量前面板对象之间的关联。也可以直接利用鼠标"操作值"工具单击图标，在弹出的自带标签的前面板对象中进行选择。

如为全局变量节点创建了一个副本，则
LabVIEW 将把这个新的全局变量节点与原始变
量节点的全局 VI 相关联。具体创建及关联的方
法为：在程序框图"函数选板"中单击"选择 VI..."
选项，弹出"选择需打开的 VI"对话框，如图
6-6 所示。利用该对话框，打开保存全局变量的
VI，则在鼠标指针上悬浮一个全局变量节点，在
程序框图上单击鼠标左键即可将节点放置到程序

图 6-5　建立全局变量节点与对象之间的关联

框图上。放置到程序框图上的全局变量节点默认和全局变量前面板中的一个自带标签对象关联，
若要改变节点与对象之间的关联关系，可以通过图 6-5 给出的方法重新建立关联关系。

图 6-6　创建全局变量节点

全局变量的读/写与局部变量类似，读者可以参考局部变量的读/写，在此不再介绍。

2. 全局变量应用举例

图 6-7 至图 6-9 所示为一个全局变量的应用实例。

图 6-7　全局变量前面板对象

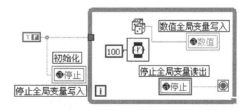

图 6-8　第一个 VI 的程序框图

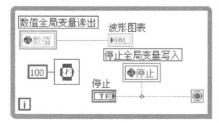

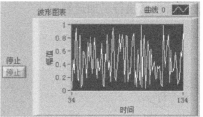

图 6-9　第二个 VI 的程序框图及前面板

其中，图 6-7 给出了全局 VI 中的全局变量，包括两个对象，一个是"数值"显示控件，另一个是"停止"按钮控件，分别代表两个全局变量，用来在不同 VI 之间传递数据。

第一个 VI 用来产生随机数据，并将产生的数据写入全局变量"数值"中。同时第一个 VI 的循环受全局变量"停止"的控制，如图 6-8 所示。

第二个 VI 用来显示数据，数据来自于全局变量"数值"，并通过波形图表进行显示。同时第二个 VI 的"停止"按钮用来控制两个 VI 循环的运行，控制第一个 VI 循环的执行是通过全局变量"停止"来实现的。

同时运行两个 VI，则第一个 VI 产生数据，通过全局变量传递给第二个 VI 并显示出来。单击第二个 VI 的"停止"按钮，则两个 VI 均退出循环，停止执行。

6.1.3　局部变量和全局变量使用注意事项

局部和全局变量是高级的 LabVIEW 概念，它们不是 LabVIEW 数据流执行模型中固有的部分。使用局部变量和全局变量时，程序框图可能会变得难以阅读，因此需谨慎使用。错误地使用局部变量和全局变量，如将其取代连线板或用其访问顺序结构中每一帧中的数值，则可能在 VI 中导致不可预期的行为。滥用局部变量和全局变量，如用来避免程序框图间的过长连线或取代数据流，将会降低执行速度。

（1）局部变量和全局变量的初始化

如果需对一个局部或全局变量进行初始化，应在 VI 运行前确认变量包含的是已知的数据值，否则变量可能含有导致 VI 发生错误行为的数据。如果变量的初始值基于一个计算结果，则应确保 LabVIEW 在读取该变量前先将初始值写入变量。将写入操作与 VI 的其他部分并行可能导致竞争状态。

要使写入操作率先执行，可把初始值写入变量的这部分代码单独放在顺序结构的首帧，也可将这部分代码放在一个子 VI 中，通过连线使该子 VI 在程序框图的数据流中第一个执行。

如果在 VI 第一次读取变量之前，没有将变量初始化，则变量含有的是相应的前面板对象的默认值。

（2）竞争状态

两段或两段以上代码并行改变一个共享资源的值时，就发生了竞争状态。VI 的运行结果取决于共享变量先执行哪个动作，竞争状态会引起不可预见性。当有多于一个操作对同样数据的值进行更新时可能导致竞争状态的出现，但竞争状态经常在使用局部变量、全局变量或外部文件时发生。图 6-10 所示程序框图给出了一个局部变量造成竞争状态的范例。

该 VI 的输出，即本地变量 x 的值取决于首先执行的运算。因为每个运算都把不同的值写入 x，所以无法确定结果是 3，还是 7。在一些编程语言中，由上至下的数据流模式保证了执行顺序。在 LabVIEW 中，可使用连线实现变量的多种运算，从而避免竞争状态。图 6-11 所示为程序框图通过连线而不是局部变量执行了加运算。

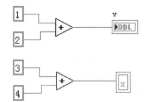
图 6-10　局部变量造成竞争状态的范例

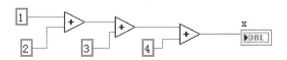
图 6-11　利用连线实现变量多种运算从而避免竞争状态

如果必须在一个局部或全局变量上执行一个以上操作，则应确保以合适的顺序执行。

如果两个操作同时更新一个全局变量，也会出现竞争状态。如果要更新全局变量，则需先读取值，然后修改，再将其写回原来的位置。当第一个操作进行了读取－修改－写入操作，然后才开始第二个操作时，输出结果是正确的，可预知的。如果第一个操作写入值，然后第二个操作再写入值，则两个操作都修改和写入了一个值，这样操作就造成了读取－修改－写入竞争状态，会产生非法值或丢失值。

使用功能性全局变量可避免与全局变量相关的竞争状态。功能性全局变量是使用未进行初始化的移位寄存器的循环来保持数据的 VI。功能性全局变量通常有一个动作输入参数，用于指定 VI 执行的任务。VI 在 While 循环中使用一个未初始化移位寄存器，保存操作的结果。使用一个功能全局变量而不是多个局部或全局变量可确保每次只执行一个运算，从而避免运算冲突或数据赋值冲突。

（3）使用局部变量和全局变量时应考虑内存

局部变量会复制数据缓冲区。从一个局部变量读取数据时，便为相关控件的数据创建了一个新的缓冲区。如使用局部变量将大量数据从程序框图上的某个地方传递到另一个地方，通常会使用更多的内存，最终导致执行速度比使用连线来传递数据更慢。如果在执行期间需要存储数据，则可考虑用移位寄存器。

从一个全局变量读取数据时，LabVIEW 将创建一份该全局变量的数据副本，保存于该全局变量中。这样，当操作大型数组和字符串时，将占用相当多的时间和内存来操作全局变量。操作数组时使用全局变量尤为低效，其原因在于即使只修改数组中的某个元素，LabVIEW 仍对整个数组进行保存和修改。如果一个应用程序中的不同位置同时读取某个全局变量，则将为该变量创建多个内存缓冲区，从而导致执行效率和性能降低。

6.2　数　　组

数组是相同类型元素的集合，由元素和维度组成。元素是组成数组的数据，维度是数组的长度、高度或深度。数组可以是一维或多维的，在内存允许的情况下每一维度可有多达 $2^{31}-1$ 个元素。

对一组相似的数据进行操作并重复计算时，可考虑使用数组。在 LabVIEW 中，数组最适于存储从波形采集而来的数据或循环中生成的数据（每次循环生成数组中的一个元素）。

定位数组中的某个特定元素需为每一维度建一个索引。在 LabVIEW 中，通过索引可浏览整个数组，也可从程序框图数组中提取元素、行、列和页。LabVIEW 中的数组索引从零开始，无论数组有几个维度，第一个元素的索引均为零。

6.2.1　数组的创建

1. 前面板数组对象的创建

通过以下两个步骤可以完成一个简单前面板数组对象的创建。

（1）创建一个数组框架

要创建一个数组输入控件或显示控件，首先必须在前面板上放置一个数组框架。数组框架位于"控件选板"的"新式"→"数组、矩阵与簇"子选板和"经典"→"经典数组、矩阵与簇"

子选板中，如图 6-12 所示。

单击"数组"控件后移动鼠标到前面板窗口，在前面板上再次单击鼠标左键则在前面板上创建了一个数组控件。此时创建的仅仅是一个数组框架，不包含任何内容，对应于程序框图中的接线端口为一个黑色边框的矩形图标，如图 6-13 所示。

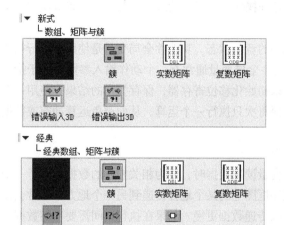

图 6-12　控件选板中的数组控件

图 6-13　前面板及程序框图上的数组框架

（2）将一个数据对象或元素拖曳到该数组框架中

当创建好一个数组框架之后，根据实际情况将相应数据类型的前面板输入控件或显示控件拖曳到该数组框中，即完成数组的创建，如图 6-14 所示。

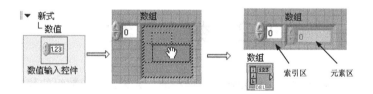

图 6-14　创建数值类型数组

在图 6-14 中，通过将一个数值输入控件拖曳放入一个数组框架中，可以创建一个数值类型的数组输入控件。将数值控件放入数组框架后，程序框图中的接线端由黑色边框变为与置入控件数据类型一致的颜色。图 6-14 创建的数组在程序框图中的颜色为橙色，表明创建的数组中元素的数据类型为双精度浮点型。

放入数组框架中的数据对象或元素可以是数值、布尔、字符串、路径、引用句柄、簇输入控件或显示控件，因此数组根据元素的数据类型可以创建数值、布尔、路径、字符串、波形和簇等数据类型的数组。当放入的对象为输入控件时，所创建的数组将为数组输入控件；当放入显示控件时，所创建的数组将为数组显示控件。图 6-15 所示为创建的几种不同数据类型数组的前面板对象及程序框图接线端。

2. 数组对象的组成及配置操作

在前面板中，创建完成后的数组是由索引区域和元素区域两部分构成的。在默认情况下，数组只显示一个元素，该元素的索引值在数组索引区域中显示，使用鼠标"操作值"工具单击索引区域的"增量/减量"按钮可以浏览数组元素，即元素区域中显示的元素随着索引值的变化而变化。

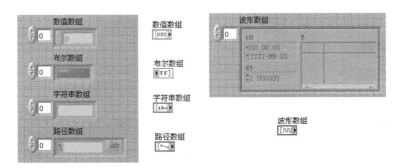

图 6-15　不同数据类型的数组

数组的索引都是从 0 开始的，即含有 n 个元素的数组的索引值是从 0 到 $n-1$ 的非负整数。在数组索引区域单击鼠标右键弹出的快捷菜单中，选择"显示项"→"索引框"选项可以关闭索引的显示。这是一个开关选项，再次选择该选项可以恢复索引的显示。

刚创建的数组的元素区域为灰色的初始状态，这表明整个数组仍然为空，向数组框架元素区域中放入一个控件仅仅提供了数组元素的类型信息，还没有生成任何具体数组元素，此时数组的大小为 0。使用"操作值"工具可以向数组添加元素。例如在图 6-14 所示的示例中，建立空的数值输入控件之后，使用"操作值"工具单击空数组的元素区域，将光标定位在数值框中并输入一个数字。输入数字后可以看到元素区域的数值输入框的颜色变成了白色，表明已经成功添加了元素。

只显示一个元素的默认形式称为单元素形式，同时显示多个元素的形式称为表格形式。在鼠标指针处于"自动选择工具"或"定位/调整大小/选择"状态时，移动鼠标到数组元素区域外围框架上，此时，数组元素区外围框架将显示尺寸控制点，按下鼠标左键拖动尺寸控制点可以将数组由单元素形式变为表格形式，同时也可以将表格形式变为单元素形式。在一维数组单元素显示形式下或多维数组中，移动鼠标到数组元素外围框架的右下角时，鼠标指针可变为网格形状，此时按下鼠标左键并拖动鼠标，可将单元素形式改变为表格形式显示方式。图 6-16 给出了几种操作的例子。对于一维数组，显示多个元素有水平和垂直两种显示方式。按下鼠标左键并在水平方向拖曳鼠标指针，可使一维数组在水平方向显示；按下鼠标左键并在垂直方向拖曳鼠标指针，则能使一维数组在垂直方向显示。水平方向显示时，最左侧的元素对应于索引区域的索引值；垂直方向显示时，最上面的元素对应索引区域的索引值。

数组中元素控件的大小也是可以改变的，改变已经建立好的数组中某个元素控件尺寸的大小后，数组里的其他元素的尺寸会变为同样大小。改变尺寸大小的操作仍要遵守元素数据类型本身的限制，比如数值类型元素只能在水平方向改变尺寸大小，而字符串可以在垂直和水平两个方向上改变大小。在鼠标指针处于"自动选择工具"状态时，移动鼠标指针到数组元素区域的元素控件对象上时，指针自动变为"定位/调整大小/选择"状态，此时元素控件外围将显示出尺寸控制点，按下鼠标左键并拖动尺寸控制点，可以调整元素的尺寸。图 6-17 所示为改变元素控件尺寸的一个示例。

为数组空元素赋值时，比当前元素的索引值小的所有空元素都自动被赋予该元素数据类型的默认值。图 6-18 中给出了一个示例，数值型数组采用表格形式显示，同时可见的元素数为 5，索引值为 0 的元素赋值 2，其他元素为空元素。当为索引值是 3 的空元素指定数值 1 之后，较低索引值（1 和 2）的空元素自动被赋予数值类型的默认值 0。

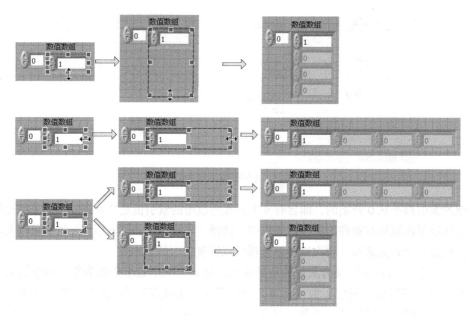

图 6-16 改变数组显示元素的形式

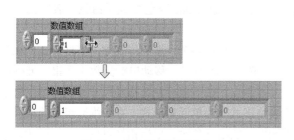

图 6-17 改变数组元素大小

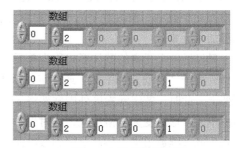

图 6-18 数组元素赋值

可以改变前面板上数组输入控件和显示控件元素的默认值。在图 6-18 所示的示例中，第一个元素赋值为数值 2，用鼠标右键单击该元素对象，在弹出的快捷菜单中选择"数据操作"→"当前值设置为默认值"选项，该元素后面的空元素内的加灰默认值都变成数值 2。当后面的某个元素赋值时，其前面的空元素将自动以新的默认值赋值，如图 6-19 所示。

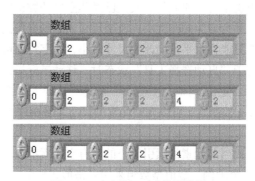

图 6-19 改变数组元素的默认值

3. 程序框图数组常量的创建

数组常量只能在程序框图中出现，其创建方法与在前面板创建数组输入控件和数组显示控件的方法类似。

在程序框图"函数选板"→"编程"→"数组"子选板中选中"数组常量"并将其放置到程序框图中，即创建一个数组常量框架。根据实际情况用鼠标将"常量"（如数值常量、布尔常量、字符串常量等）拖入数组常量框架中，即完成一个数组常量的创建。数组常量的相关配置操作与前面介绍的前面板中的数组对象是相同的，在此不再介绍。

在某个数组常量的索引区和边框上弹出的快捷菜单中，"转换为输入控件"和"转换为显示控件"选项可分别把数组常量变为前面板上的输入控件和显示控件。

4. 二维数组及多维数组的创建

实际上，通过前面的方法所创建的数组是一维的。在创建完成一个一维数组之后，在此基础上，可以实现二维数组及多维数组的创建。

通过以下两种方式可以实现多维数组的创建：一是在一维数组的索引区或边框上单击鼠标右键，在弹出的快捷菜单中选择"添加维度"选项，可将数组的维数增加一维，相反选择"删除维度"选项，可将数组的维度减小一维；另一种方法是，在鼠标指针处于"自动选择工具"状态时，移动鼠标指针至数组索引区，此时索引区外围将显示出尺寸控制点，用鼠标在垂直方向拖动尺寸控制点，可以改变数组的维度。

图 6-20 中分别给出了一个二维数组和一个三维数组。

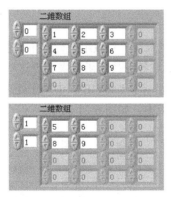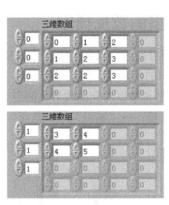

图 6-20 二维数组、三维数组及索引显示与元素显示之间的关系

二维数组的索引区有两个索引输入控件，上面的为行索引，下面的为列索引。与一维数组一样，二维数组及多维数组的索引值也是以 0 为基数的。

数组索引区域的显示值永远为元素区域左上角元素的索引值，在图 6-20 中同时也给出了数组索引值显示与数组元素显示的关系。对于图 6-20 中的二维数组，上面给出了一个 3 行 3 列的数组输入控件，元素值 6 的索引为（1, 2），7 的索引为（2, 0），其左上角第一个元素 1 的索引为（0, 0）。当改变索引区两个索引输入控件中的值为（1, 1）后，元素显示区域自动调整，使得索引值为（1, 1）的元素 5 显示在左上角，结果如图 6-20 左下图所示。

三维数组的索引由页、行和列组成，每一页都可以认为是一个二维数组，其操作方式与低维数组相仿。

一般来说，任何类型的控件和常量都可以定义为数组的元素，但数组、子面板控件、ActiveX 控件、波形图表、XY 图不能作为数组元素。

建立前面板上的数组控件时，如果在确立数组类型时拖入数组框架的是输入控件，则所有数组元素都是输入控件；若拖入数组框架的是显示控件，则所有数组元素就都是显示控件。在某个元素或者框架上弹出快捷菜单，选择"转换为输入控件"选项（对于显示控件），可以把整个数组变为输入控件；选择"转换为显示控件"选项（对于输入控件），便可以把整个数组变为显示控件。

另外，对于数组的创建，还可以通过数组创建函数及循环结构来实现，在此不再介绍。

6.2.2　数组的算术运算

LabVIEW 一个非常大的优势在于它可以根据输入数据的类型判断算子的运算方法，即自动地实现多态。比如，在 LabVIEW 中可以直接将两个数组相加，LabVIEW 会自动根据数组大小、数据类型决定相应的运算方法。

对于加、减、乘、除，数组之间的运算满足下面的规则。

① 如果进行运算的两个数组大小完全一样，则将两个数组中索引相同的元素进行运算，形成一个新的数组。

② 若大小不一样，则忽略较大数组多出来的部分。

③ 如果一个数组和一个数值进行运算，则数组的每个元素都和该数值进行运算，从而输出一个新的数组。

除了加、减、乘、除，还有专门针对数组的求和、求积运算的函数，它们在"函数选板"的"编程"→"数值"子选板中。

6.2.3　数组函数及操作

对于一个数组可以进行很多操作，比如求数组的长度、对数组进行排序、查找数组中的某一元素、替换数组中的元素等。传统编程语言主要依靠各种数组函数来实现这些运算操作，而在 LabVIEW 中，这些函数以功能函数节点的形式表现出来。LabVIEW 中用于处理数组数据的函数节点位于"函数选板"→"编程"→"数组"子选板中，如图 6-21 所示。

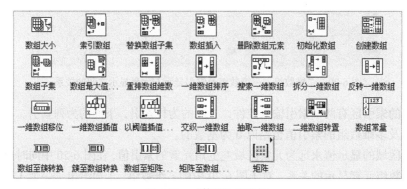

图 6-21　"数组"子选板

下面对其中常用的数组函数进行举例说明。

1. 数组大小函数

通过该函数返回输入"数组"每个维度中元素的个数。如数组为一维数组，则输出值为 32 位整数。如数组是多维的，则返回值为一维数组，每个元素都是 32 位整数，表示数组对应维度中的元素数。例如，如将一个三维 $2 \times 4 \times 4$ 数组连接至数组函数，函数将返回包含 3 个元素的数组[2,4,4]。图 6-22 所示为利用数组大小函数求数组大小的实例。

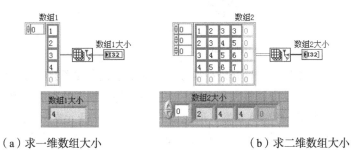

（a）求一维数组大小　　　　　　　　　　　（b）求二维数组大小

图 6-22　数组大小函数示例

2. 索引数组函数

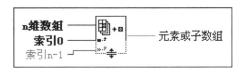

通过该函数可以获取输入"n 维数组"在索引位置的元素或子数组。如输入为一维数组，可以获取其中的一个元素；对于二维数组或多维数组，该函数不仅可以获取其中某个元素，还可以获得某行或某列的元素。连接数组到该函数时，函数自动调整大小并生成带 n 个索引端子的节点以保证输入 n 维数组各个维度的索引输入，这 n 个输入端子作为一组使用。使用定位工具拖曳该函数节点尺寸控制点可以增加新的输入索引端子组，每组索引输入端子对应一个输出端口。此时，相当于使用同一输入数组对函数进行多次调用。输出端口根据索引值返回对应的"元素或子数组"。如索引超出了范围（<0 或>N，N 是 n 维数组的大小），元素或子数组将返回数组已定义数据类型的默认值。

不连接相应的索引，可禁用一个维度。一维数组不可禁用任何维度。默认状态下，第一个维度的索引处于启用状态，其他的则处于禁用状态。如处于禁用状态，输入接线端的外围有一个黑色矩形框；如启用，黑框被填充。可将常量或输入控件连接至要启用的索引输入。

图 6-23 所示为两个索引数组函数应用示例。

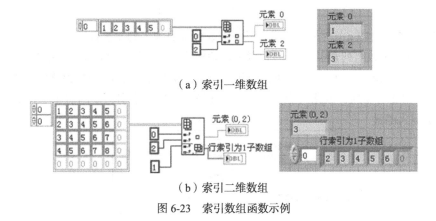

（a）索引一维数组

（b）索引二维数组

图 6-23　索引数组函数示例

其中，图 6-23（a）显示获取一维数组索引分别为 "0" 和 "2" 的元素，图 6-23（b）显示了获取二维数组索引为(0,2)即第 0 行第 2 列的元素和获取数组行索引为 1 即第 1 行元素构成的子数组。

3. 替换数组子集函数

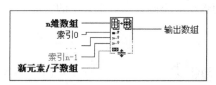

通过该函数从索引中指定的位置开始替换数组中的某个元素或子数组。连接数组至该函数时，函数将自动根据输入数组的维度调整大小以显示连接数组各个维度的索引参数。这些索引参数和"新元素/子数组"一起构成一组输入参数，所完成的功能是用"新元素/子数组"内容替换索引值的索引目标。拖曳函数节点的尺寸控制点可以添加更多组的输入参数，每组对应一个输出。输出返回替换之后的数组。

图 6-24 所示为替换数组子集函数的应用示例。

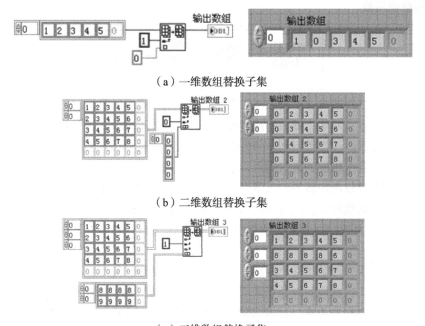

（a）一维数组替换子集

（b）二维数组替换子集

（c）三维数组替换子集

图 6-24　替换数组子集函数应用示例

在示例中，图 6-24（a）所示的功能为将一维数组索引为 1 的元素替换为 "0"；图 6-24（b）所示的功能为将二维数组列索引为 0 的元素全部替换为 "0"；图 6-24（c）所示的功能为替换 3 维数组行索引为 1 的前 4 个元素，其中输入的三维数组为 3 页 4 行 5 列的三维数组，输入的"新元素/子数组"为 2 行 4 列，因此只能替换第 0 页和第 1 页中行索引为 1 的前 4 个元素。

4. 数组插入函数

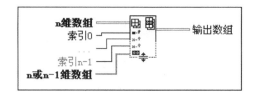

通过该函数实现在索引指定位置插入元素或子数组。将数组连接到该函数时，函数将自动调整大小以显示数组各个维度的索引。如未连接任何索引输入，该函数将把新的元素或子数组添加到输入的 *n* 维数组之后。如索引大于数组大小，函数将不对输入数组进行插入。当接入一个 *n* 维数组时，索引端输入端有 *n* 个。该函数只在一个维度上调整数组的大小，因此，只能连接一个索引输入。例如，如需将一维数组作为第 4 行插入二维数组，可将 3 连线至第一个索引输入端，第二个索引输入端将被禁用。如需将一维数组作为第 4 列插入二维数组，可将 3 连线至第二个索引输入端，第一个索引输入端将被禁用。连接的索引确定数组中可以插入元素的维度。例如，要插入行，连接行索引；要插入列，则连接列索引。连接至"*n* 或 *n*-1 维数组"（"新元素/子数组"）的数组的维数必须等于或小于连接至 *n* 维数组的数组维数。不能在二维数组中插入单个元素，也不能在三维数组中插入一行（视为一维数组）。可以在三维数组中插入只有一行的二维数组，如有需要，LabVIEW 将对结果数组进行填充。

新元素或数组的基本数据类型必须和输入数组的类型一致。例如，在输入数组包含布尔控件引用，则新元素必须为布尔控件引用。如需在数组中插入更通用的元素，可使用"转换为通用的类"函数创建输入数组。

图 6-25 所示为数组插入函数的应用示例。图 6-25（a）所示为在一维数组中索引值为 1 处插入一个元素"0"。图 6-25（b）所示为在二维数组列索引为 1 处插入一列数据。图 6-25（c）所示为输入数组为一个为 3 页 4 行 5 列的三维数组，待插入的"n 或 n-1 维数组"接入为 2 行 4 列的二维数组，插入位置的行索引为 1。因此，插入的二维数组中的两行分别插入到三维数组的第 0 页和第 1 页中行索引为 1 的位置，第 3 页行索引的位置也插入了一行，由于插入的二维数组只有两行，故第 3 页插入的行的元素全部为默认值"0"。另外，插入的二维数组每行只有 4 个元素，而原数组每行有 5 个元素，因此插入的行的最后一个元素也是默认值"0"。

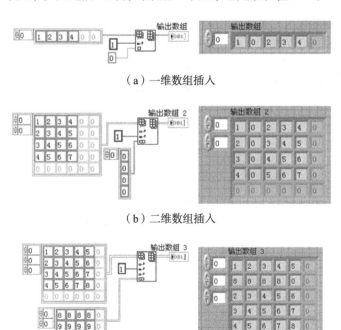

（a）一维数组插入

（b）二维数组插入

（c）三维数组插入

图 6-25   数组插入函数应用示例

5. 删除数组元素函数

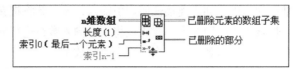

该函数从输入的"n 维数组"中删除元素或子数组。"n 维数组"接入是要删除元素、行、列或页的数组，可以是任意类型的 *n* 维数组。"长度"为确定要删除元素、行、列或页的数量或长度。"索引 0"至"索引 *n*–1"指定数组中要删除的元素、行、列或页。将数组连接到该函数时，函数将自动调整大小以显示数组各个维度的索引。不连接任何索引，默认值为数组中最后一个元素处于启用状态的索引。"已删除元素的数组子集"返回数组中已经删除元素、行、列或页后的数组。"已删除的部分"是已删除的元素或数组。

如将某个值连接至"长度"，则"已删除的部分"是维数与 *n* 维数组维数相同的数组（包含 *n* 维数组中所有删除的元素）。如"已删除的部分"的第一个维度是长度，则第二个维度与 *n* 维数组一致。例如，如连线三维数组 10×4×6 至 *n* 维数组，连线"长度"为 2，未连线"索引"输入，则"已删除的部分"是 2×4×6 的三维数组（包含 *n* 维数组的最后 2 页）。如将某个值连接至"长度"，连线负数至"索引"，则"已删除的部分"是外部维度为"长度"减去"索引"的数组。如未连线"长度"，则"已删除的部分"是维度为 *n* 维数组维度减 1 的数组，其中包含 *n* 维数组中删除的部分。例如，如连线二维数组 8×5 至 *n* 维数组，未连线"长度"，连接 3 至"索引 0"（行），则"已删除的部分"是包含 *n* 维数组第 3 行的一维数组。

该函数只在一个维度上删除数组元素，所以只需连接一个索引输入即可。例如，如需在二维数组中删除一行，只需连接行索引；如需删除一列，只连接列索引。连接"长度"可一次删除多个连续的子数组。

图 6-26 所示为删除数组元素函数的应用示例。图 6-26（a）为删除一维数组从索引为 1 开始的两个元素。图 6-26（b）为删除二维数组从行索引为 1 开始的两行元素。图 6-26（c）连线"长度"为 1，未连线"索引"，故删除三维数组最后一页数据，"已删除元素的数组子集"和"已删除的部分"均为三维数组，只不过已删除元素的数组子集比输入数组少 1 页，已删除部分只有 1 页。

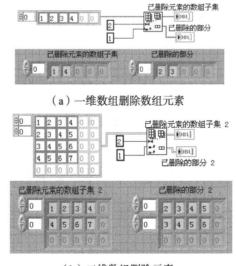

（a）一维数组删除数组元素

（b）二维数组删除元素

图 6-26　删除数组元素函数应用示例

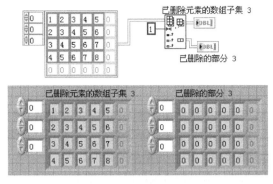

（c）三维数组删除元素

图 6-26　删除数组元素函数应用示例（续）

6. 初始化数组函数

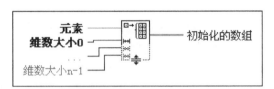

通过该函数可以创建一个数组，其中的每个元素都被初始化为"元素"输入端子连接的值。通过定位工具可调整函数的大小，增加输出数组的维数。如维数大小为 0，函数将创建空数组。n 维数组的"维数大小"接线端数量必须为 n。初始化的数组的数据类型与元素一致。

图 6-27 所示为初始化数组函数的应用示例。

（a）初始化创建含 5 个元素的一维数组

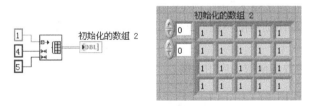

（b）初始化创建 4 行 5 列的二维数组

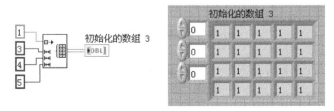

（c）初始化创建 3 页 4 行 5 列的三维数组

图 6-27　初始化数组函数应用示例

7. 创建数组函数

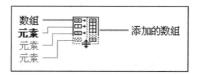

该函数实现连接多个数组或向数组添加元素的功能。其中输入"数组"和"元素"可以是任意的 n 维数组或标量元素。所有的输入值必须是元素、一维数组，或者 n 维、$n-1$ 维数组，并且具有相同的基本类型。"添加的数组"是作为结果的数组。

在程序框图上放置该函数时，只有输入端可用。右键单击函数，在快捷菜单中选择"添加输入"，或调整函数大小，均可向函数增加输入端。

如连线不同类的控件引用至该函数，该函数将把引用强制转换为更通用的类，继承层次结构中最低的类。该函数返回该类的"添加的数组"。

创建数组函数可在两种模式之一中操作，采用的模式取决于是否在快捷菜单中选择"连接输入"。如选择"连接输入"，函数将按顺序拼接所有输入，形成输出数组，该输出数组的维度与连接的最大输入数组的维度相同。如没有选择"连接输入"，函数创建比输入数组多出一个维度的数组。例如，如连线一维数组至"创建数组"函数，即使输入值为一维空数组，输出值仍为二维数组。该函数将按顺序拼接各个数组，形成输出数组的子数组、元素、行或页。如有需要，填充输入以匹配最大输入的大小。

例如，如将两个一维数组[1,2]和[3,4,5]连接到"创建数组"函数，然后在快捷菜单中选择"连接输入"，则输出为一维数组[1,2,3,4,5]。如连接两个数组至"创建数组"函数，但未在快捷菜单中选择"连接输入"，则输出为二维数组[[1,2,0], [3,4,5]]，第一个输出被填充为匹配第二个输入的长度。

如输入数组的维度相等，右键单击函数，取消勾选或勾选"连接输入"快捷菜单项。如输入数组的维度不相等，"连接输入"会被自动勾选，而且不可取消。如所有的输入为标量元素，"连接输入"被自动取消勾选，且不能选择。输出的一维数组按顺序包含这些元素。

在快捷菜单中选择"连接输入"时，"创建数组"图标上的符号会发生变化，以区别两个不同的输入类型。如输入与输出的维度一致，则输入的符号和输出一致；如输入比输出少 1 个维度，则输入的符号为元素符号。

图 6-28 所示为创建数组函数的应用示例。

（a）由标量元素创建一维数组

（b）由一维数组禁用"连接输入"创建二维数组

图 6-28　创建数组函数应用示例

（c）由一维数组启用"连接输入"创建一维数组

图 6-28　创建数组函数应用示例（续）

8. 数组子集函数

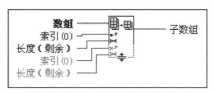

该函数用于返回输入数组从"索引"位置开始包含"长度"个元素的一部分。其中"数组"可以是任意类型的 *n* 维数组。"索引"指定要返回的部分数组中包含的第一个元素、行、列或页。如"索引"小于 0，函数将其视为 0。如"索引"大于等于数组大小，函数将返回空数组。"长度"指定要返回的部分数组中包含的元素、行、列或页的数量。如"索引"与"长度"的和大于数组大小，函数将返回尽可能多的数组，默认值是从索引至数组结尾的长度。返回的"子数组"与"数组"的类型相同。

将数组连接到该函数时，函数将自动调整大小以显示数组各个维度的索引。如连线一维数组至该函数，函数可显示元素的索引输入端。如连线二维数组至该函数，函数将显示行和列的索引输入。如将三维数组通过数组连线至该函数，函数可显示页的索引输入端。

图 6-29 所示为数组子集函数应用示例。

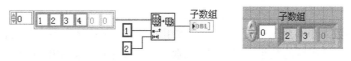

（a）获取一维数组从索引 1 开始长度为 2 的子集

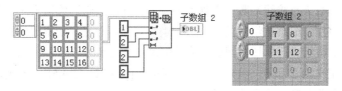

（b）获取二维数组从行索引 1 开始长度为 2、列索引 2 开始长度为 2 的子集

图 6-29　数组子集函数应用示例

9. 数组最大值与最小值函数

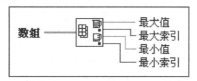

该函数用于返回数组中的最大值和最小值及其索引。其中"数组"可以是任意类型的 *n* 维数组。"最大值"和"最小值"的数据类型和结构与"数组"中的元素一致。"最大索引"和"最小

索引"分别是第一个最大值和最小值的索引。如数值"数组"只有一个维度，"最大索引"和"最小索引"输出为整数标量。如数值"数组"的维数多于1，"最大索引"和"最小索引"为包含最大值和最小值索引的一维数组。如输入"数组"为空，"最大索引"和"最小索引"均为-1。

图6-30所示为数组最大值和最小值函数应用示例。

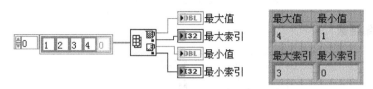

（a）一维数组求最大值和最小值及索引

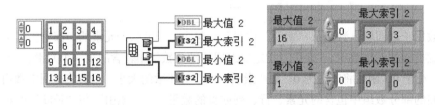

（b）二维数组求最大值和最小值及索引

图6-30 数组最大值和最小值函数应用示例

10. 重排数组维数函数

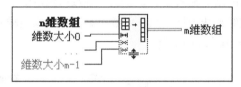

该函数根据维数大小 0 至 *m*-1 的值，改变数组的维数。函数从左至右按行读取内存中数据数组的值，并显示重新排序后的数组。其中"n 维数组"可以是任何类型的 *n* 维数组。"维数大小 0"至"维数大小 m-1"指定"m 维数组"的维数，必须为数字。如维数大小为 0，函数将创建空字符串。*m* 维数组的维数大小接线端数量必须为 *m*。如"m 维数组"维数大小的乘积大于输入数组元素的数量，函数将用"n 维数组"的默认数据类型填充新数组；如维数的乘积小于输入数组元素的数量，函数将对数组进行剪切。例如，传递包含 9 个元素的一维数组[0,1,2,3,4,5,6,7,8]至该函数，维数大小分别定义为 2 和 3，函数将返回二维数组[[0,1,2], [3,4,5]]。该函数截去最后 3 个输入元素，因为输出数组只有 6 个元素的位置。

调整该函数大小，增加维数大小参数的数量，*m* 维数组对每个维数大小输入都有相应的维度。例如，可使用该函数将一维数组转变为二维数组，反之亦可；也可用于增加或减小一维数组的大小。

图6-31所示为重排数组维数函数应用示例。图6-31（a）中，输入一维数组有 8 个元素，而重排数组为 2 行 3 列，共需 6 个元素，因此输入数组最后两个元素被剪切了。图6-31（b）中，输入的二维数组共有 16 个元素，重排数组需 18 个元素，因此最后两个元素以默认值填允。

11. 一维数组排序函数

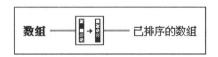

该函数实现将"数组"输入数组元素按照升序排列后输出。如数组的元素是簇,该函数将按照第一个元素的比较结果对元素进行排序,如第一个元素匹配,函数将比较第二个和其后的元素。

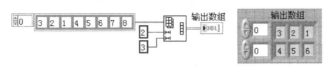

（a）一维数组重排成 2 行 3 列的二维数组

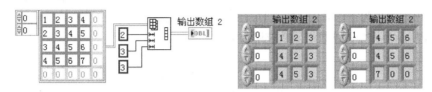

（b）二维数组重排成 2 页 3 行 3 列的三维数组

图 6-31　重排数组维数函数应用示例

图 6-32 所示为一维数组排序函数应用示例。

图 6-32　一维数组排序函数应用示例

12. 搜索一维数组函数

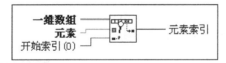

该函数实现在输入的"一维数组"中从"开始索引"位置开始搜索"元素"并返回该"元素索引"。因为搜索是线性的,所以调用该函数前不必对数组排序。找到"元素"后,LabVIEW 会立即停止搜索。其中"元素"是要在输入数组中搜索的值,其表示法必须与一维数组的表示法一致;"开始索引"必须为数值,默认值为 0;"元素索引"是元素所在的位置,如函数没有找到"元素","元素索引"将为–1。

不能使用该函数获取非数组元素的索引。例如,如数组中有两个元素（0.0,1.0）,因为值 0.5 不是数组中的元素,因此函数将无法找到对应的索引。指定的元素与某个数组元素精确匹配,该函数只查找字符串。例如,数组中有两个元素（upper limit 和 lower limit）,因为 limit 无法与数组中的元素精确匹配,函数将无法找到 limit 的索引。以上例子,可使用匹配正则表达式函数在字符串中搜索正则表达式。

图 6-33 所示为搜索一维数组函数的应用示例。

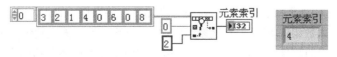

图 6-33　搜索一维数组函数的应用示例

13. 拆分一维数组函数

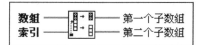

该函数实现从"索引"位置将输入"数组"分为两部分，返回两个数组。其中"数组"可以是任意类型的一维数组，"索引"必须为数值。如"索引"为负数或 0，"第一个子数组"将为空。如"索引"大于等于数组大小，"第二个子数组"将为空。"第一个子数组"包含输入数组[0]至数组[索引−1]的元素。"第二个子数组"包含不在"第一个子数组"中的其他数组元素。如输入数组为空，则输出数组也为空。输入空数组时，函数不会产生错误。

图 6-34 所示为拆分一维数组函数应用示例。

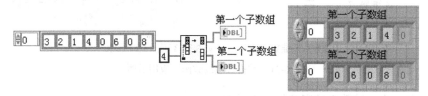

图 6-34　拆分一维数组函数应用示例

14. 反转一维数组函数

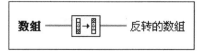

该函数实现反转数组中元素顺序的功能，其中"数组"是任意类型的一维数组。如数组有 n 个元素，数组[0]将变为反转的数组[$n-1$]，数组[1]将变为反转的数组[$n-2$]，依此类推。

图 6-35 所示为反转一维数组函数应用示例。

图 6-35　反转一维数组函数应用示例

15. 一维数组移位函数

该函数将数组中的元素移动多个位置，方向及移位位置由 n 指定。其中"n"必须为数值数据类型，如将其他表示法连接至函数，n 将被强制转换为 32 位整型。"数组"可以是任意类型的一维数组。"数组（最后 n 个元素置于前端）"是输出数组。例如，如 n 是 1，输入数组[0]将变为输出数组[1]，输入数组[1]将变为输出数组[2]，依此类推，输入数组[$m-1$]将变为输出数组[0]，m 是数组元素的数量，这相当于数字电路中移位寄存器循环右移操作。如 n 为−2，输入数组[0]将变为输出数组[$m-2$]，输入数组[1]将变为输出数组[$m-1$]，依此类推，输入数组[$m-1$]将变为输出数组[$m-3$]，m 是数组元素的数量，这相当于数字电路中移位寄存器循环左移操作。

图 6-36 所示为一维数组移位函数应用示例。

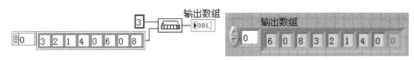

图 6-36　一维数组移位函数应用示例

16. 一维数组插值函数

该函数实现通过"指数索引或 x"值，线性插入"数字或点的数组"中的"y 值"。其中，"数字或点的数组"可以是数字数组或点数组，每个点是由 x 坐标和 y 坐标组成的簇。如该输入为点数组，函数将使用簇的第一个元素（x）通过线性插值获取指数索引，然后，函数使用该指数索引通过第二个簇元素（y）计算输出 y 值。

"指数索引或 x"是索引或 x 值，函数应在该位置返回一个 y 值。例如，如数字或点的数组包含双精度浮点数 5 和 7，"指数索引或 x"被设置为 0.5，函数将返回 6.0，该值是第 0 个元素和第 1 个元素的中间值。如"数字或点的数组"包含数据点数组，函数将在"指数索引或 x"对应的 x 值上线性插入 y 值。例如，如数组包含两个点（3，7）和（5，9），且"指数索引或 x"被设置为 3.5，函数将返回 7.5。"指数索引或 x"不会在数组或数据点集合外进行插值。例如，如设定参数小于数组的第一个元素或 x 值，函数将返回第一个元素的值或第一个数据点的 y 值。同样，如设定参数过大，函数将返回最后一个元素的值或最后的 y 值。"指数索引或 x"必须为固定的一个点或介于两点之间，函数才能正常运行。

"y 值"是"数字或点的数组"中，位于指数索引处的元素的插值，或位于指数数据点处的 y 插值。

可将数值数组或数据点集合数组连接到该函数。如连接数值数组，函数将"指数索引或 x"解析为数据元素的引用。如连接数据点集合数组，函数将"指数索引或 x"解析为每个数据点集合中的 x 值元素。

如连接数据点数组至该函数，数据点必须按照 x 值升序排列。

图 6-37 所示为一维数组插值函数应用示例。

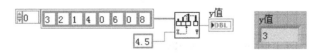

图 6-37　一维数组插值函数应用示例

17. 以阈值插值一维数组函数

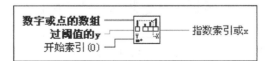

该函数实现在表示二维非降序排列图形的一维数组中插入点，该函数相当于"一维数组插值函数"的反函数。该函数将"过阈值的 y"与"数字或点的数组"数组中"开始索引"位置以后的值相比较，直到找到一对连续的元素，"过阈值的 y"比第一个元素大，或等于第二个元素。

"数字或点的数组"可以是数字数组或点数组，每个点是由 x 坐标和 y 坐标组成的簇。如为点数组，函数将使用簇中的第二个元素（y坐标）获取分数指数，并用该分数指数插入相应的x值。

"过阈值的y"是函数的阈值。如"过阈值的y"小于等于"开始索引"处的数组值，函数将返回"指数索引或x"的起始索引。如"过阈值的y"大于数组中的任意值，函数将返回最后一个值的索引。如数组为空，函数将返回 NaN。

"开始索引"必须为数值，默认值为 0，数组将返回通过整个数组计算的结果，而不是数组的某个部分。

"指数索引或x"是 LabVIEW 为一维输入数组"数字或点的数组"计算的插值结果。例如，如"数字或点的数组"是由 4 个元素组成的数组[4,5,5,6]，"开始索引"为 0，"过阈值的y"为 5，则"指数索引或x"为 1，与函数找到的第一个值为 5 的元素的索引一致。如数组元素为[2.3,5.2,7.8,7.9,10.0,9.1,10.3,12.9,15.5]，"开始索引"为 0，"过阈值的y"将为 6.5。因为 6.5 是 5.2（索引为 1）与 7.8（索引为 2）和的一半，所以输出为 1.5。对于相同的数组，如"过阈值的y"为 7，输出将为 1.69。如"过阈值的y"为 14.2，"开始索引"为 5，数组中从索引 5 开始的元素为 9.1、10.3、12.9 和 15.5，因为 14.2 是 12.9 和 15.5 的一半，所以"过阈值的y"介于元素 7 和 8 之间，"指数索引或x"的值为 7.5，即 7 和 8 的一半。

如输入数组是点数组，其中每个点由x、y坐标组成的簇表示，输出将为x值的插值，它对应于"过阈值的y"在y坐标的插值位置，而不是数组的指数索引。如"过阈值的y"的插值位置介于索引为 4 和 5 的y值之间，且对应的x值分别为−2.5 和 0，输出将不是索引值为 4.5 的数值数组，而是x值−1.25。换句话说，如果用图形显示点，函数将返回与给定y值相关的插值x。

函数将用同样的方式处理数值数组和点数组。如果是数值数组，函数将假定x坐标是数组的索引。换句话说，函数假定点是均匀分布的。

该函数计算第一个元素和"过阈值的y"之间的小数距离，返回索引，"过阈值的y"可置于"数字或点的数组"的该位置上，作为线性插值。

只能在非降序排列的数组中使用该函数。该函数不识别斜率为负的索引，如"过阈值的y"比开始索引位置的值小，函数可能会返回错误数据。通过过阈值的峰检测 VI，可以进行更高级的数组分析。

图 6-38 所示为以阈值插值一维数组函数的应用示例。

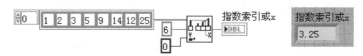

图 6-38　以阈值插值一维数组函数应用示例

18. 交织一维数组函数

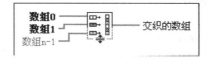

该函数实现交织输入数组中的相应元素，形成输出数组。其中"数组 0"至"数组 $n-1$"必须为一维。如输入数组的大小不同，"交织的数组"的元素数等于最小输入数组的元素数乘以输入数组数。交织的数组[0]包含数组 0[0]，交织的数组[1]包含数组 1[0]，交织的数组[n-1]包含数组 n-1[0]，交织的数组[n]包含数组 0[1]，依此类推。n 是输入接线端的数量。

图 6-39 所示为交织一维数组函数应用示例。

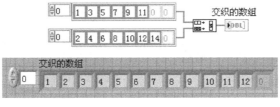

图 6-39　交织一维数组函数应用示例

19. 抽取一维数组函数

该函数的功能是将数组的元素分成若干输出数组，依次输出元素。可通过调整函数大小，添加更多输出接线端。

其中"数组"可以是任意类型的一维数组。"元素 0，n，$2n$，..."是第一个输出数组，"元素 1，$n+1$，$2n+1$，..."是第二个输出数组，依此类推。函数将数组[0]存储在第一个输出数组的索引 0 位置，数组[1]存储在第二个输出数组的索引 0 位置，数组[$n-1$]存储在最后一个输出数组的索引 0 位置，数组[n]存储在第一个输出数组的索引 1 位置，依此类推。n 是函数的输出接线端数目。

例如，假设数组有 16 个元素，连接的输出数组为 4 个。则第一个输出数组接收索引为 0、4、8 和 12 的元素，第二个输出数组接收索引为 1、5、9 和 13 的元素，第三个输出数组接收索引为 2、6、10 和 14 的元素，最后一个输出数组接收索引为 3、7、11 和 15 的元素。如删除输入数组中的一个元素，将只剩下 15 个元素。最后的输出数组将只有 3 个元素 3、7 和 11，元素 15 已被删除。由于函数只能返回同样大小的数组，其他 3 个数组将失去最后一个元素，这样每个数组都只有 3 个元素。

图 6-40 所示为抽取一维数组函数应用示例。

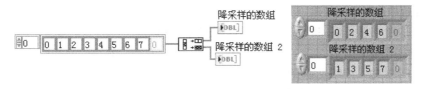

图 6-40　抽取一维数组函数应用示例

20. 二维数组转置函数

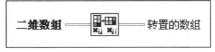

该函数的功能是重新排列二维数组的元素，使二维数组[i，j]变为已转置的数组[j，i]。其中"二维数组"可以是任意类型的二维数组，"转置的数组"是输出数组。

图 6-41 所示为二维数组转置函数应用示例。

在数组函数节点中，与数组相关的还有"数组至簇转换"、"簇至数组转换"、"数组至矩阵转换"、"矩阵至数组转换"4 个节点，这 4 个函数节点的功能可参考后面的内容及 LabVIEW 的联机帮助。

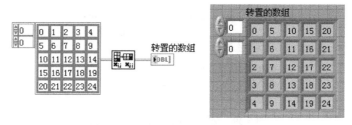

图 6-41　二维数组转置函数应用示例

6.3　簇

与数组类似，簇也是 LabVIEW 中的一种复合数据类型。与数组不同的是，数组中元素的类型都是相同的，而簇中元素的数据类型可以相同，也可以不同。簇是 LabVIEW 中的一个独特的概念，实际上它与 C 语言等文本编程语言中的结构体变量是等同的。在 LabVIEW 中，簇通常可将程序框图中的多个相关数据元素集中在一起，这样只需要一条连线就可以把多个节点连接到一起，不仅减少了数据连线的数量，还可以减少子 VI 连接端口的数量。另外，当前面板中显示控件繁多而又单一的时候，利用簇来排版界面也能使程序简洁漂亮。

6.3.1　簇的创建

和数组的创建方法类似，创建一个簇首先也需要建立一个簇框架，然后将所需要的控件对象拖入框架中，即可完成一个簇的创建。与数组创建不同的是，由于构成数组的元素必须是同类型的，因此在拖入控件确定数组的元素类型时，只需拖入一个控件即可，而簇中的元素的数据类型可以相同，也可以不同，因此通过拖入控件确定簇所包含的元素时，可以根据实际需要拖入不同类型的控件。

1. 前面板中簇对象的创建

通过以下两个步骤可以完成一个简单前面板簇对象的创建。

（1）创建一个簇框架

要创建一个簇输入控件或显示控件，首先必须在前面板上放置一个簇框架。簇框架位于"控件选板"的"新式"→"数组、矩阵与簇"子选板和"经典"→"经典数组、矩阵与簇"子选板中，如图 6-42 所示。

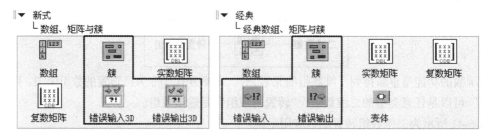

图 6-42　控件选板中的簇控件

在控件选板中，"错误输入 3D"和"错误输出 3D"其实是一种已经定义好的簇。

单击簇控件后移动鼠标到前面板窗口，在前面板上再次单击鼠标左键即可在前面板上创建一个簇控件。此时创建的仅仅是一个框架，不包含任何内容，如图 6-43 所示。

（2）将数据对象或元素拖曳到簇框架中

从控件选板上拖曳一个控件（数值输入控件）到簇框架内，当簇框架内边沿出现虚线框时，释放鼠标左键便可把数值输入控件作为元素添加到簇中。放置数值输入控件后，默认"数值"标签被选中，也可以对其编辑修改。根据需要重复前述步骤可以为簇添加任何类型的对象。需要说明的是，放置到前面板上的簇框架默认是输入控件，当首次拖入的控件是一个输入控件时，则簇为输入控件，如其后拖入的不是输入控件，也将自动转换为输入控件。反之，如果首次拖入的控件是一个显示控件，则簇自动变为显示控件，其后如拖入的如果不是显示控件，都将自动转换为显示控件。也就是说，一个簇只能为输入控件或只能为显示控件，簇中的所有元素必须同时为输入控件或者同时为显示控件。通过簇的快捷菜单选项"转换为输入控件/转换为显示控件"选项可以实现输入控件和显示控件的转换，转换后其内部的控件也将随之改变。图 6-44 所示为一个创建好的簇对象。

图 6-43　前面板及程序框图上的簇框架

图 6-44　创建好的簇输入控件

图 6-44 中的簇为一个簇输入控件，其中包含一个数值输入控件、一个布尔输入控件、一个字符串输入控件和一个空的数组输入控件。

2. 簇的配置操作

在簇框架上单击鼠标右键将弹出快捷菜单，通过快捷菜单选项可以实现簇的一些配置操作，下面介绍快捷菜单中两个重要的配置操作。

（1）调整框架大小及元素布局

快捷菜单的子菜单"自动调整大小"中的 4 个选项可以用来调整簇框架的大小以及簇元素的布局。"无"选项不对簇框架做出调整；"调整为匹配大小"选项用于调整簇框架的大小，以适合所包含的所有元素；"水平排列"选项在水平方向压缩排列所有元素；"垂直排列"选项则在垂直方向压缩排列所有元素。

（2）对簇中元素进行排序

簇的元素有一定的排列顺序，即为创建簇时添加这些元素的顺序。簇元素的排列顺序很重要，因为对簇的很多操作都需要它。在采用"水平排列"和"垂直排列"方式调整簇元素布局时，也是分别按顺序号从左到右和从上到下排列簇元素的。在为簇显示控件赋值时，也必须考虑簇元素的顺序。作为数据源的簇数据的元素类型排序，必须与簇显示控件的元素类型排序相同。

例如图 6-44 中给出的簇输入控件，添加元素的先后顺序是数值控件、布尔控件、字符串控件、数组控件，单击快捷菜单"重新排序簇中对象…"选项，打开簇元素顺序编辑状态，可以看到它们的序号分别是 0、1、2 和 3，如图 6-45 所示。

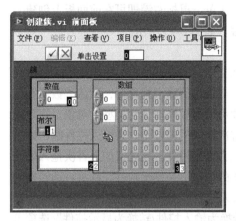

图 6-45　簇元素顺序编辑

在簇元素顺序编辑状态下，可以改变已有簇中元素排列的顺序。在如图 6-45 所示的元素顺序编辑状态下，鼠标指针变为"⁑"形状，同时每个簇元素上有两个序号，左边反显（黑底白字）的为新序号，右边加灰的为修改之前的旧序号。最初在工具栏提示"单击设置 0"，这时移动鼠标单击 4 个簇元素之一，将把当前被单击元素设置为第 0 个元素，设置完第 0 个元素后，工具栏提示信息变为"单击设置 1"，单击另一个元素将把其设置为第 1 个元素。重复此过程，直到改好所有元素的顺序。在编辑元素顺序号的过程中，随时可以单击工具栏的"√"按钮，以确认所做的修改并回到普通状态；或者单击"×"按钮取消所做的修改。

3. 程序框图簇常量的创建

簇常量只能在程序框图中出现，其创建方法与在前面板创建簇输入控件和簇显示控件的方法类似。

在程序框图"函数选板"→"编程"→"簇、类与变体"子选板中选中"簇常量"并将其放置到程序框图中，即创建一个簇常量框架。根据实际情况将"常量"（如数值常量、布尔常量、字符串常量等）拖入簇常量框架中，即完成一个簇常量的创建。簇常量的相关配置操作与前面介绍的前面板中的簇对象是相同的，在此不再介绍。

在某个簇常量的边框上单击右键弹出的快捷菜单中，"转换为输入控件"和"转换为显示控件"选项可分别把簇常量变为前面板上的输入控件和显示控件。

6.3.2　簇函数及操作

和数组一样，对于一个簇也可以进行很多操作，这些操作在 LabVIEW 中以功能函数节点的形式表现出来。LabVIEW 中用于处理簇数据的函数节点位于"函数选板"→"编程"→"簇、类与变体"子选板中，如图 6-46 所示。

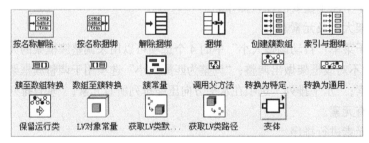

图 6-46　簇、类与变体子选板

下面对其中常用的簇函数进行举例说明。

1. 捆绑函数

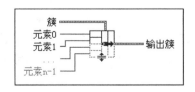

该函数的功能是将输入的独立"元素"组合为"簇"。另外，也可使用该函数改变现有簇中独立元素的值，而无须为所有元素指定新值。要实现这种操作，可将一个簇连接到该函数节点中间的"簇"接线端。连接一个簇到该函数时，函数将自动调整大小以显示簇中的各个元素输入。

在函数节点中"簇"是要改变值的簇。如该输入端没有连线，函数将返回新簇。连线簇接线端时，捆绑函数将用"元素 0"至"元素 $n-1$"替换簇。输入接线端的数量必须匹配输入簇中元素的数量。"元素 0"至"元素 $n-1$"可接收任意类型的数据。"输出簇"是作为结果的簇。

可以调整函数的大小，确定新簇中元素个数。如已有簇连接到簇输入端，则不能调整该函数的大小。

创建新簇时，必须连接所有的输入，输出簇中的元素顺序与输入元素一致。将现有簇连接到函数中间的接线端时，输入为可选，LabVIEW 仅替换连接的簇元素。

图 6-47 所示为捆绑函数的应用示例。

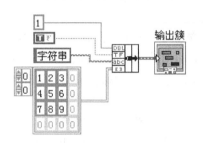

（a）将输入的独立元素组合为簇

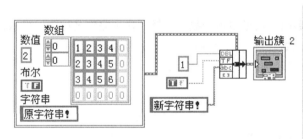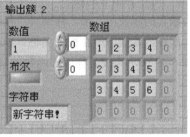

（b）改变现有簇中独立元素的值

图 6-47　捆绑函数应用示例

2. 解除捆绑函数

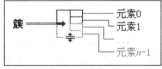

该函数的功能是将输入的"簇"分割为独立的"元素"。连接簇到该函数时，函数将自动调整大小以显示簇中的各个元素输出。其中输入"簇"是要访问的元素所在的簇。输出"元素 0"至"元素 $n-1$"是该簇的元素。该函数按照在簇中出现的顺序输出元素，输出的个数与簇中元素的个数相匹配。

图 6-48 所示为解除捆绑函数的应用示例。

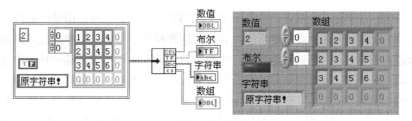

图 6-48　解除捆绑函数应用示例

3. 按名称捆绑函数

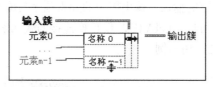

该函数的功能是替换一个或多个簇元素，其功能类似于"捆绑"函数。与"捆绑"函数不同的是，该函数是根据名称，而不是根据簇中元素的位置引用簇元素。将函数连接到"输入簇"后，右键单击名称接线端，从快捷菜单"选择项"中选择元素。也可使用操作值工具单击名称接线端，从簇元素列表中选择。

其中"输入簇"是要替换元素的簇。输入簇至少有一个元素必须有自带标签。输入簇接线端必须始终连线。"元素 0"至"元素 $m-1$"是输入簇中要按名称替换的元素。只能替换有自带标签的元素。通过单击名称接线端，从快捷菜单中选择名称，可正确选择"元素 0"至"元素 $m-1$"。"输出簇"是作为结果的簇。

为嵌套的簇使用"按名称捆绑"函数时，右键单击函数并选择"显示完整名称"可显示元素名及元素在嵌套簇中所在簇的名称。该函数在嵌套簇中各元素名十分相似时尤为有用。

图 6-49 所示为按名称捆绑函数的应用示例。

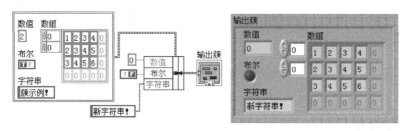

图 6-49　按名称捆绑函数应用示例

4. 按名称解除捆绑函数

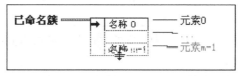

该函数返回指定名称的簇元素，与"解除捆绑"函数功能类似。与"解除捆绑"函数不同的是，该函数不必在簇中记录元素的顺序，同时不要求元素的个数和簇中元素个数匹配。将簇连接到该函数后，可从函数中选择单独的元素。"已命名簇"为输入簇，是要访问的元素所在的簇。"元素 0"至"元素 $m-1$"是输入簇中"名称 0"至"名称 $m-1$"的元素。只能根据自带标签对元素进行访问。单击名称接线端并从快捷菜单中选择名称，可选择已经命名的元素。

图 6-50 所示为按名称解除捆绑函数的应用示例。

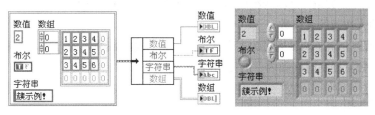

图 6-50　按名称解除捆绑函数应用示例

5. 创建簇数组函数

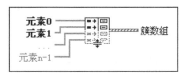

该函数的功能是将每个"元素"输入捆绑为簇，然后将所有元素簇组成以簇为元素的数组。其中"元素 0"至"元素 n–1"输入端的类型必须与最顶端的元素接线端的值一致。"簇数组"是作为结果的数组，每个簇都有一个元素。数组中不能再创建数组的数组，但是，使用该函数可以创建以簇为元素的数组，簇中可以含有数组。

图 6-51 所示的示例介绍了建立簇数组的两种方式，其中后面一种是使用"创建簇数组"函数方法建立，这种方法可提高执行的效率。

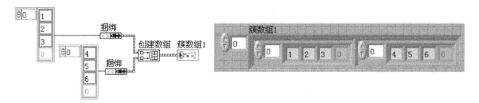

（a）利用捆绑函数和创建数组函数创建簇数组

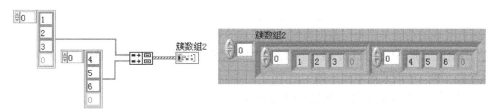

（b）利用创建簇数组函数创建簇数组

图 6-51　两种建立簇数组的方式

6. 索引与捆绑簇数组函数

该函数实现对多个数组建立索引，并创建一个簇数组的功能，其中簇数组的第 i 个元素包含每个输入数组的第 i 个元素。其中"x 数组"至"z 数组"可以是任意类型的一维数组。数组输入无须为同一类型。"簇数组"是由簇组成的数组，其中包含每个输入数组的元素。输出数组中的元素数等于最短输入数组的元素数。

图 6-52 的示例介绍了两种通过为多个数组建立索引得到簇数组的方式。其中，通过"索引与捆绑簇数组"函数可提高时间和内存的使用效率。

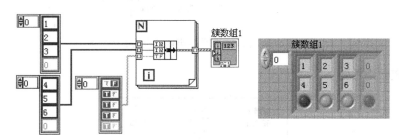

（a）循环结构和捆绑函数方式

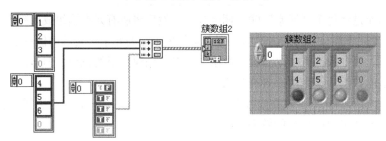

（b）索引与捆绑函数方式

图 6-52　两种通过为多个数组建立索引得到簇数组的方式示例

7. 簇至数组转换函数

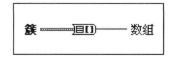

该函数实现的功能是将相同数据类型元素组成的簇转换为数据类型相同的一维数组。其中输入"簇"的组成元素不能是数组，输出"数组"中的元素与"簇"中的元素数据类型相同。"数组"中的元素与"簇"中的元素顺序一致。

图 6-53 所示为簇至数组转换函数的应用示例。

图 6-53　簇至数组转换函数应用示例

8. 数组至簇转换函数

该函数的功能是转换一维数组为簇，簇元素和一维数组元素的类型相同。其中输入"数组"是任意型的一维数组；输出的"簇"中的每个元素与"数组"中的对应元素相同，"簇"的阶数与"数组"元素的阶数一致。右键单击该函数，在快捷菜单中选择簇大小，设置簇中元素的数量，默认值为 9。该函数最大的簇可包含 256 个元素。

如需在前面板簇显示控件中显示相同类型的元素，但又要在程序框图上按照元素的索引值对元素进行操作时，可使用该函数。

图 6-54 所示为簇至数组转换函数的应用示例（簇大小设为 5）。

图 6-54　数组至簇转换函数应用示例

6.3.3　错误输入及错误输出簇

错误输入及错误输出簇是 LabVIEW 中两个预定义的簇。在用 LabVIEW 编写大型项目时经常会调用子 VI，因此大型项目表现为一种层状结构，为了将底层发生的错误信息原封不动地传递到顶层 VI，LabVIEW 利用错误输入和错误输出这两个预定义簇来作为传递错误信息的载体。如图 6-55 所示的 VI，它包含一个错误输入作为错误输入端，错误输出作为错误输出端，当错误输入携带有错误信息时，该函数就会不做任何操作，而是直接将错误传递给错误输出端进行输出。

图 6-55　VI 的错误输入与输出

右键单击错误输入端子，在快捷菜单中选择"创建"→"输入控件"就能创建一个错误输入簇控件，同样，在错误输出端子选择"创建"→"显示控件"可以为错误输出创建一个显示控件。当然也可以在控件选板上选择这两个控件，直接在前面板上创建这两个控件。错误输入和错误输出簇的格式如图 6-56 所示，它包含一个状态布尔量用来指示是否有错，代码代表错误代码，源包含了错误的具体信息。

图 6-56　错误输入和错误输出簇

对于系统错误，代码都有预先定义的错误信息，选择控件快捷菜单中的"解释警告/解释错误"

可以打开解释框来查找该警告/错误代码的详细解释，如图 6-57 所示。

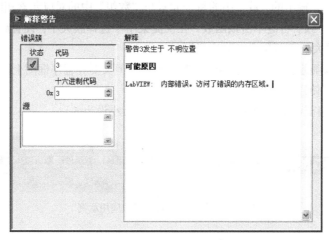

图 6-57　警告/错误代码解释框

6.4　矩　　阵

在 LabVIEW 8 之前的版本中未加入对矩阵的支持，因此要实现矩阵操作只能通过二维数组。

但是，由于数组的运算方法和矩阵运算方法有很大不同，如两个数组相乘是直接将相同索引的数组元素相乘，而矩阵则是按线性代数中规定的方法相乘，因此用数组来实现矩阵运算必须通过其他处理环节，这使其变得非常麻烦。为了解决矩阵运算操作问题，从 LabVIEW 8 开始加入了对矩阵的支持，从而使矩阵运算变得简单了。

矩阵可按行或列对数学运算中的实数或复数标量数据分组，如线性代数运算。一个实数矩阵包含双精度元素，而一个复数矩阵包含由双精度数组成的复数元素，因此，在 LabVIEW 中，矩阵分两种：实数矩阵和复数矩阵。在 LabVIEW 中，矩阵位于"控件选板"的"新式"→"数组、矩阵与簇"子选板和"经典"→"经典数组、矩阵与簇"子选板中，如图 6-58 所示。

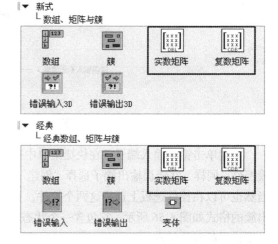

图 6-58　LabVIEW 中的矩阵控件

如果直接将两个矩阵相乘，LabVIEW 会自动按照矩阵乘法相乘，输出也是矩阵。如两个矩阵不满足乘法要求，则输出为空矩阵。图 6-59 所示为一个矩阵相乘的示例。

在图 5-59 所示的例子中，一个 3×3 的矩阵乘以 3×4 的矩阵其结果为 3×4 的矩阵。通过这个例子可以看出，矩阵和数组的运算是不同的。但是矩阵可以转换为二维数组，从而利用数组函数对矩阵进行操作，操作完成后再利用转换函数转换为矩阵。具体转换函数的功能及用法可参考联机帮助。

在 LabVIEW 中，对矩阵的运算和操作除提供简单的加、减、乘、除等基本运算外，还提供了丰富的与矩阵运算及操作密切相关的操作函数，这些操作函数位于函数选板的"编程"→"数组"→"矩阵"子选板及"数学"→"线性代数"子选板中，如图 6-60 所示。有关这些函数的具体含义和用法，在此不详细介绍，读者可以参考 LabVIEW 的联机帮助来学习和了解这些函数的使用方法。

图 6-59　矩阵乘法

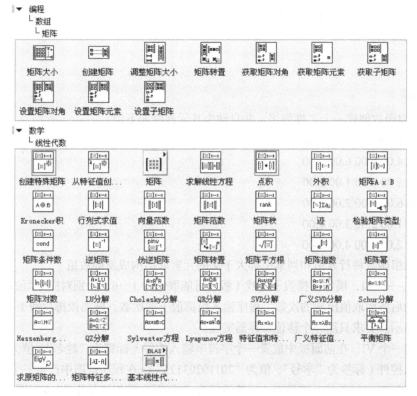

图 6-60　"函数选板"中的"矩阵"及"线性代数"子选板

6.5　习　　题

1. 分别说明局部变量和全局变量的作用范围有什么不同?并说明在使用局部变量和全局变量时应注意哪些问题?

2. 数组和簇都属于复合数据类型，它们有什么不同？

3. 利用 While 循环结构连续产生随机数，利用局部变量将该随机数传递到另外一个 While 循环中，并绘制随机数当前值的波形。

4. 创建两个 VI，第一个 VI 包含两个数值输入控件和一个显示控件，第二个 VI 实现第一个 VI 中两个数值控件中数值的加法运算，并将运算结果返回到第一个 VI 的数值显示控件中显示。

5. 在前面板中创建一个 5 行 5 列的数值型数组并为其赋值，求该数组元素中的最大值和最小值及各自所在位置的索引。

6. 创建一个 VI，产生一个包含 20 个随机数的一维数组，从该一维数组每次顺序取下 5 个元素构成一行，并最终构成一个 4 行 5 列的二维数组。

7. 创建一个 VI，产生一个包含 10 个随机数的一维数组，将该一维数组的元素顺序颠倒，再将数组最后 5 个元素移到数组的最前端形成新的数组。

8. 创建一个 2 行 3 列的数组，数组元素赋值如下。

1.00 2.00 3.00

4.00 5.00 6.00

利用数组函数将该二维数组改为一维数组，元素为 1.00、2.00、3.00、4.00、5.00、6.00。并将该数组转置为如下形式。

1.00 4.00

2.00 5.00

3.00 6.00

9. 用数组函数创建一个二维数组，并自动为其元素赋如下值。

1.00 2.00 3.00 4.00 5.00 6.00

2.00 3.00 4.00 5.00 6.00 1.00

3.00 4.00 5.00 6.00 1.00 2.00

4.00 5.00 6.00 1.00 2.00 3.00

5.00 6.00 1.00 2.00 3.00 4.00

6.00 1.00 2.00 3.00 4.00 5.00

然后用数组函数将行索引和列索引都大于 2 的元素取出构成新的数组。

10. 建立一个 VI，模拟投掷骰子游戏（骰子可能取值为 1～6，分别对应 6 面的点数），跟踪骰子投掷滚动后各面取值出现的次数。程序输入投掷骰子的次数，输出投掷后骰子各边出现的次数，用数组显示。要求只用一个移位寄存器实现。

11. 创建一个 VI，在前面板中放置一个字符串输入控件（标签为"姓名"，值为"张三"）和一个数值输入控件（标签为"学号"，值为"20110203125"），在程序框图中产生一个包含 10 个随机整数（范围为 0～100）的一维数组（标签设置为"成绩"）模拟该学生的 10 门课程的成绩。将上面的姓名、学号和成绩作为成员构成一个簇显示在前面板中，然后将簇中的成员"成绩"取出，计算平均成绩。若平均成绩大于等于 60 分，则"合格"指示灯点亮，否则不点亮。要求将"姓名"、"学号"、"平均成绩"、"合格"指示灯作为成员构成一个簇后再显示出来。

第7章
图形与图表显示

LabVIEW 作为一种虚拟仪器开发软件，为模拟真实仪器的操作面板及测量数据的图形化实时动态显示提供了强大的交互式界面设计功能。其中图形与图表显示控件就是专门用来实现测量数据图形化显示的一个常用的虚拟仪器前面板对象之一。

根据数据显示和更新方式的不同，LabVIEW 中的图形显示控件分为图形（也叫事后记录图）和图表（也叫实时趋势图）两类。含有图形的 VI 通常先将数据采集到数组中，再将数据绘制到图形中，该过程类似于电子表格，即先存储数据再生成数据的曲线。数据绘制到图形上时，图形不显示之前绘制的数据而只显示当前的新数据。图形一般用于连续采集数据的快速过程。与图形相反，图表将新的数据点追加到已显示的数据点上以形成历史记录。在图表中，可结合先前采集到的数据查看当前读数或测量值。当图表中新增数据点时，图表将会滚动显示，即图表右侧出现新增的数据点，同时旧数据点在左侧消失。图表一般用于每秒只增加少量数据点的慢速过程。

本章首先介绍 LabVIEW 中与图形图表紧密相关的一种数据类型——波形数据，然后分别介绍常用图形与图表显示控件及其使用方法。

7.1 波 形 数 据

为了方便地显示波形，LabVIEW 专门预定义了波形数据类型。波形数据类型实际上就是按照一定格式预定义的簇，在信号采集、处理和分析过程中经常会用到。当然，并不是只有满足波形数据控件定义的数据格式才能在波形图中显示，在后面的内容中我们会看到其他数组和簇类型的数据也能在波形图中显示。波形数据的引入，可以为测量数据的处理带来极大的方便。

7.1.1 波形数据的组成

波形数据是 LabVIEW 中特有的一种数据类型，由一系列不同数据类型的数据组成，是一类特殊的簇，但用户不能利用簇选板中的函数来处理波形数据，波形数据具有特殊的预定义的固定结构。只能使用专用的函数来处理。由于波形数据中用到了两种新的数据类型——变体和时间标识，因此在介绍波形数据之前先介绍这两种数据类型。

1. 变体

在有些情况下，可能需要 VI 以通用的方式处理不同类型的数据。为了实现这个目的，可为每种数据类型各写一个 VI，但是，有多个副本的 VI 如有变动，维护起来比较困难。为此，LabVIEW 提供了变体数据作为解决方案。变体数据类型是 LabVIEW 中多种数据类型的容器。将其他数据转换为变体时，变体将存储数据和数据的原始类型，保证日后可将变体数据反向转换。例如，如将字符串数据转换为变体，变体将存储字符串的文本，以及说明该数据是从字符串（而不是路径、字节数组或其他 LabVIEW 数据类型）转换而来的信息。

另外，变体数据类型还可以存储数据的属性。属性是定义的数据及变体数据类型所存储的数据信息。例如，需要知道某个数据的创建时间，可将该数据存储为变体数据并添加一个时间属性，用于存储时间字符串。属性数据可以是任意数据类型，也可从变体数据中删除或获取。

变体数据类型一个主要的应用是在 ActiveX 技术中，用来方便不同程序之间的数据交互。在 LabVIEW 中可以将任何数据都转化为变体数据类型，这样可以仅使用一种数据类型与其他程序通信，从而简化了通信接口，因此也称变体为"通用"数据类型。

变体数据类型前面板控件位于"控件选板"的"新式"→"变体与类"子选板及"经典"→"经典数组、矩阵与簇"子选板中，如图 7-1 所示。

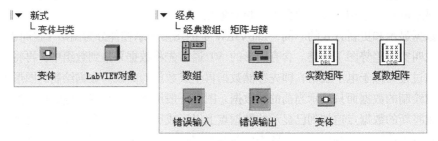

图 7-1　"控件选板"中的变体控件

任何数据类型都可以转化为变体数据类型，然后为其添加属性，并在需要的时候转换回原来的数据类型。为了完成变体数据的操作及变体属性的添加、获取和删除，LabVIEW 提供了变体函数。LabVIEW 变体函数位于程序框图"函数选板"的"编程"→"簇、类与变体"→"变体"子选板中，如图 7-2 所示。

图 7-2　"函数选板"中的变体函数

表 7-1 列出了变体函数简要的功能说明。

为了进一步理解变体数据类型及函数，图 7-3 所示为一个变体的应用示例。在该示例中，首先将一个数组转化为数组变体，然后为其添加一个属性"创建时间"，最后又将变体转换回原来的数组数据。

有关变体及变体函数的详细说明及使用，在此不再详细介绍，读者可以参考 LabVIEW 的联机帮助及其他参考资料。

表7-1 变体函数功能简要说明

函 数 名 称	说 明
转换为变体	转换任意 LabVIEW 数据为变体数据，也可用于将 ActiveX 数据转换为变体数据
变体至数据转换	转换变体数据为 LabVIEW 可显示或处理的数据类型，也可用于将变体数据转换为 ActiveX 数据
平化字符串至变体转换	将平化数据转换为变体数据
变体至平化字符串转换	转换变体数据为平化的字符串以及代表数据类型的整数数组。ActiveX 变体数据无法平化
获取变体属性	依据是否连接名称参数，从单个属性的所有属性或值中获取名称和值
设置变体属性	用于创建或改变变体数据的属性或值
删除变体属性	删除变体数据中的属性和值

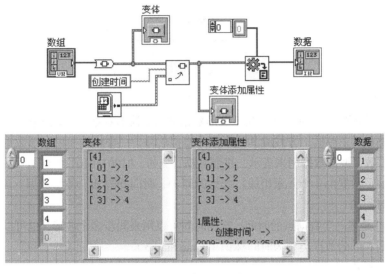

图7-3 变体应用示例

2. 时间标识

时间标识也是 LabVIEW 特有的数据类型，用于输入与输出时间和日期。时间标识控件位于"控件选板"的"新式"→"数值"子选板及"经典"→"经典数值"子选板中，对应的时间标识常数位于"函数选板"的"编程"→"定时"子选板中。如图7-4 所示，左边为放置到程序框图中的时间标识常量，中间和右边分别为放置到前面板中的时间标识输入和时间标识显示控件，其中时间标识输入控件后的图标为时间浏览按钮。

图7-4 时间标识常量及时间标识控件

右键单击时间标识控件，在弹出的快捷菜单中选择"属性"选项，打开"属性"对话框，在对话框中可以对时间标识控件的外观、数据输入、显示格式等进行设置。单击时间标识输入控件后面的图标按钮，打开"设置时间和日期"对话框，如图 7-5 所示，在对话框中可以通过选择对日期和时间进行设定。

时间类型可以与双精度浮点型数据相互转换,转换后的浮点数表示从 1904 年 1 月 1 日开始到时间类型所示时间的秒数。在 LabVIEW 的 "函数选板" 中可以找到相应的转换函数。

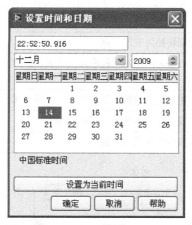

图 7-5 "设置时间和日期" 对话框

3. 波形数据

LabVIEW 中的波形数据有两种:模拟波形数据和数字波形数据。模拟波形数据用来表示模拟信号的波形,例如,正弦波、方波或其他形状的模拟信号,一个一维模拟波形数据数组可以表示多条模拟波形。数字波形数据用来表示二进制数据,例如,01001101011010011…。通常,模拟波形数据和数字波形数据由 4 个元素组成:起始时间 $t0$、时间间隔 dt、波形数据、属性。

(1)起始时间 $t0$

起始时间 $t0$ 是第一个数据点的时间。起始时间可以用来同步多个波形,也可以用来确定两个波形的相对时间。$t0$ 的数据类型为时间标识(Time Stamp)。

(2)时间间隔 dt

dt 是一个波形中两个数据点之间的时间间隔。dt 的数据类型为双精度浮点数。

(3)波形数据 Y

模拟波形数据的 Y 是一个一维数组,其默认数据类型为双精度浮点数,其他数字类型的数字一维数组也可以作为模拟波形数据的 Y,Y 的数据类型为双精度浮点数数组。数字波形数据的 Y 是二进制数据,数字波形数据的 Y 可以存放多条二进制数字波形。

(4)属性

属性包含了一些波形数据的信息,例如波形名称、数据采集设备的名称等。利用 "设置波形属性" 函数节点可以设置波形数据的属性,利用 "获取波形属性" 函数节点可以获得波形数据的属性。属性的数据类型为变体型,波形数据可以有多个属性,每一个属性由两部分组成:属性名称和属性值。其中属性名称的数据类型为字符串,而属性值的数据类型可以是任意的数据类型。注意,这些属性都包含在一个变体型数据中。

LabVIEW 利用前面板对象 "波形" 和 "数字波形" 控件来分别存放模拟波形数据和数字波形数据,"波形" 和 "数字波形" 控件位于 "控件选板" 的 "新式" → "I/O" 子选板及 "经典" → "经典 I/O" 子选板中。将 "波形" 和 "数字波形" 控件放置到前面板中,默认情况下只显示 3 个元素($t0$、dt、Y),在右键快捷菜单中选择 "显示项" → "属性",可以显示属性,如图 7-6 所示。

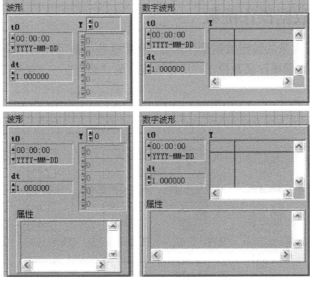

图 7-6 前面板中的波形控件对象

当将一个模拟波形数据对象连接到前面板对象"波形图表"或"波形图"上显示时，这两个对象将自动根据模拟波形数据中的起始时间 $t0$、时间间隔 dt 和波形数据 Y 将模拟波形曲线显示出来，图 7-7 所示为一个显示模拟波形的示例。

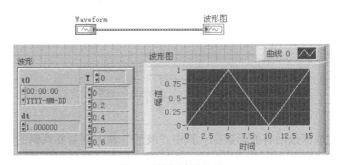

图 7-7 模拟波形显示

同理，将一个数字波形数据连接到前面板对象"数字波形图"上显示时，这个对象也会自动根据数字波形数据中的起始时间 $t0$、时间间隔 dt 和波形数据 Y 将数字波形曲线显示出来，图 7-8 所示为一个显示数字波形的示例。

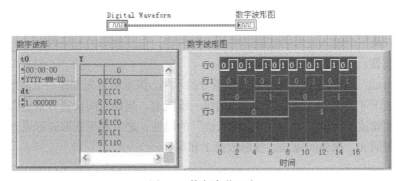

图 7-8 数字波形显示

7.1.2 波形数据操作函数

LabVIEW 提供了大量的波形数据操作函数，利用这些函数可以访问和操作模拟波形数据和数字波形数据。波形数据操作函数位于"函数选板"的"编程"→"波形"子选板中，如图 7-9 所示。

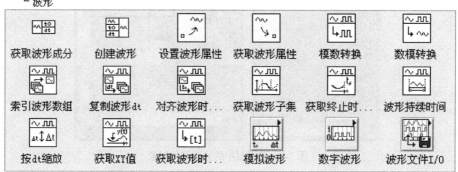

图 7-9 "函数选板"中的"波形"子选板

"波形"子选板中的波形数据操作函数可分为 4 个部分：基本波形数据操作函数、模拟波形数据操作函数、数字波形数据操作函数、波形文件 I/O。下面主要介绍几个基本的波形数据操作函数的使用。

1. 创建波形

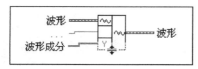

该函数用于创建或修改已有波形数据。其中"波形"输入端是要编辑的波形。如未连接已有波形，函数可根据所连接的"波形成分"创建新波形；如已连接波形输入，该函数可根据所连接的"波形成分"修改波形。

2. 获取波形成分

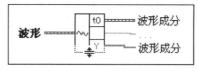

该函数可以从一个输入波形中获取其中的一些内容，包括波形的起始时间 $t0$，时间间隔 dt、波形数据 Y 和属性。

图 7-10 所示为一个创建波形及获取波形成分的示例。该示例首先创建一个波形，其中波形数据 Y 为一个由循环产生的一个长度为 20 的随机一维数组，起始时间设置为系统当前时间，时间间隔为 0.2s。创建波形后设置了一个"波形长度"的属性，之后利用获取波形成分函数获取了波形数据的起始时间 $t0$、事件间隔 dt、波形数据 Y 和属性。

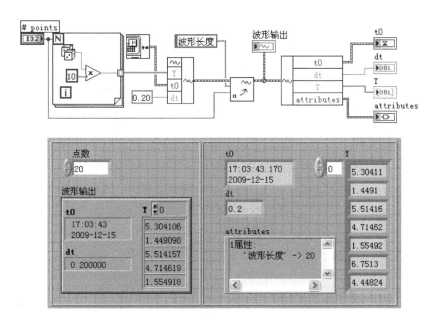

图 7-10　创建波形及获取波形成分示例

3. 设置波形属性

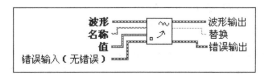

该函数用于添加或替换波形属性。其中"波形"是要添加或替换属性的波形；"名称"是属性的名称；"值"是属性的值，属性的值可以是任何数据类型；"波形输出"是含有新增或已替换属性的波形；"替换"指明是否已重写属性值。

如"名称"中的属性已经存在，该函数将以新的值覆盖属性，此时"替换"的值为 TRUE；如"名称"中的属性还未存在，该函数将创建新的属性。另外，某些属性由 NI-DAQ 和 Express VI 设置，对此，读者可参考 LabVIEW 联机帮助。

4. 获取波形属性

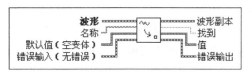

获取波形属性函数是从输入的"波形"数据中获取属性"名称"和相应的属性值。根据是否连接"名称"参数，该函数有两种模式。默认状态下，"名称"输入端不连接，函数返回所有属性的名称及相应以一维数组表示的值。如连接"名称"输入端，名称输出端将变为布尔输出端"找到"，"值"输出端将变为变体输出端值，该函数仅搜索指定的属性。如函数没有找到指定的属性，或函数不能将属性转换为默认值，则"找到"为 FALSE，"值"显示的是默认值的内容。

图 7-11 所示为设置波形属性和获取波形属性的示例。该示例使用"函数选板"的"信号处理"→"波形生成"子选板中的"正弦波形"控件产生一个正弦信号，并利用"设置波形属性"函数设置了两个属性，最后用"获取波形属性函数"得到所设置的属性值。

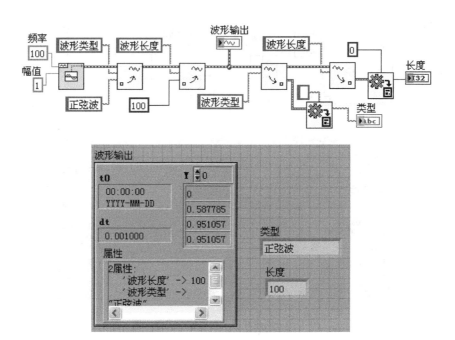

图 7-11　设置波形属性和获取波形属性示例

上面介绍了 4 个基本的波形数据操作函数，在"函数选板"的"编程"→"波形"选板中，还有很多其他波形操作函数，同时在"波形"选板的下一级选板中及"函数选板"的其他选板中，还有大量实现波形测量和波形发生的子 VI（如"函数选板"的"信号处理"→"波形生成"、"波形测量"子选板），有关这些操作函数及子 VI 的使用方法，请参考 LabVIEW 的帮助文档。

7.2　图形图表控件

为了模拟真实仪器的操作面板及实现测量数据的图形化实时动态显示，LabVIEW 提供了强大的交互式界面设计功能。LabVIEW 中数据的图形化显示使其开发的程序更加形象、直观，增强了用户界面的表现力。在 LabVIEW 中，提供了丰富的图形图表显示控件，这些控件专门用来实现测量数据图形化实时显示。在 LabVIEW "控件选板"的"新式"→"图形"、"经典"→"经典图形"及"Express"→"图形显示控件"等子选板中均包含了各种各样的图形图表控件，如图 7-12 所示。

在这些图形显示控件中，波形图和波形图表是 LabVIEW 图形显示的两种最基本方式。这两种控件名称虽然相近，但在 LabVIEW 中却有很大差别。波形图表将数据在图形显示区中实时、逐点（或者一次多个点）地显示出来，可以反映被测物理量的变化趋势，类似于传统的模拟示波器、波形记录仪的显示方式。波形图则用于对已采集数据进行事后显示处理，它根据实际要求将数据组织成所需的图形一次显示出来。本章后面章节将主要介绍一些常用的图形图表显示控件及其具体应用。

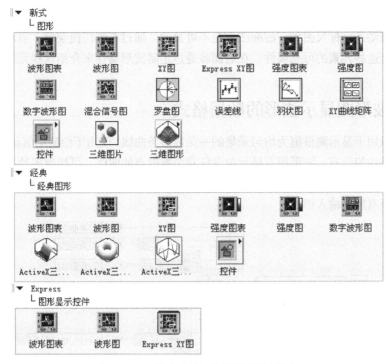

图 7-12 "控件选板"中的图形图表控件

7.3 波 形 图

波形图用于对已采集数据进行事后显示处理,它根据实际要求将数据组织成所需的图形一次显示出来。其基本的显示模式是按等时间间隔显示数据点,而且每一时刻对应一个数据点。

7.3.1 波形图的组成

图 7-13 所示为放置到前面板上的波形图控件。

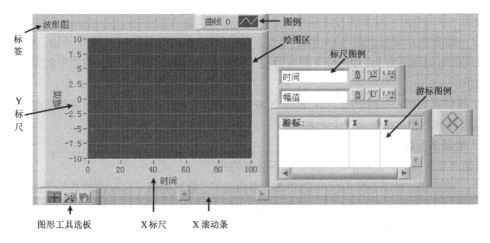

图 7-13 前面板上的波形图控件

默认情况下，波形图控件上除绘图区外的可见元素包括标签、图例、X 标尺、Y 标尺。图形工具选板、X 滚动条、标尺图例、游标图例是不可见的。通过右键快捷菜单"显示项"子菜单下的选项可以设定这些元素的可见属性。在后面将通过定制波形属性来介绍这些元素的功能及使用方法。

7.3.2 波形图显示波形的数据格式

波形图可以用于显示测量值为均匀采集的一条或多条曲线，仅用于绘制单值函数，即在 $y=f(x)$ 中，各点沿 x 轴均匀分布。波形图可显示包含任意个数据点的曲线，可接收多种数据类型，从而最大程度地降低了数据在显示为波形前进行类型转换的工作量。图 7-14 给出的示例中展示了波形图所能接受的所有数据输入形式。

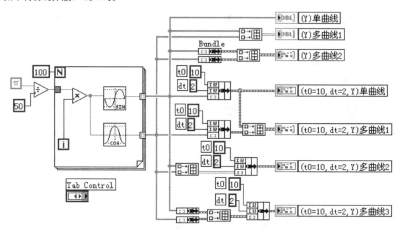

图 7-14   波形图不同数据输入形式

图 7-14 中的波形数据来源于两个双精度数组，而这两个数组的数据则来自于打开自动索引功能的 For 循环边框上的输出隧道。在 For 循环中，对 0～2π 之间均匀分布的 100 个点（角度数据，单位为弧度）调用"函数选板"的"数学"→"基本与特殊"→"三角函数"子选板上的正弦和余弦函数生成正弦和余弦曲线数据。

使用波形图可以绘制出一条或多条曲线，在这两种情况下，有着不同的数据组织格式。

1. 绘制单曲线

绘制一条曲线时，波形图可以接受如下两种数据格式。

① 一维数组：对应于图 7-14 中的"（Y）单曲线"。此时，默认时间从 0 开始，而且相邻数据点之间的时间间隔为 1s，即时刻 0 对应数组中的第 0 个元素，时刻 1 对应数组中的第 1 个元素，以此类推。

② 簇数据类型：对应于图 7-14 中的"（$t0=10$，$dt=2$，Y）单曲线"。簇中应包括时间起点 $t0$、时间间隔 dt 和数值数组 Y 这 3 个元素。

2. 绘制多曲线

绘制多条曲线时，波形图可以接受如下数据格式。

① 二维数组：对应于图 7-14 中的"（Y）多曲线 1"。数组的每一行反映的是一条曲线的数据，时间从 0 开始，相邻数据点之间的时间间隔为 1s。

② 由簇作为元素的一维数组：对应于图 7-14 中的"（$t0=10$，$dt=2$，Y）多曲线 1"。每个簇元素都由数值类型元素 $t0$、dt 和数值类型数组 Y 这 3 个元素组成。$t0$ 为时间起点，dt 为相邻数据点

之间的时间间隔，数值数组 Y 代表一条曲线的数据点。这是最通用的一种多曲线数据格式，因为其允许每条曲线都有不同的起始时间、数据点时间间隔和数据点长度。

③ 数值类型元素 $t0$、dt 以及数值类型二维数组 Y 组成的簇：对应于图 7-14 中的 "（$t0=10$，$dt=2$，Y）多曲线 2"。其中 $t0$ 为时间起点，dt 为相邻数据点之间的时间间隔，二维数组数据 Y 的每一行为一条曲线的数据。

④ 数组打包成簇后以簇作为元素组成数组：对应于图 7-14 中的 "（Y）多曲线 2"。每个簇里包含的数组都是一条曲线。当多条曲线的数据点的个数不同时，可以使用这种数据组织方式。时间起点从 0 开始，相邻数据点之间的时间间隔为 1s。

⑤ 数值类型元素 $t0$、dt 以及以簇为元素的数组这三者组成簇：该簇中的数组元素的每一个簇元素都由一个一维数组打包而成，每个一维数组都是一条曲线，对应于图 7-14 中的 "（$t0=10$，$dt=2$，Y）多曲线 3"。所有曲线共用最外层簇提供的起始时间 $t0$ 和时间间隔 dt 参数。

除了上面这些输入数据的组织方式外，波形图还可以直接接受波形数据类型（单曲线）或元素为波形数据类型的数组（多曲线）作为输入数据。

7.3.3　波形图属性设置

在波形图控件上单击右键，将弹出快捷菜单。通过快捷菜单中的选项，可以配置波形图的一些最基本的属性，下面介绍几个与波形图紧密相关的菜单选项。

1. X 标尺

X 标尺子菜单如图 7-15 左图所示，通过右键单击控件 X 标尺某刻度也将弹出类似的菜单，如图 7-15 右图所示。

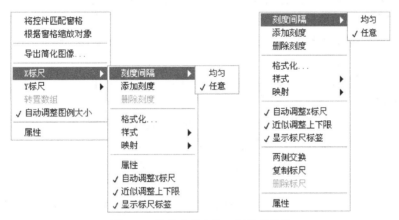

图 7-15　快捷菜单中的 X 标尺子菜单

"刻度间隔"用于指定刻度标记的分布类型，有"均匀"和"任意"两个选项。默认情况下"均匀"被选中，刻度根据数组中的数据长度自动标注，刻度标记均匀分布。此时，"添加刻度"和"删除刻度"选项被禁用。如果想详细了解所显示波形中某些点的具体变化情况，可以选择"任意"标注 X 刻度，使网络线恰好落在这些点上。

设置刻度间隔为"任意"刻度后，波形图控件上 X 轴只有第一个和最后一个刻度显示，如图 7-16 所示。此时"添加刻度"项为可选项，利用该项可以在鼠标指针所在的位置增加新刻度及相应的竖直网络线，如图 7-17 所示。另外，还可以调整刻度及网络线的位置。一种调整方法是用文本编辑工具直接改变其刻度值；另一种方法是将鼠标（处于"操作值"状态）停留在要调整刻度的附近，待指针变成双箭头后，按住鼠标左键拖动到任意位置即可。若要删除某一刻度，用文本编辑工具指向某刻度，在单击鼠标右键后弹出的快捷菜单中选择"删除刻度"即可。

图 7-16　刻度间隔设置为任意　　　　　　　　　图 7-17　添加新刻度

"格式化…"用于设置数据格式。选择该项将弹出波形图属性对话框，在该对话框中可以设定刻度数据的显示格式。

"样式"用于改变 X 轴刻度的标注风格，共有 9 种风格，可以选择是否显示主刻度和副刻度数字及刻度线。

"映射"用于设定刻度的映射方式，一种是默认的线性关系，另一种是对数关系。后者适合于输入信号以 dB 为单位的情况，如声音的大小或电信号的功率等。

"自动调整 X 标尺"选项用于设置 X 刻度的自动缩放功能。选中此项，X 刻度将根据输入数据自动调整数值范围，使得所有输入数据都显示出来。

"近似调整上下限"用于取整。默认情况，该选项有效，终止刻度标记把刻度舍入到刻度间距的整数倍的位置。若想让刻度精确到与输入数据长度一致，需要关闭该选项。

"显示标尺标签"用于控制 X 刻度标签名称是否显示。

在通过右键单击控件标尺刻度弹出的快捷菜单中（如图 7-15 右图所示），"两侧交换"可以将标尺从一侧交换到另一侧，如 X 标尺可以从绘图区下部交换到上部，Y 标尺可以从左侧交换到右侧；"复制标尺"可以通过复制原标尺创建一个原标尺的副本从而创建多个标尺，多个标尺可以分别设定各自的属性，这对于显示多个波形时十分有用；"删除标尺"用于删除标尺。

2．Y 标尺

Y 标尺选项的内容与 X 标尺选项的内容完全一样，只是对纵轴有效。

3．转置数组

"转置选项"用于在绘制多条曲线前先对输入的二维数组数据做转置。因为在某些情况下（如多通道数据采集得到的二维数组），多条曲线可能在二维数组中是按列组织的，而波形图默认要求多条曲线数据按行组织，因此在用波形图显示曲线前需对数据进行转置。

4．属性

"属性"选项用于打开波形图的属性设置对话框，如图 7-18 所示。属性对话框包含 7 个选项卡，分别为外观、显示格式、曲线、标尺、游标、说明信息及数据绑定。通过对话框的这些选项卡，可以对波形图的多个属性进行设置。属性对话框中的选项一般也能在快捷菜单中找到。下面简要介绍一些主要选项卡的功能。

① 外观：通过该选项卡，可以设置波形图的显示项、大小及其启用状态。这些设置也可通过快捷菜单来实现。

② 显示格式：该选项卡有默认编辑模式和高级编辑模式两种选择。通过任一模式都可以对 X、Y 标尺的精度、位数等属性进行设置。

③ 曲线：该选项卡主要用于设置曲线名称、式样等。其功能也可通过对图例的设置来实现。

④ 标尺：该选项卡可以设置标尺名称，改变标尺属性，并可改变标尺刻度与网格的样式与

颜色。

　　⑤ 游标：该选项卡可以设置游标名称、颜色、样式等属性。其功能大都可以通过游标图例来实现。

图 7-18　波形图属性对话框

7.3.4　波形图组成元素的使用

在图 7-13 中，给出了波形图组成的各元素，下面将介绍其中部分主要元素及其使用方法。

1.　图例

图例用于区分控件中显示的各曲线。通过图例可以设置曲线的名称、线条颜色、线条宽度、数据点样式等内容。当曲线中显示多条曲线时，可通过对图例边缘的拖拉操作增加曲线图例的显示数目。双击曲线名称位置，可改变各曲线的名称。右键单击图例曲线将弹出图例快捷菜单，可以通过该菜单的选项设置曲线。右键单击图例空白处可添加图例垂直滚动条和索引框。如图 7-19 所示，右下图所示的曲线图例是对右上图曲线图例进行各种设置后得到的。设置图例后，绘图区中的曲线将以图例设定的样式进行显示。

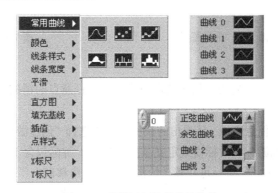

图 7-19　曲线图例及其快捷菜单

2. 图形工具选板

"图形工具选板"如图 7-20 所示，选板中的控制工具用来选择鼠标的操作模式从而实现对波形的缩放、平移等操作。

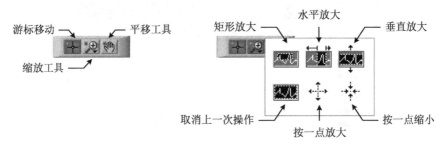

图 7-20 "图形工具"选板及缩放工具选项

"图形工具选板"共有 3 个按钮：第一个十字标志按钮用于切换操作模式和普通模式；第二个放大镜标志按钮是缩放工具按钮，共有 6 个选项，分别为按鼠标拖曳出来的矩形放大、按鼠标拖曳水平放大、按鼠标拖曳垂直放大、取消最近一次的操作、按鼠标所在点位置放大和按鼠标所在点位置缩小；第三个手形按钮是平移工具，用于在 X-Y 平面上移动可视区域的位置。

3. 标尺图例

标尺图例如图 7-21 所示。标尺图例用于设定 X 标尺和 Y 标尺的相关选项。每一行都包括"标尺名称编辑"文本框、"锁定自动缩放"按钮、"一次性自动缩放"按钮和"刻度格式"按钮。锁定自动缩放功能与前面讲到的"自动调整 X/Y 标尺"功能等同。一次性自动缩放功能根据当前波形数据对刻度进行一次性缩放。在鼠标"操作值"工具状态下单击"刻度格式"按钮，弹出如图 7-22 所示的菜单。菜单中的"格式"用于设置刻度显示的数据格式，比如各种进制和科学计数法等；"精度"定义数据精度；"映射模式"用于选择映射关系；"显示标尺"用于选择是否显示整个刻度；"显示标尺标签"仅在"显示标尺"被选中时才可以用，用于确定刻度标签是否显示；"网格颜色"选项用于打开颜色拾取器。

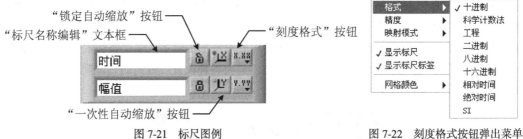

图 7-21 标尺图例

图 7-22 刻度格式按钮弹出菜单

4. 游标图例

游标图例如图 7-23 所示，它可以用于读取波形曲线上任意点的精确值，游标所在点的坐标值显示在游标图例中。

右键单击游标图例中任意区域，从弹出的快捷菜单中选择"创建游标"，并从子菜单中选择游标模式便可在图形中添加游标。游标模式定义了游标位置，游标包含下列模式。

① 自由：不与曲线关联，游标可在整个绘图区域内自由移动。

② 单曲线：仅将游标置于与其关联的曲线上，游标可在曲线上移动。右键单击游标图例，从

弹出的快捷菜单中选择"关联至",游标即可与一个或所有曲线实现关联。

③ 多曲线:将游标置于绘图区域内的特定数据点上。多曲线游标可显示与游标相关的所有曲线在指定 x 值处的值。游标可置于绘图区域内的任意曲线上。右键单击游标图例,从弹出的快捷菜单中选择"关联至",游标便可与一个或所有曲线实现关联。该模式只对混合信号图形有效。

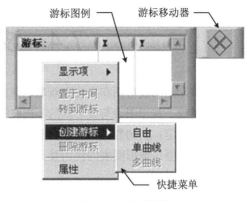

图 7-23　游标图例

创建游标之后,可通过右键单击游标名称来改变游标属性。游标移动器可用来对游标位置进行微调。如拖曳一个图形游标经过图形边框,图形将按游标的方向滚动。如要禁用此功能,在波形图的快捷菜单中选择"高级"→"游标滚动图",禁用此选项后,拖曳游标经过图形边框时,标尺不随之更新。

7.3.5　波形图应用举例

前面介绍了波形图的组成及部分属性的设置,为了进一步理解这些内容,下面给出一个实例来说明波形图的使用。该实例利用波形图同时显示一个正弦波形和一个余弦波形,如图 7-24 所示。

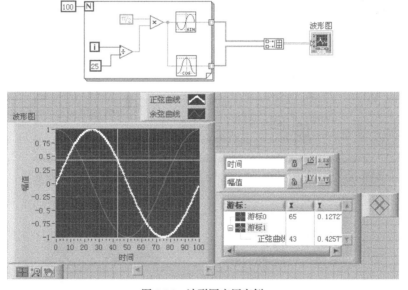

图 7-24　波形图应用实例

实例的波形数据来源于由 For 循环产生的两个双精度数组。在 For 循环中,对 0~2π 之间均匀分布的 100 个点(角度数据,单位为弧度)调用"函数选板"的"数学"→"基本与特殊"→"三角函数"子选板上的正弦和余弦函数,生成正弦和余弦曲线的数据。

由 For 循环产生的两个双精度数组为一维数组,通过创建数组函数将两个一维数组变为一个有两行数据的二维数组后,连接到波形图进行曲线显示。

从 VI 的前面板可以看出,本例对波形图的图例进行了配置,同时还创建了两个游标,图中游标 0 为自由模式,游标 1 为单曲线模式且关联到正弦曲线。

7.4 波 形 图 表

上一节介绍的波形图在接收到新数据时，先把已有数据曲线完全清除，然后根据新数据重新绘制整条曲线。波形图表与波形图的不同在于：波形图表保存了旧数据，且所保存旧数据的长度还可以自行指定；新的数据被续接在旧数据的后面，这样就可以实现在保持一部分旧数据显示的同时显示新数据。波形图表的使用及其设置在很多方面与波形图是相同的，本节主要介绍二者不同的内容。

绘制单曲线时，波形图表可以接受的数据格式有两种，分别是标量数据和数组。标量数据和数组被接在旧数据的后面显示出来。输入标量数据时，曲线每次向前推进一个点；输入数组数据时，曲线每次推进的点数等于数组的长度。

图 7-25 所示为使用波形图表绘制单曲线的一个示例。在每次 While 循环中，为"波形图表（单点）"送入正弦曲线的一个点，同时使用 For 循环生成正弦曲线的 4 个点的数据数组并在"波形图表(4 点)"中输出。前者在每次 While 循环里更新一个数据，而后者更新 4 个数据。为避免因数据更新太快而不便观察，在 While 循环里添加了 1s 等待延时。如果在图 7-25 中，将波形图表替换为波形图，则"单点"在波形图中将永远只显示一个点，"4 点"在波形图中永远只显示每次 While 循环中由 For 循环产生的 4 个点的曲线。

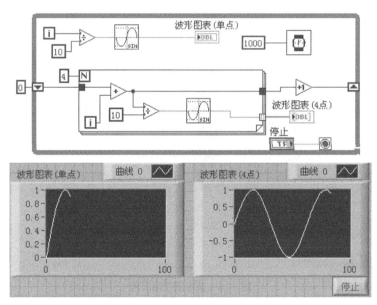

图 7-25　使用波形图表绘制单曲线示例

绘制多条曲线时，可以接受的数据格式也有两种。第一种是每条曲线的一个新数据点（数值类型）打包成簇，然后输入到波形图表中，这时波形图表为所有曲线同时推进一个点；第二种是每条曲线的一个数据点打包成簇，若干个这样的簇作为元素构建数组，再把数组传送到波形图表中，数组中的元素个数决定了绘制波形图表时每次更新数据的长度。

图 7-26 所示为绘制多条曲线的代码示例。该示例共绘制两条曲线，"波形图表（单点）"每秒钟内为每条曲线更新 1 个点，"波形图表（4 点）"每秒钟内为每条曲线更新 4 个点。

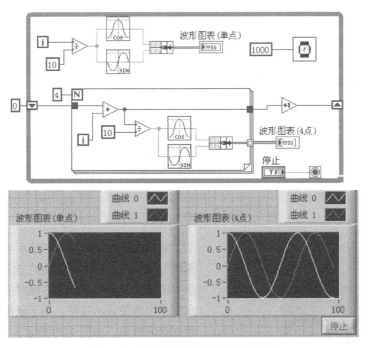

图 7-26 使用波形图表绘制多曲线示例

波形图表有一个缓冲区，用来保存历史数据，缓冲区容纳不下的旧数据将被舍弃。缓冲区的默认大小为 1024 个数据，在波形图表上弹出快捷菜单的"图表历史长度"选项中可以定制缓冲区长度。波形图表上显示曲线的点数不能大于缓冲区的大小。

在绘制多条曲线时，波形图表的默认情况是把这些曲线绘制在同一个坐标系中。在波形图表上弹出的快捷菜单中的"分格显示曲线"选项可用于把多条曲线绘制在各自不同的坐标系中，这些曲线坐标系从上到下排列。选中后，该选项变为"层叠显示曲线"，用于在同一坐标系下显示多条曲线。图 7-27 所示为两种显示曲线对比情况。

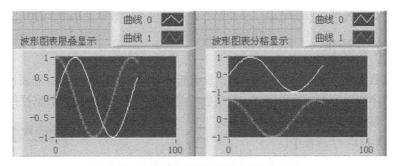

图 7-27 波形图表的层叠/分格显示方式对比

波形图表有 3 种刷新模式，分别为带状图表、示波器图表和扫描图。在波形图表的快捷菜单中的"高级"→"刷新模式"子菜单下可以对 3 种刷新模式进行切换。

"带状图表"是默认模式。在这种模式下，波形从左到右绘制，到达右边界时，旧数据开始从波形图表左边界移出，新数据接续在旧数据之后显示。

在"示波器图表"模式下，波形从左到右绘制，到达右边界后整个波形图表被清空，然后重新从左到右绘制波形。

在"扫描图"模式下，从左到右绘制波形，到达右边界后，波形重新开始从左到右绘制。这时，原有波形并不清空，而且在最新数据点上有一条从上到下的清除线，这条清除线随新数据向右移动，逐渐擦除旧波形。

图 7-28 所示为同一输入曲线在 3 种不同刷新模式下的显示情况。

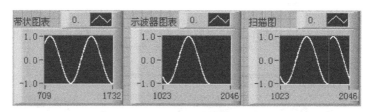

图 7-28　三种不同刷新模式

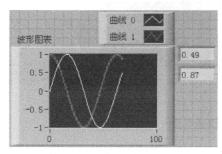

图 7-29　波形图表数字显示

波形图表的快捷菜单"显示项"中没有"游标图例"，但有一个"数字显示"选项。选择"数字显示"选项后，在波形图表右侧对应于每一条曲线将出现一个数值显示控件，用于显示该曲线最后一个数据点的数值，如图 7-29 所示。

前面介绍了波形图表一些特有属性的设置方法，有关波形图表其他属性的设置，可参考波形图的属性设置，这里不再赘述。

7.5　数字波形图

数字波形图用于显示数字数据，尤其适于在用到定时框图或逻辑分析器时使用。其可接收数字波形数据类型、数字数据类型及上述数据类型的数组作为输入。前面已经对数字波形数据进行了介绍，下面首先对数字数据类型做一个简单介绍，然后介绍数字波形图的使用。

7.5.1　数字数据

数字数据和数字波形数据相比，数字数据没有起始时间 $t0$、时间间隔 dt 和属性参数，从本质上讲，它就是数字波形数据中的数据 Y。数字数据前面板控件和数字波形数据控件在控件选板的同一子选板中，都位于"控件选板"的"新式"→"I/O"子选板或"经典"→"经典 I/O"子选板中。

数字数据控件显示按行排列的数字数据。数字数据控件可用于创建数字波形或显示从数字波形中提取的数字数据。数字数据控件的显示方式如图 7-30 所示，图中显示了 7 个采样数据，每个采样数据用 8 位二进制数表示。

用户可在数字数据控件中插入或删除行和列。如需插入行，在弹出的右键快捷菜单中选择"在前面插入行"选项；如需删除行，在弹出的右键快捷菜单中选择"删除行"选项；如需插入列，在弹出的右键快捷菜单中选择"在前面插入列"选项；如需删除列，在

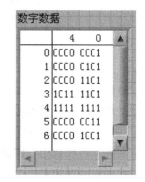

图 7-30　数字数据控件

弹出的右键快捷菜单中选择"删除列"选项。还可在控件中剪切、复制和粘贴数字数据。这些操作都可以通过快捷菜单中的"数据操作"子菜单中的菜单项来完成。

7.5.2 数字波形图

下面介绍数字波形图。数字波形图接收数字波形数据类型、数字数据类型及其数据类型的数组作为输入。图 7-31 所示为前面板中的数字波形图控件。

在图 7-31 所示的数字波形图控件中,左侧为图例,右侧为绘图区。数字波形图中的图例有两种显示形式,分别为标准视图和树形视图。图例显示模式通过快捷菜单"高级"→"更改图例至标准/树形视图"进行切换。两种图例的显示模式如图 7-32 所示。

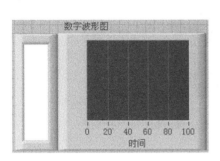

图 7-31 前面板中的数字波形图控件

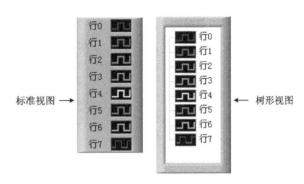

图 7-32 图例的两种视图模式

在数字波形图中,同样也可以通过对图例进行操作来改变曲线的外观。右键单击图例曲线,通过弹出的快捷菜单可改变下列曲线参数。

① 颜色:打开颜色选择器,从中选择曲线的颜色。

② 标签格式:设置曲线中数字的格式。曲线中的数字可以按照十六进制、十进制、八进制或二进制格式显示,也可选择从曲线上移除标签的"无"格式。

③ 转换类型:设置 LabVIEW 如何区别曲线中的不同值。该设置仅影响超过一个位的曲线。有矩形边缘和倾斜边缘供选择。矩形边缘用于显示简单的状态变化;倾斜边缘用于强调状态间有抖动或稳定时间。

④ 转换位置:设置显示从高到低过渡的位置,可以是前一点、中间点或 X 轴上的新点。默认为从 X 轴的新点开始,从高到低显示过渡。

⑤ 线条样式:设置 LabVIEW 在曲线中使用细线还是粗线来区分值的高与低以及某条曲线线条的偏移。选择最左边的选项则保持默认的线条粗细。

⑥ X 标尺:设置与 X 轴相关的变量。

⑦ Y 标尺:设置与 Y 轴相关的变量。

下面以图 7-33 所示 VI 为例来介绍数字波形图的用法。在图 7-33 中,"数组"是由数值输入控件组成的数组,输入一组数据。"数组"连接到"二进制至数字转换"函数("函数选板"→"编程"→"波形"→"数字波形"→"数字转换"→"二进制至数字转换"),该函数配置为"二进制 U8 至数字波形",输出为数字数据类型的元素,连接到数字数据显示控件,以二进制形式显示出输入数据。同时,输出的数字数据连接到"创建波形"函数("函数选板"→"编程"→"波形"→"数字波形"→"创建波形"),创建数字波形类型的数据之后,连接到数字波形图显示出来。

从 VI 的前面板可以看出,"数字数据"显示控件以二进制形式将输入数据显示出来,"数字波形图"控件则以图形方式将其显示出来。

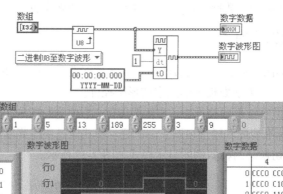

图 7-33　数字波形图应用示例

7.6　XY 图

XY 图用于显示多值函数，它的曲线形式由用户输入的 X、Y 坐标决定，可显示任何均匀采样或非均匀采样的点的集合。XY 图不要求水平坐标等间隔分布，且允许绘制一对多的映射关系，比如绘制封闭曲线。

7.6.1　XY 曲线图

XY 图可接收多种数据类型，可显示任意个数据点的曲线。XY 图中可显示 Nyquist 平面、Nichols 平面、S 平面和 Z 平面。由于 XY 图可以接收多种数据类型，从而将数据在显示为图形前进行类型转换的工作量减到最小。XY 图的 X 标尺和 Y 标尺都是受控的，绘制一条曲线需要两组输入数据。XY 曲线图的基本使用及设置与前面介绍的图形图表基本相同，下面主要介绍 XY 图的数据组织形式。

1. 单曲线
XY 图绘制单曲线时，可以接受如下两种数据组织格式。

① X 数组和 Y 数组打包生成的簇。绘制曲线时，把相同索引的 X 和 Y 数组元素值作为一个点，按索引顺序连接所有的点生成曲线图。

② 簇组成的数组。每个数组元素都是由一个 X 坐标值和一个 Y 坐标值打包生成的，绘制曲线时，按照数组索引顺序连接数组元素解包后组合而成的数据坐标点。

图 7-34 所示为绘制单曲线接受两种数据格式的情况。

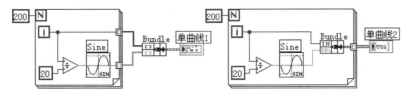

图 7-34　绘制单曲线接受数据格式

2. 多曲线

绘制多条曲线时，同样可以接受两种数据组织格式。

① 先由 X 数组和 Y 数组打包成簇建立一条曲线，然后把多个这样的簇作为元素建立数组，即每个数组元素对应一条曲线。

② 先把 X 和 Y 两个坐标值打包成簇作为一个点，以点为元素建立数组；然后把每个数组再打包成一个簇，每个簇表示一条曲线数据；最后建立由簇组成的数组。把由点构成的数组打包这一步是必要的，因为 LabVIEW 中不允许建立以元素为数组的数组，必须先把数组用簇包起来然后才能作为数组元素。

图 7-35 所示为绘制多曲线接受两种数据格式的情况。

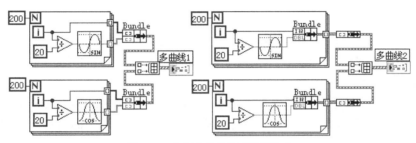

图 7-35　绘制多曲线接受数据格式

7.6.2　Express XY 图

Express XY 图利用了 LabVIEW 提供的 Express 技术，当把该控件放置在前面板上时，与 XY 曲线图控件相同,但在程序框图上除了普通的 XY 图外,还自动添加了一个"创建 XY 图"的 Express VI，如图 7-36 所示。

"创建 XY 图" Express VI 接收 "X 输入" 和 "Y 输入" 两个动态数据类型的输入参数，"XY 图"输出参数直接接入到 XY 图控件以绘制波形曲线。当该控件连接输入数据时，如果输入数据是非动态数据，该控件自动添加转换函数将数据转换为动态数据。

双击"创建 XY 图" Express VI 或在其快捷菜单中选择"属性"选项，打开属性对话框，如图 7-37 所示。该对话框用于设置是否在每次调用该 VI 时清空原来的数据。

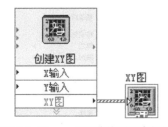

图 7-36　Express XY 曲线图程序框图

图 7-37　创建 XY 图 Express VI 属性对话框

图 7-38 所示为利用 Express XY 图绘制椭圆的示例。

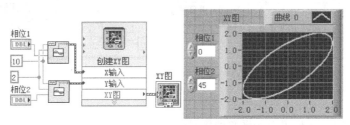

图 7-38　利用 Express XY 图画绘制椭圆

在图 7-38 中，由两个数值输入控件控制两个同频正弦信号的相位。有两种特殊情况，当两信号的相位差为 $\pi/2$ 的偶数倍时，图形为直线，当相位差为 $\pi/2$ 的奇数倍时，图形为圆形，其他情况为椭圆。另外，本例还用到了"函数选板"的"信号处理"→"波形生成"子选板下的"正弦波形"函数来产生正弦波数据。

7.7　强度图表与强度图

强度图和强度图表可以通过在笛卡尔平面上放置颜色块的方式在二维图上显示三维数据，例如，显示温度图、地形图（以量值代表高度）等。强度图表与强度图的用法基本相同，下面以强度图表为主来进行介绍。

刚添加到前面板的强度图表如图 7-39 所示。从该图中可以看到，强度图表与前面介绍过的图形显示控件在外形上的最大区别在于强度图表拥有标签为"幅值"的颜色控制组件，如果把标签为"时间"和"频率"的坐标轴分别理解为 X 和 Y 轴的标尺，则"幅值"组件相当于 Z 轴的标尺。

强度图表接受的数据类型是数值元素构成的二维数组，数组的索引值就是 X 轴和 Y 轴的坐标，数组元素的值就是 Z 轴上数据的值。在强度图表的显示区域里，Z 轴数据采用色块的颜色深度来表示，因此，需要定义数值—颜色映射关系。

强度图表的 Z 轴颜色条默认数值—颜色映射关系为："0 对应黑色"，"50 对应蓝色"，"100 对应白色"，中间插值颜色。强度图表数值—颜色映射关系是可以重新定义的，定义方法有两种。

第一种方法：强度图表的 Z 轴标尺实际上就是一个"颜色梯度"控件，通过右键单击弹出的快捷菜单即可实现数值—颜色映射关系的设置。快捷菜单如图 7-40 所示，如单击的是 Z 轴颜色条区域，则"删除刻度"和"刻度颜色"选项不可用。

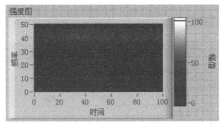

图 7-39　前面板的强度图表

图 7-40　强度图表 Z 轴标尺快捷菜单

　　用这种方法设置映射关系的具体步骤是先利用"添加刻度"选项增加一个刻度并利用"操作值"工具设定刻度的数值,然后在该刻度上单击右键,弹出快捷菜单,此时"删除刻度"和"刻度颜色"选项为可用,选择"刻度颜色"选项,在其弹出的下级"颜色设置图形选板"中选择该刻度值对应的颜色完成数值—颜色的映射。另外,还可以利用"插值颜色"选项来平滑颜色的过渡操作。如果数值不在颜色条边上的刻度值范围内,超过上边界时,显示上方小矩形内的颜色;超过下边界时,显示下方小矩形内的颜色。

　　第二种方法:通过强度图表的"色码表"属性节点来改变数值—颜色的映射关系。该属性节点是一个长度为 256 的一维整型颜色数组,索引为 0 的元素定义了越下界的数值对应的颜色,索引为 255 的元素定义了越上界的数值对应的颜色,索引为 1～254 的元素定义了 254 种颜色。传给强度图表的数值基于 Z 轴的刻度范围,映射到这些颜色的索引值上。

　　强度图表接受的数据类型是数值元素构成的二维数组。二维数组与图形显示区域方格位置的具体对应关系为:Y 轴对应数组的行,X 轴对应数组的列。例如,定义了如表 7-2 所示的数值—颜色映射表。如输入的数据为图 7-41(a)所示的二维数组,则在强度图表图形显示区的显示如图 7-41(b)所示。

表 7-2　　　　　　　　　　　　　　　　数值—颜色映射表

数　值	10	20	30	40	50	60	70
颜　色	红	橙	黄	绿	青	蓝	紫

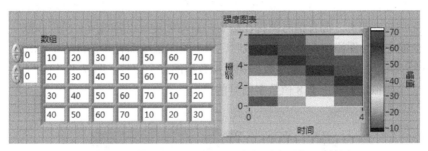

　　　　(a)输入二维数组　　　　　　　(b)强度图表显示结果

图 7-41　输入数组与强度图表显示结果对应关系

　　通过快捷菜单"转置数组"选项可以更改二维数组与图形显示区域方格位置的具体对应关系。

　　与波形图表相似,在强度图表中,新输入的数据将接续在旧数据后面显示。因此,强度图表也有保存历史数据的缓冲区,其缓冲区的默认大小为 128 个数据点,通过快捷菜单的"图表历史长度…"选项可配置缓冲区大小。

　　强度图的操作与强度图表类似,不同的是前者并不保存先前的数据,也不接收"刷新模式"设置。每次将新数据传送至强度图时,新数据将替换旧数据。

　　图 7-42 所示实例给出了同一数据源用强度图和强度图表显示的结果,从中可以看出二者的区别与联系。

　　该程序利用两层 For 循环来产生 Z 轴上数据的值,图 7-42 所示为该程序运行 3 次后强度图和强度图表的显示结果。由图可见,在强度图中新数据完全替换了旧数据;而在强度图表中,由于缓冲区的存在,旧数据并未被替换,新数据在其右侧接续显示出来。

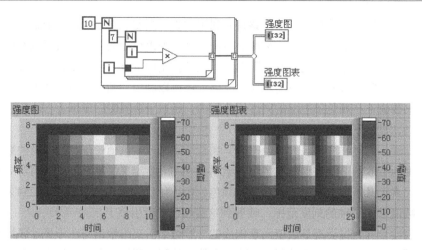

图 7-42　强度图和强度图表显示区别

7.8　混合信号图

混合信号图可同时显示模拟数据及数字数据，且接受所有波形图、XY 图和数字波形图所接受的数据。一个混合信号图中可包含多个绘图区域。但一个绘图区域仅能显示数字曲线或者模拟曲线之一，无法二者兼有。混合信号图将在必要时自动创建足以容纳所有模拟和数字数据的绘图区域。向一个混合信号图添加多个绘图区域时，每个绘图区域都有其各自的 Y 标尺。所有绘图区域共享同一个 X 标尺，以便比较数字数据和模拟数据的多个信号。图 7-43 给出了利用混合信号图同时显示 3 个模拟信号和一个 8 位数字信号的情况。

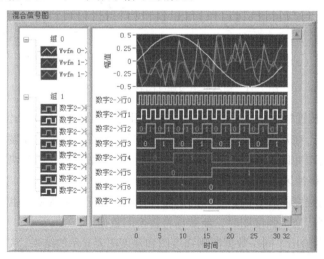

图 7-43　利用混合信号图显示多个信号

混合信号图可以根据输入数据的情况自动添加绘图区域，用户也可根据自身需要添加绘图区域。具体方法是在右键快捷菜单中选择"添加绘图区域"选项即可添加一个绘图区。当某一绘图区域不需要时，右键单击该绘图区，在弹出的快捷菜单中选择"删除绘图区域"即可删除绘图区。

使用混合信号图时，一般通过"捆绑"操作将多种不同数据类型连接至混合信号图中。如

图 7-44 所示，该程序为图 7-43 的程序框图。

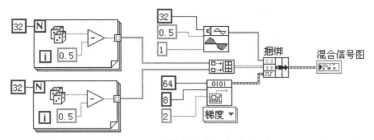

图 7-44 不同数据类型"捆绑"操作

在混合信号图中可以将曲线拖曳至另外的绘图区域，具体操作是拖住要移动的曲线图例，直到目的绘图区域组为止，如图 7-45 所示。

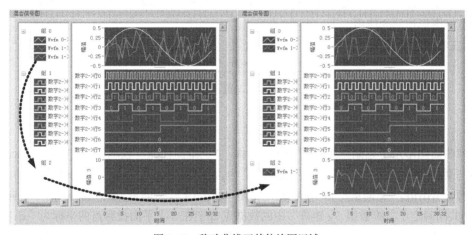

图 7-45 移动曲线至其他绘图区域

7.9 三 维 图 形

二维图形使用 X 和 Y 数据，以二维视图显示数据，前面介绍的各种图形与图表就是二维图形图表。在实际应用中，只有二维图形往往是不够的，多数情况下都需要绘制三维图形，例如，温度分布、时频分析等。LabVIEW 提供了功能强大的三维图形控件，用于绘制非常逼真而富于想象力的各种三维图形。

和前面介绍的 Express XY 图类似，三维图形模块不是独立的控件。实际上，三维图形模块都是包含了名为 CWgraph3D 的 ActiveX 控件的 ActiveX 容器与某个三维绘图函数的组合。

例如，从"控件选板"的"经典"→"经典图形"子选板中向前面板上拖曳添加"ActiveX 三维曲面图"时，会在前面板上生成标签为"三维曲面"（3D Surface）的控件。该控件实际上是一个 ActiveX 容器，其中放置了 CWgraph3D 这个 ActiveX 控件。切换到框图窗口可以发现，除了 ActiveX 容器在框图上的端子外，还建立了对 3D Surface.vi（三维曲面）这个子 VI 的调用，并且 3D Surface 端子已经连接到了 3D Surface.vi（三维曲面）的"三维图形"输入端口上，如图 7-46 所示。

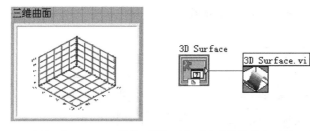

图 7-46　添加"ActiveX 三维曲面图"时自动生成的控件和对子 VI 调用

按照上面的步骤向前面板添加三维图形模块后，只要为框图上的图形绘制子 VI 提供适当的输入数据，即可完成三维图形的绘制。

相对于以前的版本，LabVIEW 2009 新增了一些三维图形的控件使其能够绘制多达 14 种不同类型的三维图形。在这些三维图形中，以"三维曲面图形"、"三维参数图形"和"三维曲线图形"最为基础。下面以"控件选板"的"经典"→"经典图形"子选板下的这 3 个三维图形控件为例来介绍三维图形控件的使用。

1. 三维曲面图形

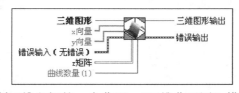

三维曲面图形用于绘制三维空间的一个曲面。"三维曲面图"模块使用"3D Surface.vi"子 VI 绘制三维空间的曲面。输入参数"三维图形"为含有 CWgraph3D 这个 ActiveX 控件的 ActiveX 容器的端子引出值，"x 向量"和"y 向量"都是一维数组，"x 向量"的元素 $x[i]$ 和"y 向量"的元素 $y[j]$ 共同确定了二维数组"z 矩阵"中的数据点 $z[i,j]$ 在 X-Y 平面投影点的坐标为（$x[i]$，$y[j]$），所有 Z 方向数据点平滑连接就构成了三维曲面。默认情况下，"x 向量"和"y 向量"元素值为（0，1，2，…）。

图 7-47 所示为使用"三维曲面图"模块绘制三维曲面的示例。在图 7-47 所示示例中，使用公式节点生成按抽样函数衰减的曲线，在 0～20 之间一共有 400 个数据点，15 组这样的数据在外层循环的输出隧道上按行组成二维数组，然后输入到"三维曲面"的"z 矩阵"输入端。

在前面板中，通过三维曲面控件的快捷菜单有两种方法可以设置其属性。

第一种方法是通过"属性浏览器…"选项打开"属性浏览器"对话框，如图 7-48 所示。该对话框分左右两栏，左侧一栏是属性名，右侧一栏是左侧属性对应的属性值。在对话框中直接修改属性值，即可对相应的属性进行设置，但有些属性是只读的，无法对这些只读属性进行修改。

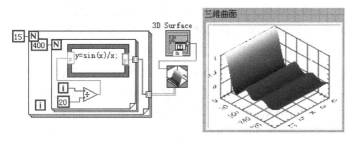

图 7-47　绘制三维曲面示例

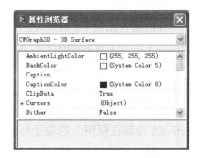

图 7-48　属性浏览器对话框

第二种方法是通过快捷菜单"CWGraph3D"→"特性（P）..."选项打开"CWGraph3D Control"属性设置对话框，同时弹出一个小的 CWGraph3D 控件预览面板，如图 7-49 所示。属性设置对话框有 7 个选项卡，通过这些选项卡可以对属性进行设置，设置属性后的效果将在预览面板中显示。

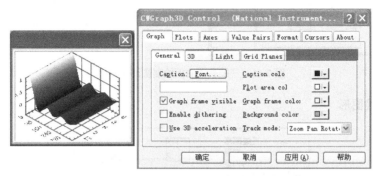

图 7-49　"CWGraph3D Control"属性设置对话框

另外，通过程序框图"函数选板"中的"图形与声音"→"三维图形属性"子选板中的函数节点还可以在程序运行过程中对三维图形的属性进行动态设置，对此不再详细介绍。

对于三维图形，可以通过拖曳前面板上的三维图形以改变观察角度。图 7-50 给出了三维曲面图形改变观察角度前后的图形显示情况。

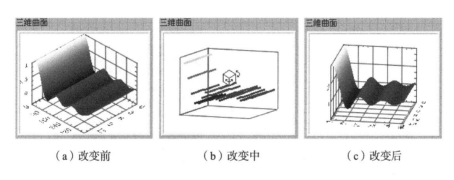

（a）改变前　　　　　　（b）改变中　　　　　　（c）改变后

图 7-50　三维曲面图形改变观察角度

2. 三维参数曲面图形

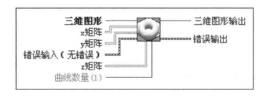

三维曲面可以在三维空间绘制一个曲面，但不能绘制三维空间的封闭图形。三维参数曲面就可以在三维空间绘制一个参数曲面，从而实现三维空间绘制封闭图形的功能。其中"x 矩阵"、"y 矩阵"和"z 矩阵"都是二维数组，分别决定了相对于 x 平面、y 平面和 z 平面的曲面。图 7-51 所示为一个利用三维参数曲面绘制一个圆环面的示例。

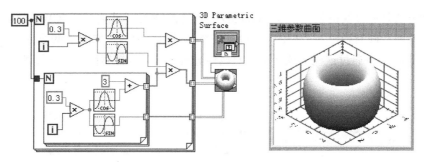

图 7-51   三维参数曲面绘制圆环面示例

3. 三维曲线图形

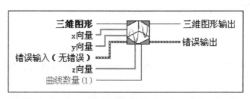

三维曲线图形用于绘制三维空间的一条曲线。其中"x 向量"、"y 向量"和"z 向量"为 3 个具有相同长度的一维数组，它们中具有相同索引的元素构成曲线上某一点的坐标。曲线上点的排列顺序和该点的 3 个坐标分量在各自数组中的索引顺序相同。图 7-52 所示为一个利用三维曲线图形绘制三维螺旋曲线的示例。

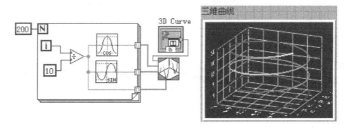

图 7-52   三维曲线图形绘制螺旋曲线示例

7.10   其他图形控件

LabVIEW 2009 和早期版本相比，最大的一个新增功能就是提供了更多的图形图表工具，因此，在 LabVIEW 2009 中，除了前面介绍的常用图形图表控件外，还包含一些其他新增的图形绘制控件，这些图形控件可以分为二维图形、三维图形。

1. 二维图形

LabVIEW 2009 中提供的二维图形有以下 4 种。

① 罗盘图：绘制由罗盘图形中心发出的向量。

② 误差线图：绘制线条图形上下各个点的误差线。

③ 羽状图：绘制由水平坐标轴上均匀分布的点发出的向量。

④ XY 曲线矩阵：绘制多行和多列曲线图形。

2. 三维图形

除了在前一节介绍的 3 个基本的三维图形控件外，LabVIEW 2009 中新增了大量三维图形控件。目前三维图形控件包括下面 14 种。

① 散点图：显示两组数据的统计趋势和关系。

② 条形图：生成垂直条带组成的条形图。

③ 饼图：生成饼状图。

④ 杆图：显示冲激响应并按分布组织数据。

⑤ 带状图：生成平行线组成的带状图。

⑥ 等高线图：绘制等高线图。

⑦ 箭头图：生成速度曲线。

⑧ 彗星图：创建数据点周围有圆圈环绕的动画图。

⑨ 曲面图：在相互连接的曲面上绘制数据。

⑩ 网格图：绘制有开放空间的网格曲面。

⑪ 瀑布图：绘制数据曲面和 y 轴上低于数据点的区域。

⑫ 三维曲面图：在三维空间绘制一个曲面。

⑬ 三维参数图：在三维空间中绘制一个参数图。

⑭ 三维线条图：在三维空间绘制线条。

在上述三维图形中，前 11 种三维图形均为 LabVIEW 2009 的新增功能，部分功能与后 3 种略有不同。另外，后 3 种的功能与上一节中介绍的 3 个三维图形的功能相同，但使用方法略有不同。

3. 三维图片

三维图片控件用于显示图形化表示的三维场景。三维场景是一个或一组三维对象，可在三维图片控件或一个单独的场景窗口中查看。设计三维场景时，可生成多个三维对象并指定对象的方向、外观及其与场景中其他对象间的关系，也可设置三维场景的特性，如光源的类型及位置、用户控制的视角与场景间的交互等。

4. 其他控件

LabVIEW 还提供了其他图形控件，包括以下几种。

① 极坐标图显示控件：用于绘制特定的、连续象限的极坐标图。

② Smith 图显示控件：用于观察传输线的特性，可在通信等领域使用。可显示传输线的阻抗，该图形由具有恒定电阻和电抗的圆圈组成。通过定位合适的 r 圆和 x 圆的交集可绘制某个阻抗 $r+jx$。阻抗绘制完毕后，作为一种可视化工具，可与阻抗进行匹配并计算出传输线的反射系数。

③ 最小-最大曲线显示控件：获取点数组并将其添加到获取的图片中输出，其中曲线类型为 Min-Max Lines。

④ 发布极坐标图显示控件：获取点数组并将其添加到获取的图片中输出，其中曲线类型为 Sized-colored Scatter Plot。

⑤ 雷达图显示控件：用于获取图片和雷达图数组并添加显示数据的雷达图，可以用来比较数据集的性能。

⑥ 二维图片控件：包括一系列绘图指令，用于显示含有线、圆、文本及其他类型图形的图片。使用基于像素的坐标系，其原点（0，0）位于控件的左上角，可实现像素级控制，能用于创建几乎任何图形对象。坐标系的水平 x 分量自左向右递增，垂直 y 分量自上而下递增。使用二维图片显示控件和图形 VI 可在 LabVIEW 中创建、修改和查看图形，无须另外借助任何图形应用程序。

7.11 习　　题

1. 简要说明变体数据类型的作用。

2. 波形数据的组成元素有哪些？各自的含义是什么？

3. 利用波形操作函数创建一个范围为−1～+1 的随机波形，数据长度为 100 点，起始时间 t_0 设置为系统当前时间，dt 设置为 0.01s。为该波形数据设置两个属性："波形类型：随机波形、波形长度：100"，并在前面板中用波形控件显示出来。

4. 简要说明波形图表和波形图的区别，列举波形图能够显示波形的数据格式。

5. 在一个波形图中用两种不同的颜色显示一个正弦信号和一个余弦信号，两个信号的频率和幅值均相等，正弦信号的长度为 256 个点，$t_0=0$，$dt=1$；余弦信号的长度为 128 点，$t_0=10$，$dt=2$。并在波形图中创建两个游标，一个为自由游标，一个为关联到正弦信号的单曲线游标。

6. 在一个波形图表中分别用红、绿、蓝 3 种颜色表示范围为 0～1、0～5、0～10 的 3 个随机数构成的 3 条曲线。要求分别用层叠和分格两种方式显示。

7. 利用随机数发生器产生一个范围为 0～5 的随机信号，分别利用波形图表和波形图进行实时显示并对显示结果进行比较。

8. 创建一个 VI，使用扫描刷新模式将两条随机曲线显示在波形图表中。两条曲线中一条为随机数曲线，另一条曲线中的每个数据点为第一条曲线对应点前 5 个数据值的平均值。

9. 用数字波形图显示数组各元素对应的二进制信号，数组元素为（0，1，2，3，4，5，6，7，8，9，10，11，12，13，14，15）。

10. 利用仿真信号分别产生一个锯齿波和正弦波，锯齿波作为 XY 图的 X 输入，正弦波作为 XY 图的 Y 输入，调节锯齿波的频率，观察 XY 图的变化。

11. 利用 XY 图绘制李沙育图形，即 XY 图的输入分别按正弦（X、Y 输入的频率、幅值相同，相位不同）规律变化所形成的图形。

12. 利用 XY 图控件绘制两个半径可调整的同心圆。

13. 利用循环生成一个 10 行 10 列的数组，数组元素值为各自行索引和列索引的乘积。将该数组利用强度图显示出来。

14. 应用"三维曲面"函数在三维空间中绘制 10 个正弦波曲线，这 10 个正弦波曲线的幅值分别为 1、2、3、4、5、6、7、8、9、10。

第8章
文件 I/O

在实际应用中，对于一个完整的测试系统或数据采集系统，经常需要从配置文件读取硬件的配置信息或将配置信息写入配置文件，更多的时候还需要将采集到的数据以一定的格式存储在文件中加以保存，这些都需要与文件之间进行交互操作。LabVIEW 提供了功能强大的文件 I/O 函数来实现不同文件操作需求，在本章中将主要介绍各种类型的文件 I/O 函数及相应的文件操作过程。

8.1　文件 I/O 基础

文件 I/O 操作，即文件输入/输出操作，其基本的功能是实现从文件中存储或读取数据，除此之外，还可以实现对文件的创建、重命名、修改文件属性等功能。文件 I/O 操作包括如下几点。

① 打开和关闭数据文件。

② 读/写数据文件。

③ 读/写电子表格文件。

④ 移动或重命名文件和目录。

⑤ 修改文件属性。

⑥ 创建、修改和读取配置文件。

为了实现从文件中存储和读取数据，一个典型的文件 I/O 操作应包括以下 3 个流程。

① 创建或打开一个文件。打开文件时需指明该文件的存储位置，创建新文件时需给出文件的存储路径。当创建或打开一个文件后，LabVIEW 会自动创建一个引用句柄。

② 使用文件 I/O 函数对已打开的文件进行读取或写入操作。

③ 关闭文件。关闭文件的同时引用句柄会被自动释放。

这里提到的引用句柄是一种特殊的数据类型。当用户打开一个文件时，LabVIEW 将返回一个与此文件相关联的引用句柄，此后所有与该文件相关的操作，都可以使用该引用句柄来进行。当文件关闭后，与之对应的引用句柄就会被释放。引用句柄的分配是随机的，同一文件被多次打开时，其每次分配的引用句柄一般是不同的。

LabVIEW 支持多种文件类型以满足不同数据存储的需要，所支持的文件类型总体分为 3 大类：文本文件、二进制文件和数据记录文件。使用何种类型的文件取决于采集和创建的数据及访问这些数据的应用程序。

1. 文本文件类型

LabVIEW 支持的文本文件类型包括纯文本文件、电子表格文件、XML 文件、配置文件、基于文本的测量文件。

（1）纯文本文件

文本文件以 ASCII 编码格式存储，是应用范围最广的文件格式，它可以包含不同数据类型的信息，几乎适用于任何计算机。文本文件最大的优点是通用性强，文件内容可以被常用的（如 Microsoft Word、Microsoft Excel、Windows 自带的记事本等）应用程序读取。由于数据的 ASCII 码表示通常要比数据本身大，因此文本文件要比二进制和数据记录文件占用更多内存。将数值数据保存在文本文件中，可能会影响数值精度。因为计算机将数值保存为二进制数据，而通常情况下数值以十进制的形式写入文本文件，因此将数据写入文本文件时，可能会丢失数据精度。

（2）电子表格文件

电子表格文件实际上也是一种文本文件，与普通文本文件不同的是，文件格式中有一些特殊的标记，如用制表符来做段落标记，以便能够用一些通用的电子表格处理软件（Microsoft Excel）直接读取并处理数据文件中存储的数据。电子表格文件的输入数据格式可以是一维或二维数据数组，用它来存储数组数据非常方便。

（3）XML 文件

XML 语言已经成为一种广泛使用的标记性语言，多种应用程序都以它作为传递信息的标准。LabVIEW 中的任何数据类型都能转换为 XML 语法格式的文本存储在 XML 文件中。XML 文件实际上也是一种文本文件。

（4）配置文件

配置文件是标准的 Windows 配置文件（INI 文件），适合用来记录一些硬件的配置信息，实际上也是一种文本文件。

（5）基于文本的测量文件

基于文本的测量文件将动态类型数据按一定的格式存储在文本文件中，并可以在数据前加上一些信息头，如采集时间等。该类文件可以通过 Excel 等文本编辑器打开以查看其内容，基于文本的测量文件的后缀为 ".lvm"。

2. 二进制文件类型

LabVIEW 支持的二进制类型包括二进制文件、波形文件、数据存储文件（TDM 文件）和高速数据存储文件（TDMS 文件）。

（1）二进制文件

二进制文件是存储数据最为紧凑和快速的格式。它可以用来保存数值数据并访问文件中的指定数字，或随机访问文件中的数字。磁盘用固定的字节数保存二进制数据，占用磁盘空间小。二进制文件只能通过机器读取，且存储和读取数据时无须在文本表示与数据之间进行转换，因此二进制文件效率高。但是，以二进制文件格式存储的文件无法被一般的文字处理软件（如 Microsoft Word）读取，无法被不具备详细文件格式信息的程序读取，故通用性较差。

（2）波形文件

波形文件专用于存储波形数据类型数据，它将波形数据以一定的格式存储在二进制文件或电子表格文件中。

（3）数据存储文件（TDM 文件）

数据存储文件将动态类型数据存储为二进制文件，同时可以为每一个信号都添加一些有用的附加信息，如信号的名称和单位等，在查询时可以通过这些附加信息来查询所需要的数据。它被用来在 NI 各种软件之间交换数据。数据存储文件的后缀名为 ".tdm"。和基于文本的测量文件相比，其占用空间更小，读/写速度更快。

（4）高速数据存储文件（TDMS 文件）

TDMS 文件是对数据存储文件（TDM 文件）的改进。它比 TDM 文件读/写速度更快，使用更简单方便，非常适合用来存储数据量庞大的测试数据。

3. 数据记录文件

数据记录文件本质也是一种二进制文件，但它是 LabVIEW 等 G 语言中定义的一种文件格式，用于在 LabVIEW 中访问和操作数据，并可以快速、方便地存储复杂的数据结构，如簇和数组数据。

数据记录文件以相同的结构化记录序列存储数据（类似于电子表格），每行均表示一个记录。数据记录文件中的每条记录都必须是相同的数据类型。LabVIEW 会将每个记录作为含有待保存数据的簇写入该文件。每个数据记录可由任何数据类型组成，并可在创建该文件时确定数据类型。例如，可创建一个数据记录，其记录数据的类型是包含字符串和数字的簇，则该数据记录文件的每条记录都是由字符串和数字组成的簇。第一个记录可以是（"abc"，1），而第二个记录可以是（"xyz"，7）。

数据记录文件只需进行少量处理，因而其读/写速度更快。数据记录文件将原始数据块作为一个记录来重新读取，无须读取该记录之前的所有记录，因此使用数据记录文件简化了数据查询的过程。仅需记录号就可访问记录，因此可更快、更方便地随机访问数据记录文件。创建数据记录文件时，LabVIEW 按顺序给每个记录分配一个记录号。

在文件 I/O 操作中，用户可以根据以下标准确定使用的文件格式。

① 如果需要在其他应用程序（如 Microsoft Excel）中访问这些数据，则使用最常见且便于存取的文本文件，如文本文件、电子表格文件等。

② 如果需要随机读写文件或读取速度及磁盘空间有限，使用二进制文件。

③ 如果需要在 LabVIEW 中处理复杂的数据记录或不同的数据类型，使用数据记录文件。

8.2　文件 I/O 函数和 VI

LabVIEW 提供了丰富的实现文件 I/O 操作的函数和 VI，这些函数和 VI 位于程序框图"函数选板"的"编程"→"文件 I/O"子选板中，如图 8-1 所示。

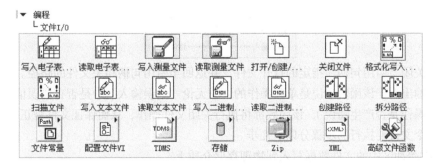

图 8-1　"文件 I/O"函数选板

在"文件 I/O"函数选板中，包含了 12 个文件 I/O 函数和 2 个文件 I/O 子 VI，同时还包含了 7 个下一级子选板，各子选板中又包含了众多的文件 I/O 函数和 VI。本节简单介绍几个常用的文件 I/O 函数，在第 8.3 节中，还将结合实例对其他一些常用的文件 I/O 函数和 VI 进行介绍。对于选板中未作介绍的文件 I/O 函数和 VI，读者在需要时可以参考 LabVIEW 联机帮助。

1. 打开/创建/替换文件

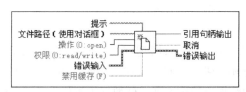

该函数通过编程或使用文件对话框交互式地打开现有文件、创建新文件或替换现有文件。

"提示"是显示在文件对话框的文件、目录列表或文件夹上方的信息。

"文件路径（使用对话框）"是文件的绝对路径。如果没有连线"文件路径（使用对话框）"，则函数将显示用于选择文件的对话框；如果指定空路径或相对路径，则函数将返回代码为 43 的错误。

"操作"是要进行的操作。用枚举数据类型来表示不同的操作，操作包括："0"表示 open（默认）——打开已经存在的文件，如果找不到文件，则发生代码为 7 的错误；"1"表示 replace——通过打开文件并将文件结尾设置为 0 替换已存在文件；"2"表示 create——创建新文件，如果文件已存在，则发生错误代码为 10 的错误；"3"表示 open or create——打开已有文件，如果文件不存在则创建新文件；"4"表示 replace or create——创建新文件，如果文件已存在则替换该文件，VI 通过打开文件并将文件结尾设置为 0 替换文件；"5"表示 replace or create with confirmation——创建新文件，如果文件已存在且拥有权限则替换该文件，VI 通过打开文件并将文件结尾设置为 0 替换文件。

"权限"指定访问文件的方式，默认值为 read/write。"0"为 read/write（读/写）；"1"为 read-only（只读）；"2"为 write-only（只写）。

"禁用缓存"指定打开文件时不使用缓存，默认值为 False。如果需在冗余磁盘阵列（RAID）中读取或写入文件，则打开文件时不使用缓存可提高数据传输的速度。如果需禁用缓存，则可将值 TRUE 连线至禁用缓存输入端。

"引用句柄输出"是打开文件的引用号。如果文件无法打开，则值为非法引用句柄。

"取消"，如果取消文件对话框或未在建议对话框中选择替换，则值为 True。

2. 关闭文件

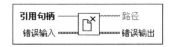

该函数关闭"引用句柄"指定的打开文件，并返回至引用句柄相关文件的路径。注意，错误输入和错误输出对于该函数来说是单独操作的，故无论"错误输入"中是否有错误信息输入（即无论前面的操作是否产生错误），该函数都将执行关闭文件操作，从而保证文件被正常关闭。

关闭一个文件要执行的步骤分以下几步。

① 把在缓冲区中的文件数据写入到物理存储介质上。

② 更新文件列表信息，如文件的最后修改日期等。

③ 释放引用句柄。

3. 格式化写入文件

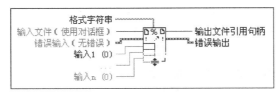

该函数的作用是将字符串、数值、路径或布尔数据格式化为文本并写入文件。如果连接文件引用句柄至文件输入端，则写入操作将从当前文件位置开始。如果需在现有文件之后添加内容，则可使用设置文件位置函数，将文件位置设置在文件结尾，否则，函数将打开文件并在文件开始处写入文件。"格式字符串"用于指定如何转换输入参数，默认状态将和输入参数的数据类型匹配。用鼠标右键单击函数，从弹出的快捷菜单中选择编辑格式字符串，可编辑格式字符串。该输入端最多支持 255 个字符。"输入 1"~"输入 n"指定要转换的输入参数。输入可以是字符串、路径、枚举型、时间标识或任意数值数据类型，但不能是数组和簇。

4. 扫描文件

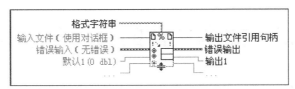

该函数的作用是扫描位于文件文本中的字符串、数值、路径及布尔数据，将文本转换为某个数据类型并返回重复的引用句柄及转换后的输出，该输出结果以扫描的先后顺序排列。该函数可扫描文件中的所有文本，但是无法判断扫描开始的起点。如果需要判断扫描开始的起点，则可使用"读取文本文件"和"扫描字符串"函数。

"格式字符串"指定如何将输入字符串转换为输出参数。"输入文件"可以是引用句柄或绝对文件路径。"默认 1"~"默认 n"指定输出参数的类型和默认值。"输出文件引用句柄"是函数读取的文件的引用句柄。"输出 1"~"输出 n"为输出参数，输出可以是字符串、路径、枚举类型、时间标识或任意数值数据类型。如果扫描字符串不适合指定的数值数据类型，则函数将返回适合该数据类型的最大值。

5. 创建路径

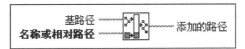

该函数的作用是在现有路径"基路径"后添加"名称或相对路径"，创建新路径。其中"基路径"指定函数要添加名称的现有路径，默认值为空路径。如果基路径无效，则函数将设置添加的路径为非法路径。"名称或相对路径"是要添加至基路径的新路径成分。如果名称或相对路径为空字符串或无效，则函数将设置添加的路径为非法路径。如果基路径为空，则名称或相对路径必须为绝对路径，函数将设置添加的路径为名称或相对路径中的绝对路径。"添加的路径"是作为结果的路径。

6. 拆分路径

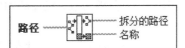

该函数返回"路径"最后部分的"名称"和最后部分之前的"拆分的路径"。"路径"指定要操作的路径。如果该参数是空路径或非法，则函数将通过拆分的路径和名称返回非法路径和空字符串。"拆分的路径"是通过从路径末尾删除名称得到的路径。"名称"是指定路径的最后一个元素。

前面已经介绍，一个典型的文件 I/O 操作包括以下流程。

① 创建或打开一个文件，该操作通过"打开/创建/替换文件"函数来实现。

② 文件 I/O 函数或 VI 从文件中读取或向文件写入数据，该操作通过对应的文件读/写函数或 VI 来实现。

③ 关闭该文件，该操作通过"关闭文件"函数来实现。

值得注意的是，图 8-1 所示的文件 I/O VI 和某些文件 I/O 函数在使用时可执行一般文件 I/O 操作的全部 3 个步骤（如读取文本文件和写入文本文件函数、写入测量文件和读取测量文件 VI），使用这些 VI 和函数无须再额外执行文件打开和关闭操作。当然，执行多项操作的 VI 和函数在效率上可能低于执行单项操作的函数。

8.3　文本文件的写入与读取

LabVIEW 支持的文本文件包含纯文本文件（.txt）、电子表格文件（.xls）、XML 文件（.xml）、Windows 配置文件（.ini）和测量文件（.lvm）等。

8.3.1　纯文本文件

1. 写入文本文件

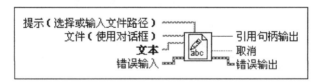

该函数实现将字符串或字符串数组按行写入文件的功能。

"提示"是显示在文件对话框的文件、目录列表或文件夹上方的信息。

"文件"可以是引用句柄或绝对文件路径。如连接文件路径至"文件"输入端，若文件存在则函数打开文件，若不存在则函数先创建文件，然后将内容写入文件并替换任何先前文件的内容。若连接文件引用句柄至"文件"输入端，则写入操作将从当前文件位置开始。若需在现有文件后添加内容，则可使用"设置文件位置"函数，将文件位置设置在文件结尾。若"文件"输入端未连接，则默认状态将显示文件对话框并提示用户选择文件。若指定空路径或相对路径，则函数将返回错误。

"文本"是函数写入文件的数据，可以是字符串和字符串数组。

"引用句柄输出"是函数读取的文件的引用句柄。根据对文件的不同操作，可将该输入端连线至其他文件函数。如文件被文件路径引用或通过文件对话框被选定，默认状态下将关闭文件。若文件是引用句柄或连线"引用句柄输出"至其他函数，则 LabVIEW 认为文件仍在使用，直至它被关闭。

若取消文件对话框则"取消"输出值为 TRUE，否则，即使函数返回错误，"取消"的值仍为

FALSE。

图 8-2 所示为一个文本文件写入的简单应用示例。该示例将一个文本写入到"E:\文本文件.txt"中。

图 8-2　"写入文本文件"函数的应用

在"写入文本文件"的快捷菜单中，取消选择"转换 EOL"选项，函数将把所有基于操作系统的 EOL 字符（行结束符）转换为 LabVIEW EOL 符。默认情况下"转换 EOL"为选中状态。两种 EOL 结束符对比情况如图 8-3 所示。

（a）操作系统的 EOL 字符　　　（b）LabVIEW 的 EOL 字符

图 8-3　两种 EOL 结束符对比

利用"设置文件位置"函数可以设置文件的写入位置，图 8-4 所示为在文本文件末尾添加文本的示例。

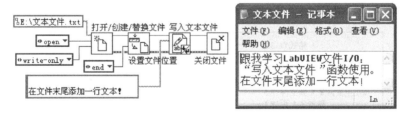

图 8-4　利用"设置文件位置"函数在文本文件末尾添加文本

2. 读取文本文件

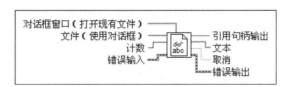

该函数以只读方式打开文件并从字节流文件中读取指定数目的字符或行。"对话框窗口"是在文件对话框的文件或目录列表以及文件夹上方显示的信息。"文件"可以是引用句柄或绝对文件路径输入。"计数"是函数读取的字符数或行数的最大值。若"计数"小于零，则函数将读取整个文件。如果勾选快捷菜单上的"读取行",则函数将读取"计数"值个行,放置在字符串数组中。"文本"是从文件读取出的文本内容。

图 8-5 所示为"读取文本文件"函数应用示例。该示例读取图 8-4 所示示例文本文件中文本内容。

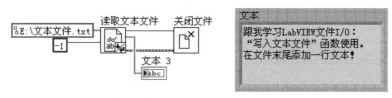

(a)读取整个文本

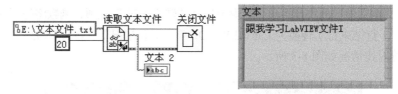

(b)从当前文件位置读取 20 个字符

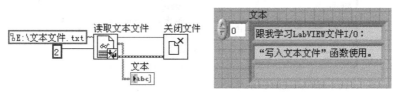

(c)启用"读取行"选项从当前文件位置读取 2 行

图 8-5 "读取文本文件"函数应用示例

8.3.2 电子表格文件

1. 写入电子表格文件

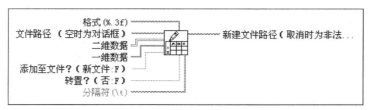

该 VI 可以接收字符串、带符号整数或双精度数值的二维或一维数组并将其转换为文本字符串写入电子表格文件。"一维数据"和"二维数据"接收要写入的信息,信息可以是字符串、带符号整数或双精度数值。"文件路径"表示文件的路径名。"格式"指定如何将数字转化为字符,若格式为"%.3f",表示小数点后有 3 位数字;若格式为"%d",则数据将被转换为整数;若格式为"%s",则 VI 将复制输入字符串。如果"添加至文件?"的值为 True,则 VI 将把数据添加至已有文件;反之,VI 会替换已有文件中的数据。若"转置?"的值为 True,VI 将在把字符串转换为数据后对其进行转置。"分隔符"是用于对电子表格文件中的栏进行分隔的字符或由字符组成的字符串,默认值为制表符。

图 8-6 所示为将一个双精度二维数组写入电子表格文件的应用示例。该示例给定格式为

"%.3f"，读者可以改变格式参数或设置其他参数来查看写入情况。

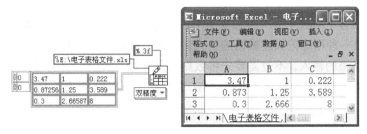

图 8-6 "写入电子表格文件"VI 应用示例

2. 读取电子表格文件

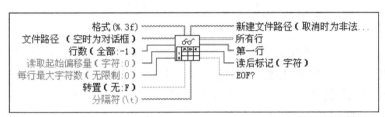

该 VI 在数值文本文件中从指定字符偏移量开始读取指定数量的行或列，并将数据转换为双精度的二维数组，数组元素可以是数字、字符串或整数。该 VI 主要用于读取文本格式的电子表格文件。"格式"指定如何将数字转化为字符。"文件路径"表示文件的路径。"行数"是 VI 读取行数的最大值，用法与"读取文本文件"函数中的"计数"相同，默认值为–1。"读取起始偏移量"是 VI 从文件中开始读取数据的位置，以字符（或字节）为单位。"每行最大字符数"是在搜索行的末尾之前，VI 所能读取的最大字符数，默认值为 0，表示 VI 读取的字符数量不受限制。若"转置"的值为 True，则 VI 将在把字符串转换为数据后对其进行转置，默认值为 FALSE。"分隔符"是用于对电子表格文件中的栏进行分隔的字符或由字符组成的字符串。"新建文件路径"返回文件的路径。"所有行"是从文件读取的数据。"第一行"是所有行数组中的第一行，可使用该输入将一行数据读入一维数组。"读后标记"是数据读取完毕时文件标记的位置，一般指向文件中最后读取的字符之后的字符（字节）。"EOF?"表示若读取的内容超出文件结尾，则其值为 True。

图 8-7 所示为"读取电子表格文件"应用示例，该示例读取图 8-6 所示示例中电子表格文件的数据。

前面介绍的写入/读取文本文件函数与写入/读取电子表格文件 VI 是可以混用的，在读/写文件时，既可以用"读/写文本文件"函数对电子表格文件进行操作，也可以用"读/写电子表格文件"VI 对纯文本文件进行操作。但需要注意文件的分隔符，如果分隔符选用不当，最后的操作结果可能会与预想结果大相径庭。

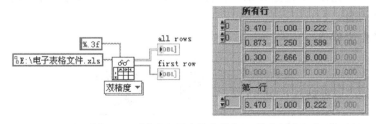

图 8-7 "读取电子表格文件"VI 的应用

8.3.3 XML 文件

可扩展标记语言（XML）是一种独立于平台的标准化统一标记语言（SGML），可用于存储和交换信息。它是一种用标记描述数据的格式化标准。XML 文件实际上也是一种文本文件，可以接受任何数据类型的输入，不过需要先将数据通过 XML 语法格式化。在"函数选板"的"文件 I/O"→"XML"子选板中给出了各种 XML 文件操作函数和 VI，下面介绍两个基本的 XML 文件操作 VI。

1. 写入 XML 文件

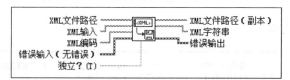

"写入 XML 文件"的作用是将 XML 数据的文本字符串与文件头标签同时写入文本文件。"XML 文件路径"是要写入 XML 数据的路径和文件名，若指定的路径为空，VI 将弹出对话框提示用户。"XML 输入"包含要写入的 XML 数据，可以是字符串或字符串数组，其他数据类型需经"平化至 XML 函数"转换。"XML 编码"用来指定 XML 文件的编码体系，LabVIEW 支持 ANSI 和多字节编码体系。"独立？"指定 XML 声明中独立属性的值，文档是完全独立时值为 True。输出"XML 字符串"包含函数要写入指定文件的 XML 数据。

图 8-8 所示为"写入 XML 文件"VI 的应用示例。

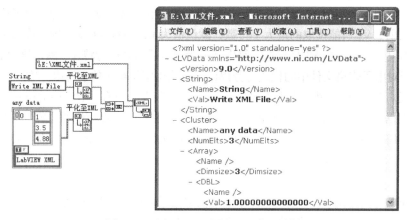

图 8-8　"写入 XML 文件"VI 应用示例

该示例将一个字符串和一个由字符串、数组、布尔 3 种数据类型构成的簇数据写入 XML 文件，其中字符串和簇使用"平化至 XML"函数进行转换并通过"连接字符串"函数连接后连接到"XML 输入"输入端。

2. 读取 XML 文件

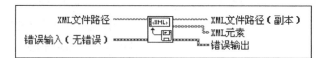

该 VI 的作用是读取并解析 LabVIEW XML 文件中的标签。"XML 文件路径"是要从中读取

XML 数据的路径和文件名。"XML 文件路径（副本）"是 VI 从中读取数据的文件的路径。"XML 元素"在字符串中返回介于"/Version"和"/LVData"标记结尾的顶层 XML 标记，然后，可对数组进行索引，并使用"从 XML 还原"函数对读到的 XML 文件进行还原。

图 8-9 所示为读取 XML 文件并对其进行还原的示例。所读取的 XML 文件为图 8-8 所示示例写入的 XML 文件，读取该文件后，利用"从 XML 还原"函数对文件进行了还原。

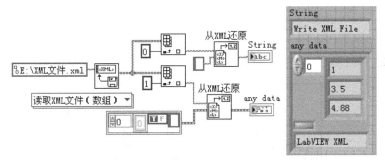

图 8-9　"读取 XML 文件"VI 应用示例

8.3.4　Windows 配置文件

Windows 配置文件（.ini）由分节命名的文本文件组成。分节的名称位于中括号中，同一文件中分节名称必须唯一。分节包括由等号隔开的一对键/值。在同一分节中，键名必须唯一。键名代表配置选项，值名代表该选项的设置，其格式如下。

```
[Section 1]
key1=value
key2=value
[Section 2]
key1=value
key2=value
```

键值可以使用的数据类型包括字符串、路径、布尔、64 位二进制双精度浮点数、32 位二进制有符号整数和 32 位二进制无符号整数。

在"函数选板"的"文件 I/O"→"配置文件 VI"子选板中给出了配置文件的各种操作函数和 VI，在此介绍两个基本的配置文件操作 VI：写入键和读取键。

1. 写入键

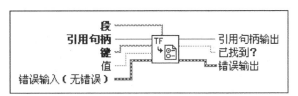

该 VI 将值写入由引用句柄所指定的配置文件中某个段的键。"段"连接要写入指定键的段的名称。"引用句柄"是配置文件的引用号。"键"是要写入的键的名称。"值"是要写入的键值。如果要写入的键存在，则该函数取代现有的值。如果键不存在，则函数将键/值对添加至指定的段尾。如果段不存在，则函数将段和键/值对添加至配置文件的尾部。

图 8-10 所示为利用"写入键"VI 对一个配置文件实现写入操作的示例。

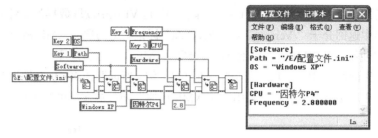

图 8-10　"写入键" VI 应用示例

2. 读取键

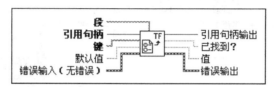

该 VI 读取由 "引用句柄" 所指定的配置文件中某个 "段" 的 "键" 值。如该键不存在，则 VI 返回默认值。"默认值" 是指当函数没有在指定的段中找到键或发生错误时返回的值。其他端口与 "写入键" 函数相同。

图 8-11 所示为 "读取键" VI 应用示例，该示例用来读取图 8-10 所示示例写入的配置文件。

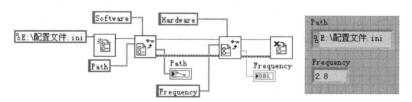

图 8-11　"读取键" VI 应用示例

8.3.5　基于文本的测量文件

基于文本的测量文件（.lvm）是一种特殊格式的文本文件，按一定格式存储动态类型数据。LVM 文件会在数据前加上一些信息头，譬如采集时间等，可以用 Excel 等文本编辑器打开并查看 LVM 文件的内容。LVM 文件的读/写函数只有 "写入测量文件" 和 "读取测量文件" 两个，它们的图标分别如下。

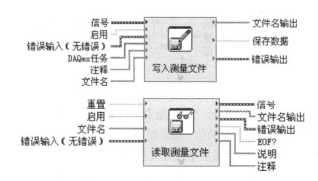

"写入测量文件" 和 "读取测量文件" 均为 Express VI，在 "函数选板" 的 "Express" 子选板

中也有这两个函数。这两个函数不仅可以用来存储 LVM 文件，还可以用来存储 TDM 文件和 TDMS 文件。当放置这两个函数到程序框图中时，将弹出对应的配置对话框，如图 8-12 所示（"写入测量文件"配置对话框）。

图 8-12　"写入测量文件"配置对话框

通过对对话框中选项的设置可以实现对 Express VI 的配置。有关配置对话框选项的说明及这两个函数的使用方法在此不详细介绍，读者可参阅 LabVIEW 联机帮助。

图 8-13 所示为一个 LVM 文件读/写应用示例。

在图 8-13 中，首先利用"写入测量文件"函数将一个正弦信号波形数据写入一个 LVM 文件（E:\测量文件.lvm）中，写入后的文件利用"记事本"打开，如图 8-13 右图所示。在写入后，利用"读取测量文件"函数读出 LVM 文件中的信号并用波形图显示出来。

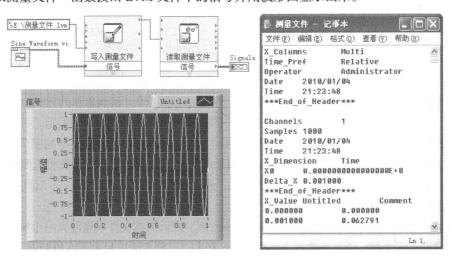

图 8-13　LVM 文件写入和读取示例

8.4 二进制文件的写入与读取

LabVIEW 支持多种以二进制格式存取的文件类型，包括二进制文件、数据存储文件（.tdm）、高速数据流文件（.tdms）、波形文件等。

8.4.1 二进制文件

1. 写入二进制文件

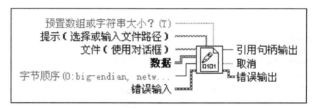

该函数将二进制数据写入新文件，可以将数据添加到现有文件，也可以替换文件的内容。"预置数组或字符串大小？"的默认值为 True，表示在引用句柄输出时包含数据大小信息。"提示"是在文件对话框的文件、目录列表或文件夹上显示的信息。"文件"可以是引用句柄或是绝对文件路径。"数据"指要写入文件的数据，可以是任意的数据类型。"字节顺序"设置结果数据的"endian"形式，决定在内存中整数是否按照从最高有效字节到最低有效字节的形式表示，可以设置成下面 3 种形式。

① Big-endian, network order（默认）——最高有效字节占据最低的内存地址。在 Mac OS 上以及读取在其他平台上写入的数据时使用。

② Native, host order——使用主机的字节顺序格式。该形式可提高读取写速度。

③ Little-endian——最低有效字节占据最低的内存地址。该形式用于 Windows 和 Linux。

2. 读取二进制文件

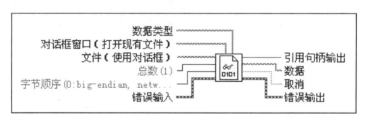

从"文件"中读取二进制数据，在"数据"中返回读取结果。读取数据的方式由指定文件的格式确定。"数据类型"设置函数读取二进制文件的数据类型，数据类型必须给定，否则读出的结果将出现乱码。"总数"是要读取的数据元素的数量，数据元素可以是数据类型的字节或实例，函数将在"数据"中返回"总数"个数据元素，如果已经到达文件结尾，则函数将返回已经读取的全部完整数据元素和文件结尾错误。默认状态下，函数将返回单个数据元素。当"总数"为−1 时，函数将读取整个文件。

图 8-14 所示为写入和读取二进制文件的应用示例。该示例在文件末尾写入一个簇数据，运行多次就可以写入多个簇。读取函数的"总数"端设置为−1，故在读出时将所有的簇以簇数组读出，示例中的读取结果为运行写入两次后的读取结果。

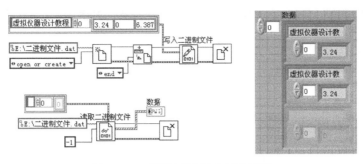

图 8-14 二进制文件写入和读取示例

8.4.2 数据存储文件

数据存储文件（TDM 文件）相当于测量文件的二进制形式。TDM 文件将动态类型的信号数据存储为二进制文件，同时可以为每一个信号都添加一些附加信息，例如信号名称、单位和注释等。这些信息以 XML 的格式存储在扩展名为 tdm 的文件中，在查询时可以通过这些附加信息来查询所需要的数据。而信号数据则存储在扩展名为 tdx 的文件中，这两个文件以引用的方式自动联系起来。而用户不需要深入了解这些，只需要对 TDM 文件进行操作即可。

每一个 TDM 文件以 3 个不同层次来存储附加信息：文件、组和通道。每一个文件可以有多个组，每一个组可以有多个通道。组可以用来给信号分类，例如将电压信号归类在 Voltage 组中，将温度信号归类在 Temperature 组中。每一个通道代表一个通道的输入信号。

TDM 文件的操作函数位于"文件 I/O"→"存储"子选板下。其文件操作函数均为 Express VI，因此会弹出配置对话框方便用户配置。下面介绍 TDM 文件的操作函数的"写入数据"和"读取数据"两个 VI，其他函数请参考 LabVIEW 联机帮助。

1. 写入数据

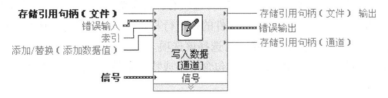

该 VI 实现添加通道组或单个通道至指定文件的功能，也可以使用这个 VI 来定义被添加的通道组或者单个通道的属性。在程序框图中放置一个"写入数据"VI 时，将弹出对应的配置对话框，如图 8-15 所示。在配置对话框中，可以对"写入数据"Express VI 进行配置。通过配置对话框中的"对象类型"下拉列表可以将其配置为"写入数据[通道]"或"写入数据[通道组]"。

"设置"用于指定向文件添加的对象类型，分为"通道组"和"通道"两种。"通道组"向文件添加通道组，"通道"向文件添加通道。如果通道名称重复，则 LabVIEW 将在通道名称后添加整数，确保每个通道名唯一。例如，提供名为 sine、sine、square、square 以及 sine 的通道，LabVIEW 将把这些名称分别更新为 sine、sine 1、square、square 1 和 sine 2。"总是创建新通道组/通道"用来指定是否添加已有通道组或同名通道，如果无需添加已有通道组或通道，则勾选该复选框。

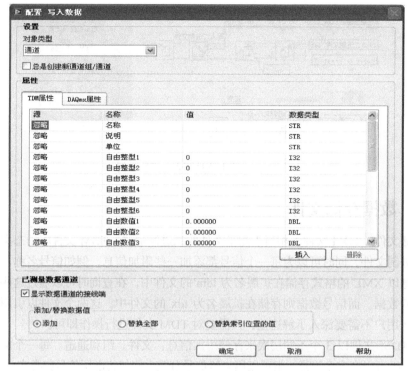

图 8-15　"写入数据" ExpressVI 配置对话框

"属性"包括"TDM 属性"和"DAQmx 属性"两个选项卡。

"TDM 属性"选项卡用来编辑预定义属性，并为.tdm 和.tdms 文件创建用户定义属性。单击"插入"按钮，可添加并配置新属性。单击"删除"按钮，可删除选定属性。对于预定义属性，用户只能修改源和值两列。

"源"用于指定属性信息的输入源，包括的选项有：接线端——若需在程序框图上指定属性信息，则可选择该选项；忽略——如无需在文件的指定行写入任何属性信息，选择该选项；值——如需在 TDM 属性选项卡上指定属性信息，可选择该选项。

"名称"指定属性名称。属性名称不能包含空格或特殊字符。LabVIEW 可自动用下划线替换空格和特殊字符。

"值"指定属性值。值的格式由"数据类型"列中的选项决定。如在"源"中选择"接线端"选项，则不会使用该列的值。

"数据类型"指定"值"列的数据类型。数据类型列包括 STR（将值指定为字符串）、DBL（将值指定为双精度浮点型数值）、TIME（将值指定为时间标识）、I32（将值指定为长整型数值）。

"DAQmx 属性"选项卡用于选择和编辑用于.tdm 和.tdms 文件的 DAQmx 属性名。

如将函数配置为"写入数据[通道]"，则其中的"信号"指要写入文件的内容。该函数不支持二进制字符串作为输入信号。"索引"连接波形中要替换的值，默认值为 0。"添加/替换"包含 3 个选项：Append values（在现有值的末尾添加新值）、Replace values at index（替换指定"索引"处的值）、Replace all values（替换全部现有值）。

TDM 文件的操作首先必须打开文件，在完成文件的操作后一定要关闭文件，否则再次打开该文件时就会报错。

图 8-16 所示为"写入数据"函数的应用示例。在该示例中，首先打开或创建一个数据存储文

件，然后创建一个名为"组 1"的通道组，接着写入了两个名称分别为"正弦波"和"三角波"的仿真信号。

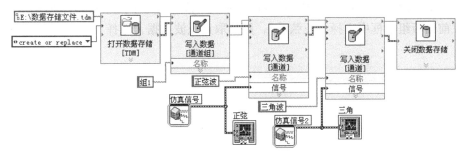

图 8-16　"写入数据"函数应用示例

在该示例中，可以使用配置对话框中的"TDM 属性"选项卡来配置该信号的属性，如示例的"写入数据[通道]"的"名称"属性就是通过配置对话框"TDM 属性"选项卡中的属性来配置的。另外，也可使用"文件 I/O"→"存储"子选板下的"设置多个属性"函数来配置要写入文件的动态的属性。

2. 读取数据

该函数实现返回表示文件中通道组或通道的引用句柄数组的功能。放置该函数到程序框图上，将弹出如图 8-17 所示的配置对话框。

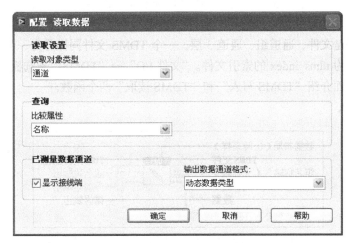

图 8-17　读取数据函数配置对话框

"读取设置"用于设置指定返回的对象类型。如选择"通道"作为配置对话框中的读取对象类型，该 VI 可读取该通道中的波形。该 VI 还可依据指定的查询条件返回符合要求的通道组或通道。"查询"中的"比较属性"用于指定执行查询时要比较的属性。如在列表中选择属性，程序框图将出现属性相应的输入和"比较"输入。VI 比较与各通道连接的属性值或由存储引用句柄指定的各通道组的属性值，返回符合比较条件的各通道或各通道组。通过"比较"指定比较的条件，在读取数据的时候可以通过这些属性有针对性的读取所需要的数据。

图 8-18 所示为一个"读取数据"函数应用示例。该示例用于读取图 8-16 所示示例写入的数据，在前面板组合框中选择"正弦波"，则读取正弦波数据，选择"三角波"，则读取三角波数据。

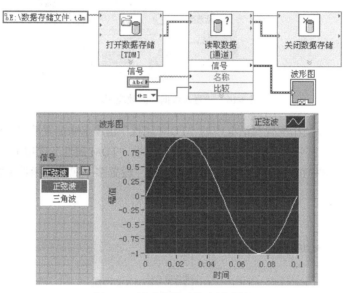

图 8-18　读取数据函数应用示例

8.4.3　高速数据流文件

高速数据流文件（TDMS 文件）是 TDM 文件的增强模式，它的读写速度更快，属性定义更简单。TDMS 文件和 TDM 文件可以互相转换，且 TDMS 文件有逐步取代 TDM 文件的趋势。TDMS 文件的逻辑结构仍是文件、通道组、通道 3 层。一个 TDMS 文件同样分为一个扩展名为 tdms 的数据文件和扩展名为 tdms_index 的索引文件。"文件 I/O"→"TDMS"子选板提供了多个 TDMS 文件操作函数，下面介绍"TDMS 写入"和"TDMS 读取"两个函数。

1. TDMS 写入

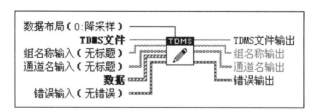

该函数实现将数据写入指定的 TDMS 文件的功能。通过"组名称输入"和"通道名输入"的值可确定要写入的数据子集。"组名称输入"指定要进行操作的通道组名。"通道名输入"表明要进行操作的通道。"数据布局"指定要写入文件的数据格式，分为"decimated（默认）"和"interleaved"。Decimated 是将输入数据在采样前设置通道优先级，首先列出第一个通道的所有采样，然后列出第二个通道的所有采样，以此类推；Interleaved 是首先列出所有通道的第一个采样，然后列出所有通道的第二个采样，以此类推。"TDMS 文件"指定要进行操作的 TDMS 文件的引用句柄。使用"TDMS 打开"函数可打开引用句柄。"数据"接收多种数据类型，包括模拟波形或一维模拟波形数组、数字波形、数字表格、动态数据、一维或二维数组（有符号或无符号整数、浮点数、时间标识、布尔、不包含空字符的由数字和字符组成的字符串）。

图 8-19 所示为"TDMS 写入"函数的应用示例。

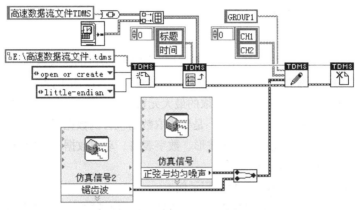

图 8-19　"TDMS 写入"函数应用示例

该示例将两个动态仿真信号写入 TDMS 文件中，一个是加入了均匀白噪声的正弦信号，一个是无噪的锯齿波信号。在写入数据之前，使用了 TDMS 设置属性函数设置了该文件的属性，如标题设置为"高速数据流文件 TDMS"，并且添加了当前时间。在使用"TDMS 写入"函数时设置了这两个信号的组名为"GROUP1"，通道名分别为"CH1"和"CH2"。写入后，可以使用"TDMS 文件查看器"函数来查看写入的文件，"TDMS 文件查看器"窗口如图 8-20 所示，在查看器窗口中可以查看文件的属性、值及模拟值。

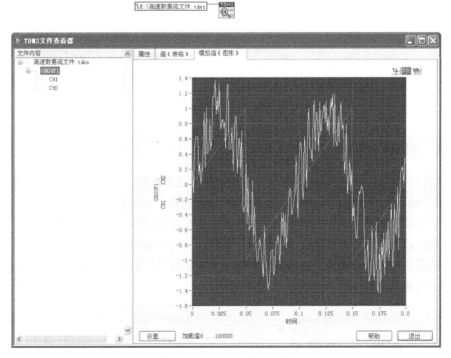

图 8-20　TDMS 文件查看器

2. TDMS 读取

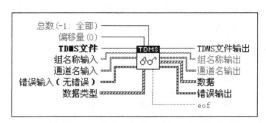

该函数读取指定的 TDMS 文件并以"数据类型"输入端指定的格式返回"数据"。如"数据"包含缩放信息，VI 将自动缩放数据。"总数"和"偏移量"输入端用于读取某个指定的数据子集。"总数"指定了从文件的每个通道中可以读取的最大元素数量，默认值为–1。"偏移量"指定从哪个元素开始读取，默认值为 0。"数据类型"是要读取数据包含的数据类型，该输入端接收的数据类型包括模拟波形或一维模拟波形、数字波形、数字表格、动态数据和一维或二维数组。其他接线端的含义与"TDMS 写入"函数相同。

图 8-21 所示为"TDMS 读取"函数应用示例。

该示例用来读取图 8-19 写入的 TDMS 文件，TDMS 读取函数从偏移量为 30 的数据元素开始读取，其后元素的波形可以从右边的波形图中看出。当 TDMS 文件数据较为杂乱或者性能需要提高时，可以使用"TDMS 碎片整理"函数对数据进行整理。

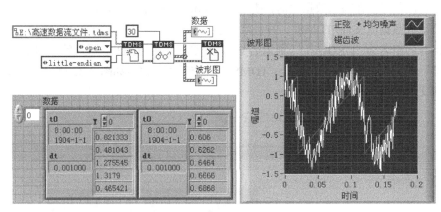

图 8-21　TDMS 读取函数应用示例

8.4.4　波形文件

波形文件以二进制或电子表格的形式专门用来存取波形数据。波形文件的 I/O 函数位于"函数选板"的"编程"→"波形"→"波形文件 I/O"子选板中，一共有 3 个相关函数。

① 写入波形至文件：记录波形数组，并将其添加至指定文件。

② 从文件读取波形：每次从文件中读取一条记录，该记录包含一个或多个波形。

③ 导出波形至电子表格文件：将波形转换为文本字符串，将该字符串添加至电子表格文件。

1. 写入波形至文件

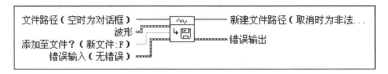

该函数用于将指定数量的记录写入创建的新文件或添加至现有文件，然后关闭文件。"波形"输入端为输入的数据，可以接收波形数据或者一维、二维波形数组。"文件路径"指定波形文件的位置。如没有连接该输入端，LabVIEW 将显示非操作系统对话框。如"添加至文件？"的值为 True，VI 将把数据添加至已有文件；如值为 False（默认），VI 将替换已有文件中的数据，如不存在已有文件，VI 将创建新文件。

图 8-22 所示为"写入波形至文件"函数应用示例。

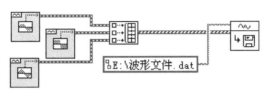

图 8-22   "写入波形至文件"函数的应用

2. 导出波形至电子表格文件

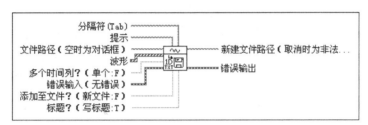

利用"导出波形至电子表格文件"可以将波形文件保存为电子表格文件。保存时，首先将波形转换为文本字符串，然后将字符串写入新字节流文件或将字符串添加到现有文件。

图 8-23 所示为"导出波形至电子表格文件"函数应用示例。

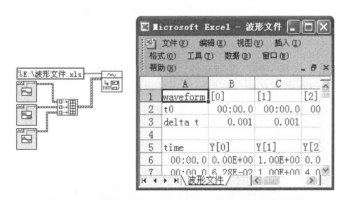

图 8-23   "导出波形至电子表格文件"函数应用示例

3. 从文件读取波形

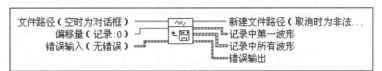

该函数打开使用"写入波形至文件"函数创建的文件，每次从文件中读取一条记录。每条记录可能含有一个或多个独立的波形。该 VI 将返回"记录中所有波形"和"记录中第一波形"

的单独输出。要获取文件中的所有记录，可在循环中调用该函数，直到文件结束为止。"文件路径"指定波形文件的位置。"偏移量"指定要从文件中读取的记录，第一个记录是 0，默认值为 0。"新建文件路径"返回文件的路径。"记录中第一波形"将返回记录中第一个波形的数据。"记录中所有波形"返回记录中所有波形的数据。若记录中只有一个波形，输出将与记录中第一波形一致。

图 8-24 所示为"从文件读取波形"函数应用示例，该示例用于读取图 8-22 所示示例写入的波形文件。

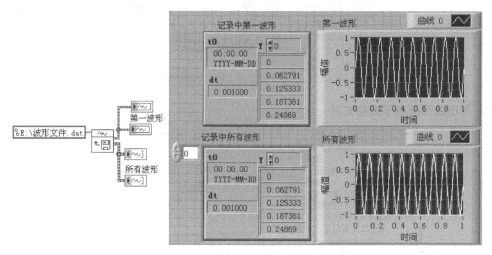

图 8-24　"从文件读取波形"函数应用示例

8.5　数据记录文件

数据记录文件实质上也是一种二进制文件，可以在一个文件中记录多种类型的数据，不过它仅能在 LabVIEW 中访问和操作数据。数据记录文件操作函数位于"函数选板"的"编程"→"文件 I/O"→"高级文件函数"→"数据记录"子选板中，下面介绍其中的"写入数据记录文件"和"读取数据记录文件"两个函数。

1. 写入数据记录文件

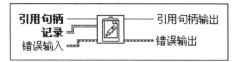

该函数将"记录"写入由"引用句柄"指定的已打开的数据记录文件。"引用句柄"是与要写入的文件相关联的文件引用句柄。"记录"是指要写入数据记录文件的数据记录。它必须是匹配记录类型（打开或创建文件时指定）的数据类型，或者是该记录类型的数组。当它是匹配的记录类型时，函数将"记录"作为单个记录写入数据记录文件。当它是记录类型的数组时，函数将把数组中的每条记录分别写入按行排序的数据记录文件。

图 8-25 所示为"写入数据记录文件"函数的应用示例。

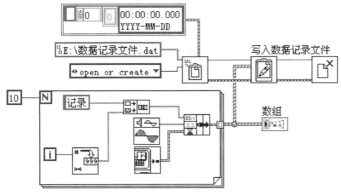

图 8-25 "写入数据记录文件"函数应用示例

2. 读取数据记录文件

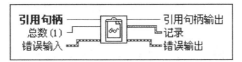

该函数读取由"引用句柄"所指定的数据记录文件的记录并将记录在"记录"中返回。当前的数据记录位置即是读取的起始位置。通过"设置数据记录位置"函数可移动文件中的当前数据记录位置。"总数"是要读取的数据记录的数量。函数将在记录中返回总数数据元素，如到达文件结尾，则返回已经读取的全部完整的数据元素和文件结尾错误。默认状态下，函数将返回单个数据元素。如总数为-1，函数将读取整个文件；如总数小于-1，函数将返回错误。

图 8-26 所示为"读取数据记录文件"函数的应用示例。该示例用于读取图 8-25 写入数据记录文件，并从中读取了第一条记录。

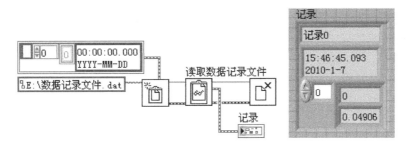

图 8-26 读取数据记录文件应用示例

8.6 习 题

1. LabVIEW 支持的常用文件类型有哪些？

2. 文本文件和二进制文件的主要区别是什么？各自有什么优缺点？

3. 请说出下面这几种文件是文本文件还是二进制文件：数据记录文件、XML 文件、配置文件、波形文件、LVM 文件、TDMS 文件。

4. 有一个测量程序，采集 A、B 两路信号（幅度范围均为 0～10），每 1s 采集一次，要求每采集一次，就将采集结果写入文本文件尾部，即使重新运行程序，仍能保证数据添加到文件尾部，而不会覆盖原有数据，格式为 A 保留 4 位小数，B 为整数。编写该测量程序的数据存储部分。采集的两路信号可分别用随机数生成程序进行模拟。

5．编写程序读取题 4 中写入的文本文件中两路采集的信号并显示出来。

6．用仿真信号产生一个频率为 10Hz、采样率 1000、采样点 1000 的正弦仿真信号，并将其写入 TDMS 文件，要求同时为该通道设置两个描述属性：频率和采样点。

7．什么是电子表格文件、文本文件、二进制文件、数据记录文件？编写程序，将正弦波发生器产生的正弦波数据分别存储为上述文件。

8．创建一个 VI，将含有时间值的数组和数字输入添加到表单文件的末尾，其路径由用户指定，时间以 s 为单位进行记录。VI 运行时，每当用户按下"Save"按钮时，将最近的输入值和时间保存到表单文件中；按下"Stop"按钮时，停止运行 VI。

9．将随机产生的范围为 0～100 的温度数据（保留 2 位小数）用波形显示出来，并以字符串的形式写入文本文件，然后从文件中读取字符串并显示在前面板中，同时将字符串中的数据分离出来，显示到波形图中。

10．将正弦波和方波作为两路信号组合在一起，写入二进制文件中。

11．产生三角波形数据并记录为波形文件，读取该波形文件并显示其波形，然后将其存储为电子表格文件。

第9章
信号分析与处理

一个测试系统通常由3大部分组成：信号的获取与采集、信号的分析与处理、结果的输出与显示。因此在虚拟测试系统中，信号分析与处理是必不可少的重要组成部分，其主要的功能是对采集得到的信息进行分析处理，从而获取有用的信息。LabVIEW作为虚拟测量领域的专业软件，为用户提供了非常丰富的与信号分析与处理有关的VI。本章将系统地介绍LabVIEW中信号发生、信号调理、信号时域分析、信号频域分析、数字滤波等信号分析与处理相关的程序设计方法。

9.1 信 号 发 生

信号发生是信号处理的重要功能之一，常用来产生测试系统的激励测试信号和模拟测试信号。在LabVIEW中，产生信号的方法有两种：波形生成和信号生成。从信号发生的角度考虑，二者几乎没有区别。但从生成的数据特点考虑，首先，波形生成产生的是波形数据，信号生成产生的是一维数组数据；其次，波形生成产生的横坐标是时间单位的索引，信号生成产生的横坐标是数组数据的索引。

9.1.1 波形生成

在LabVIEW中，与波形生成有关的VI位于"函数选板"的"信号处理"→"波形生成"子选板中，如图9-1所示。

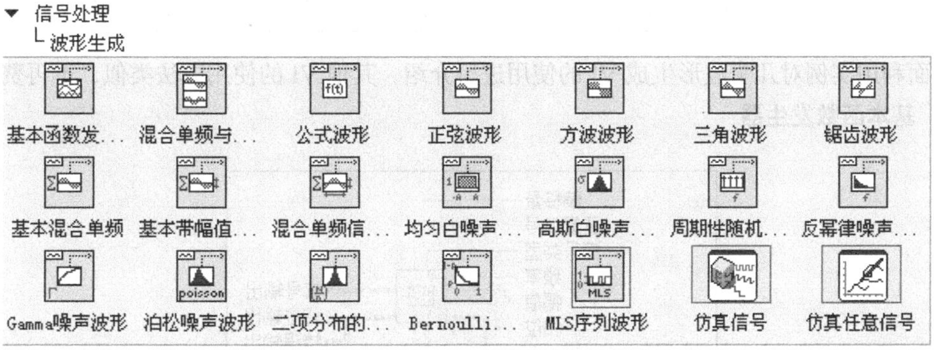

图9-1 "波形生成"子选板

使用波形生成VI可以生成不同类型的波形信号和合成波形信号，表9-1列出了波形生成VI的名称和对应的基本功能说明，有关这些VI的详细使用说明，读者可以参考LabVIEW帮助。

表 9-1   "波形生成" VI 功能说明

VI 名 称	功 能 说 明
基本函数发生器	根据指定的信号类型、频率、幅值、相位、采样信息、占空比生成一个信号波形，并输出相位信息
混合单频与噪声波形	根据指定的各频率信息、噪声有效值、偏移量、采样信息生成一个信号波形
公式波形	根据指定的偏移量、频率、幅值、公式表达式、采样信息生成一个信号波形
正弦波形	根据指定的偏移量、频率、幅值、相位、采样信息生成一个正弦信号波形
方波波形	根据指定的偏移量、频率、幅值、相位、采样信息、占空比生成一个方波信号波形
三角波形	根据指定的偏移量、频率、幅值、相位、采样信息生成一个三角信号波形
锯齿波形	根据指定的偏移量、频率、幅值、相位、采样信息生成一个锯齿信号波形
基本混合单频	根据指定的幅值、单个频率个数、开始频率、频率间隔、采样信息、相位关系生成一个正弦混合信号波形，并输出峰值因素和强制转换后的实际频率序列
基本带幅值混合单频	根据指定的幅值、单个频率个数、开始频率、各频率信号的幅值、频率间隔、采样信息、相位关系生成一个正弦混合信号波形，并输出峰值因素和强制转换后的实际频率序列；与基本混合单频相比，各频率信号的幅值由输入指定
混合单频信号发生器	根据指定的幅值、各频率信息、采样信息生成一个正弦混合信号波形；与基本混合单频相比，各频率信号的频率、幅值、相位由输入指定
均匀白噪声波形	根据指定的幅值、采样信息生成一个伪随机均匀分布白噪声波形
高斯白噪声波形	根据指定的标准方差、采样信息生成一个伪随机高斯分布白噪声波形
周期性随机噪声波形	根据指定的频谱宽度、采样信息生成一个周期性随机噪声波形
反幂律噪声波形	根据指定的噪声密度、指数、滤波器规范、采样信息生成一个噪声波形
Gamma 噪声波形	根据指定的阶数、采样信息生成一个噪声波形
泊松噪声波形	根据指定的平均值、采样信息生成一个泊松噪声波形
二项分布的噪声波形	根据指定的分布检验、检验概率、采样信息生成一个二项分布的噪声波形
Bernoulli 噪声波形	根据指定的采样信息、值为 1 的概率生成一个贝努力伪随机噪声波形
MLS 序列波形	根据指定的多项式阶数、采样信息生成一个最小长度序列波形
仿真信号	通过配置面板进行设置，产生仿真正弦波、方波、三角波、锯齿波和噪声信号，是一个 Express VI
仿真任意信号	通过配置面板进行设置，产生仿真用户自定义的信号，是一个 Express VI

下面利用实例对几个波形生成 VI 的使用进行介绍，其他 VI 的使用方法类似，不再赘述。

1. 基本函数发生器

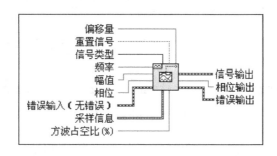

该 VI 可以根据指定的信号类型，生成正弦波、三角波、方波和锯齿波 4 种波形信号。基本

函数发生器各接线端定义及作用如下。

偏移量：指定信号的直流偏移量，默认值为 0.0。

重置信号：如值为 TRUE，相位将被重置为相位控件的值，时间标识将被重置为 0。默认值为 FALSE。

信号类型：指定生成波形的类型，包含正弦波、三角波、方波和锯齿波 4 种选项。

频率：生成波形信号的频率，以 Hz 为单位，默认值为 10。

幅值：生成波形的幅值。幅值也是峰值电压，默认值为 1.0。

相位：波形的初始相位，以° 为单位，默认值为 0。如重置信号为 FALSE，则 VI 将忽略相位。

采样信息：输入值为簇，包含波形的采样频率 Fs 和采样点数#s。Fs 是每秒采样率，它决定了生成波形每秒钟包含的数据点数，默认值为 1000。#s 是波形的采样数。在采样率一定的情况下，采样数决定了波形的长度，默认值为 1000。

方波占空比：选择输出方波时，在一个周期内高电平所占时间的百分比，默认值为 50。

信号输出：生成波形的数据输出。

相位输出：生成波形的相位输出，以° 为单位。

图 9-2 所示为"基本函数发生器"应用实例。通过前面板的参数设置选项，可以选定输出信号的类型并设置输出信号的频率、幅值、相位等信息。运行该实例，当"重置信号"设为"关"时，时间会一直变化，频率不是整数时，相位也会一直变化。当"重置信号"设为"开始"时，则每次循环时间标识不变，相位也不变。

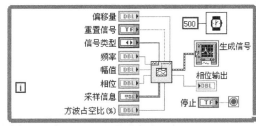

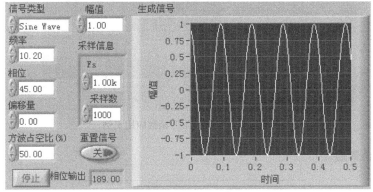

图 9-2 "基本函数发生器"应用实例

另外，LabVIEW 也提供了正弦波型、三角波型、方波波形和锯齿波型 4 个单独 VI 用于分别产生正弦波、三角波、方波和锯齿波信号。

2. 公式波形

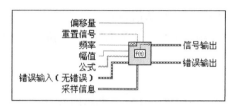

该函数通过"公式"字符串指定要使用的时间函数，创建输出波形。通过该函数可以输出任何可用函数描述的波形。"公式"输入端是用于生成信号输出波形的表达式，默认值为 sin($w*t$)*sin(2*pi(1)*10)。表 9-2 列出了已定义的变量的名称。

表 9-2   "公式波形"函数中定义的变量及含义

变量	名称及含义	变量	名称及含义
f	频率，输入端输入的频率	n	采样数，目前生成的采样数
a	幅值，输入端输入的幅值	t	时间，已运行的秒数
w	角频率，等于 2*pi*f	Fs	采样信息，采样信息端输入的 Fs

图 9-3 所示为"公式波形"的简单实例。该示例通过公式 sin($w*t$)*sin(2*pi(1)*t) 生成了一个调幅波。调制信号为幅值 1V、频率 1Hz 的正弦信号 sin(2*pi(1)*t)。载波信号为正弦信号 sin($w*t$)，其频率、幅度等信息通过前面板参数进行设置。

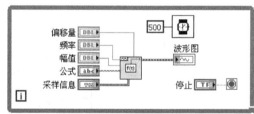

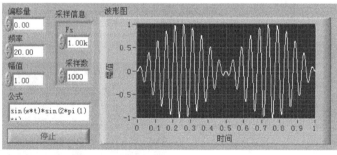

图 9-3   "公式波形"函数应用实例

3. 基本混合单频

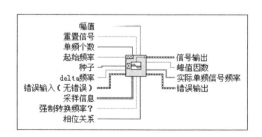

该 VI 生成整数个周期的单频正弦信号的叠加波形。所生成波形的频谱在特定频率处是脉冲而在其他频率处为 0。可通过设置频率和采样信息生成正弦单频信号，单频信号的相位随机、幅值相等。

基本混合单频接线端含义及作用如下。

幅值：合成波形的幅值。它是所有单频信号幅值的缩放标准，即波形的最大绝对值，VI 内部自动缩放原始数据，使其最大绝对值等于幅值，默认值为−1。如将波形输出至模拟输出通道时，幅值设定非常重要。如硬件可输出的最大值为 5 伏，可将幅值设置为 5。如幅值小于 0，则不进行缩放。

单频个数：输出波形中单频的个数。

起始频率：生成波形的最低单频频率。该频率必须为采样频率和采样数之比的整数倍。

种子：噪声采样发生器的种子值。其值大于 0 时，可使噪声采样发生器更换种子值。相位关系设置为线性时，将忽略该值。

delta 频率：两个单频频率的间隔幅度。如起始频率是 100Hz，delta 频率是 10，单频个数是 3，则生成的波形为 100Hz、110Hz 和 120Hz 3 个单频信号的叠加。"delta 频率"必须是采样频率和采样数之比的整数倍。

强制转换频率？：如设置为 TRUE，设定的单频频率将被强制转换为采样频率与采样数之比最相近的整数倍。

相位关系：所有正弦单频的相位分布。相位分布对所有波形的峰值与均方根值之比都有影响。包括随机（Random）和线性（Linear）两种方式。随机方式，相位在 0～360° 之间随机选择；线性方式，提供最佳的峰值与均方根值比，但可能使信号在整个波形周期内具有周期性的成分。

峰值因数：信号输出的峰值电压和均方根电压的比。

实际单频信号频率：如"强制转换频率？"的值设置为 TRUE，则该值为执行强制转换和 Nyquist 标准后的单频频率。

其他端口的含义及作用与前面介绍的 VI 相同。

"基本混合单频"的应用实例如图 9-4 所示。由程序框图中的设定可知，波形幅值限制为 2V、

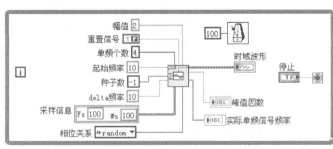

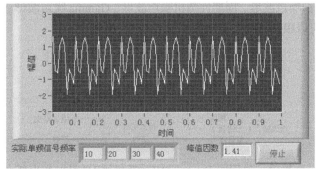

图 9-4　"基本混合单频"的应用实例

起始频率 10Hz、单频个数 4 个、delta 频率 10Hz、相位关系 Random。运行该实例，其生成波形将显示在波形图中，同时基本混合单频 VI 的实际单频信号频率输出为 10Hz、20Hz、30Hz、40Hz，这和起始频率 10Hz、单频个数 4 个、delta 频率 10Hz 的设置完全相吻合。

4. 均匀白噪声波形

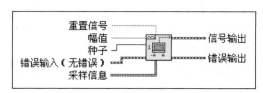

该 VI 生成均匀分布的伪随机波形，幅度值可指定。"幅值"是信号输出的最大绝对值，默认值为 1.0。"种子"大于 0 时，可使噪声采样发生器更换种子，默认值为 -1。LabVIEW 为重入 VI 的每个实例单独保存其内部的种子状态，对于 VI 的每个特定实例，如种子小于等于 0，LabVIEW 将不更换噪声发生器的种子，噪声发生器将继续生成噪声的采样，作为之前噪声序列的延续。其他接线端口使用方法与前面的例子基本相同。

图 9-5 所示为"均匀白噪声波形"VI 应用实例。需要说明的是，产生的均匀白噪声波形的频率成分由采样频率决定，其最高频率成分等于采样频率的一半。因此，若想生成频率覆盖 0～5kHz 的均匀白噪声，采样频率必须设为 10kHz。

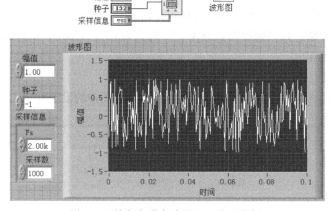

图 9-5 "均匀白噪声波形"VI 应用实例

生成各种噪声在信号的分析和处理中也是十分重要的，LabVIEW 除提供均匀白噪声波形 VI 之外，还提供了高斯白噪声波形、周期性随机噪声波形、Gamma 噪声波形、泊松噪声波形等多种噪声生成 VI，读者可以根据实际需要选择使用。

5. 仿真信号

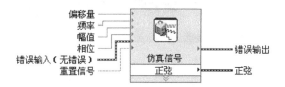

"仿真信号"是一个简单、易用的 Express VI。通过该 VI 可以产生任意频率、幅值和相位的正弦波、方波、三角波、锯齿波及直流信号，同时还可以给信号添加噪声，是一个非常实用的信

号发生器。

在使用"仿真信号"Express VI 并将其添加到程序框图时，将弹出配置属性对话框，如图 9-6 所示。

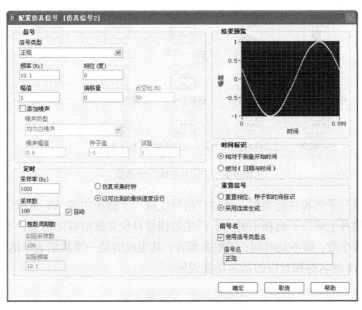

图 9-6　"仿真信号"Express VI 属性配置对话框

在该对话框中可以选择信号的类型、幅值、频率、相位，可以给信号添加白噪声、高斯噪声等 9 种不同的噪声并对噪声的参数进行设定，还可以设置采样信息等参数。设置相关参数后，在"结果预览"中可以对生成的波形进行预览。参数可以通过对话框配置，同时有些参数也可以通过 VI 的接线端进行配置。图 9-7 所示为利用"仿真信号"Express VI 编写的一个参数可调的正弦信号发生器。

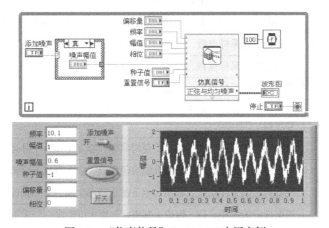

图 9-7　"仿真信号"Express VI 应用实例

在"波形生成"选板中还提供了"仿真任意信号"Express VI。通过该 VI 可以根据用户的自定义设置生成仿真信号。

9.1.2　信号生成

信号生成 VI 位于函数选板的"信号处理"→"信号生成"子选板中，如图 9-8 所示。

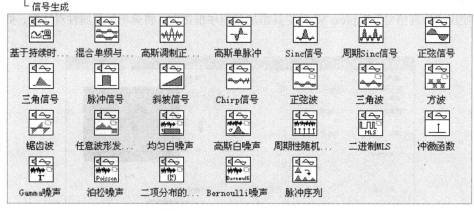

图 9-8 "信号生成"子选板

与"波形生成"子选板功能类似，通过"信号生成"子选板中的 VI 可以生成不同类型的信号。不同的是"信号生成"子选板中的 VI 产生的信号只包含波形幅度信息，不包含时间信息；其横轴索引是数据个数，而不是时间；就数据而言，其生成的是一维数组表示的波形数据。表 9-3 列出了信号生成 VI 的名称和对应的基本功能说明。

表 9-3   "信号生成" VI 功能说明

名　　称	功　　能
基于持续时间的信号发生器	根据指定的采样间隔、信号类型、采样点数、频率、幅值、直流偏置和初始相位生成一个信号序列
混合单频与噪声	根据指定的采样点数、单频信号信息、噪声有效值、偏置、采样率生成一个信号序列
高斯调制正弦波	根据指定的衰减、中心频率、采样点数、幅值、延迟、时间间隔、归一化中心带宽生成一个高斯调制正弦波
高斯单脉冲	根据指定的中心频率、采样点数、幅值、时间分辨率生成一个高斯单脉冲
Sinc 信号	根据指定的采样点数、幅值、延时周期和时间间隔产生一个 Sinc 信号
周期 Sinc 信号	根据指定的采样点数、幅值、延时周期、阶数和时间间隔产生一个周期 Sinc 信号
正弦信号	根据指定的采样点数、幅值、相位和周期波数产生一个正弦信号序列
三角信号	根据指定的宽度、采样点数、幅值、延迟、时间间隔和不对称性生成一个三角波信号序列
脉冲信号	根据指定的采样点数、幅值、延时周期和脉宽生成一个脉冲信号序列
斜坡信号	根据指定采样点数、初始值和结束值生成一个上升或下降斜坡信号序列
Chirp 信号	根据指定的采样点数、幅值、上下截止频率生成一个扫频信号序列
正弦波	根据指定的采样点数、幅值、频率、初始相位生成一个正弦信号序列，并返回结束点的相位，可以设置相位重置
三角波	根据指定的采样点数、幅值、频率、初始相位生成一个三角波序列，并返回结束点的相位，可以设置相位重置
方波	根据指定的采样点数、幅值、频率、初始相位、占空比生成一个方波序列，并返回结束点的相位，可以设置相位重置
锯齿波	根据指定的采样点数、幅值、频率、初始相位生成一个锯齿波序列，并返回结束点的相位，可以设置相位重置

续表

名　　称	功　　　能
任意波形发生器	以输入波形为一个周期，根据指定的采样点数、幅值、频率、初始相位、是否插值生成一个任意波序列，并返回结束点的相位，可以设置相位重置
均匀白噪声	根据指定的采样点数、幅值生成一个伪随机均匀分布白噪声序列
高斯白噪声	根据指定的采样点数、标准方差生成一个伪随机高斯分布白噪声序列
周期性随机噪声	根据指定的采样点数、频谱宽度生成一个周期性随机噪声序列
二进制 MLS	根据指定的采样点数、多项式阶数生成一个二进制最大长度序列（MLS）
冲激函数	根据指定的采样点数、幅值和延时周期生成一个冲激信号序列
Gamma 噪声	根据指定的采样点数、阶数生成一个噪声序列
泊松噪声	根据指定的采样点数、平均值生成一个泊松噪声序列
二项分布噪声	根据指定的采样点数、分布检验、检验概率生成一个二项分布噪声
Bernoulli 噪声	根据指定的采样点数、值为 1 的概率生成一个贝努力伪随机噪声序列
脉冲序列	根据指定的插值方法、采样点数、时间间隔、幅值、延迟、脉冲原型生成一个脉冲序列；插值方法：0 为最近插值、1 为线性插值、2 为样条插值、3 为 3 次 Hermite 插值

　　"信号生成"VI 的编程使用方法与"波形生成"VI 的使用方法是类似的，下面以"基于持续时间的信号发生器"VI 的应用实例来说明"信号生成"VI 的使用。对于其他 VI，读者可以参考 LabVIEW 帮助及范例。

　　"基于持续时间的信号发生器"VI 与波形生成选板中的"基本函数发生器"VI 功能类似。"信号类型"设定生成信号的类型，它可以生成多种不同的信号，包括 Sine（正弦）信号、Cosine（余弦）信号、Triangle（三角）信号、Square（方波）信号、Sawtooth（锯齿波）信号、Increasing ramp（上升斜波）信号、Decreasing ramp（下降斜波）信号。"持续时间"设置输出信号的持续时间，单位为 s，默认值为 1.0。"采样点数"为输出信号中采样点的数目，默认为 100。"频率"为输出信号的频率，单位为 Hz，默认值为 10。"幅值"为输出信号的幅度，默认值为 1.0。"直流偏移量"为输出信号的直流偏移量，默认为 0。"相位输入"为输出信号的初始相位，默认为 0，单位为°。通过以上这些参数，可以对输出信号进行设定。图 9-9 所示为"基于持续时间的信号发生器"生成信号的应用实例，所生成的信号类型、频率等参数通过前面板可调。

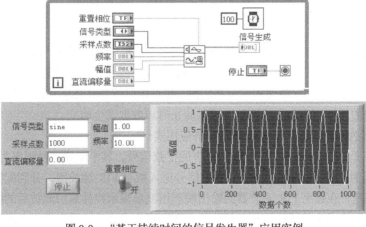

图 9-9　"基于持续时间的信号发生器"应用实例

与图 9-2 所示实例相比可知，利用"基于持续时间的信号发生器"产生的信号波形不包含时间信息，其横轴索引是数据个数，不是时间。

9.2　波形调理和波形测量

波形调理是对原始信号进行时域或频域预处理，其目的是尽量减少干扰信号的影响，提高信号的信噪比。波形调理会直接影响到信号分析的结果，因此一般来说它是信号分析前的必要步骤。波形测量实现信号某些特定信息的提取，如交流信号的平均直流—均方根测量、周期平均值测量、幅度谱/相位谱测量等。

9.2.1　波形调理

常用的波形调理有滤波、对齐、重采样等。LabVIEW 中的波形调理 VI 位于函数选板的"信号处理"→"波形调理"子选板中，如图 9-10 所示，包含 8 个子 VI 和 3 个 Express VI。

图 9-10　"波形调理"子选板

下面分别通过"数字 FIR 滤波器"和"触发与门限"两个 VI 举例说明波形调理 VI 的使用方法。

1. 数字 FIR 滤波器

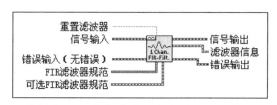

"数字 FIR 滤波器"VI 能够实现对单个波形或多个波形中的信号进行滤波的功能。如对多个波形进行滤波，VI 将对各个波形保留单独的滤波器状态。连接至"信号输入"和"FIR 滤波器规范"输入端的数据类型可确定要使用的多态实例。在对相位信息有要求时，通常使用 FIR 滤波器，因为 FIR 滤波器的相频响应总是线性的，可以防止时域数据发生畸变。

图 9-11 所示为一个"数字 FIR 滤波器"的应用实例。

该实例用仿真信号 Express VI 生成含噪声的正弦信号，其中正弦信号频率为 10Hz、幅值为 1V，噪声为幅值为 0.2V 的均匀白噪声。将该信号送入数字 FIR 滤波器，分别配置好滤波器规范和可选滤波器规范，在数字 FIR 滤波器的输出端利用波形显示控件显示滤波后的时域波形，并分离数字 FIR 滤波器信息中的幅度信息和相位信息用图形方式显示，可以看出，滤波后信号的信噪比明显改善。需要注意的是，要想达到好的滤波效果，需要对滤波器进行合理的配置，如选择合适的拓扑结构、通带类型、抽头数、窗等。

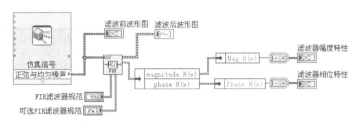

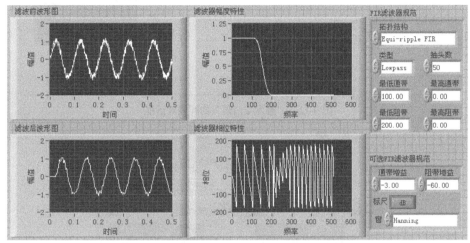

图 9-11 "数字 FIR 滤波器"应用实例

"波形调理"子选板还提供了"数字 IIR 滤波器"和"滤波器"两个 VI。其中数字 IIR 滤波器与数字 FIR 滤波器用法相同，不同之处在于滤波器的类型不同。"滤波器"是一个 Express VI，通过其配置面板可以将其配置成不同类型的滤波器，有关使用方法在此不再详细叙述。

2. 触发与门限

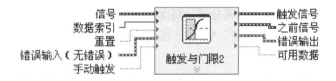

"触发与门限"是一个 Express VI。该 VI 通过触发提取信号中的片段，触发器根据开始触发和停止触发条件设置决定触发开启和触发停止。图 9-12 所示为"触发与门限"Express VI 的配置对话框。通过该对话框，可以对触发与门限 Express VI 的参数进行设定。

图 9-13 所示为一个"触发与门限"Express VI 的简单应用实例。"仿真信号"输出幅值为 1V 的正弦波送入"触发与门限"Express VI。在触发与门限 Express VI 对话框中设置开始触发的阈值为上升沿 0.5V，停止触发的阈值为下降沿-0.5V。由图 9-13 可以看到，触发后提取的信号片段正好是始于上升沿 0.5V、止于下降沿-0.5V 的一段波形。若设置开始触发的阈值为上升沿 2V，由于输入信号的最高电平为 1V，所以不会触发，此时可利用该 VI 的"手动触发"端口外接一个触发按钮来实现手动触发，触发的时刻就是按钮按下的时刻。

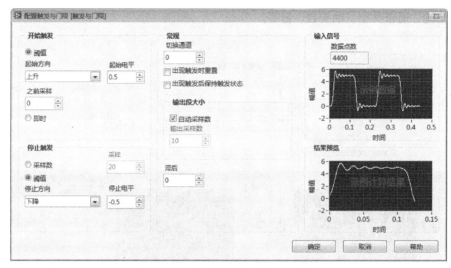

图 9-12　"触发与门限"的配置对话框

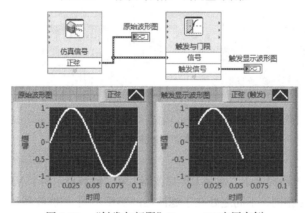

图 9-13　"触发与门限"Express VI 应用实例

9.2.2　波形测量

波形测量主要实现波形的交流直流分析、幅度测量、脉冲测量、傅立叶变换、功率谱测量等波形信息参数的测量功能。"波形测量"VI 位于函数选板的"信号处理"→"波形测量"子选板中，如图 9-14 所示。

图 9-14　"波形测量"子选板

下面以两个"波形测量"VI 应用实例简单介绍"波形测量"VI 的使用。

1. 基本平均直流—均方根

基本平均直流—均方根示意图如下。

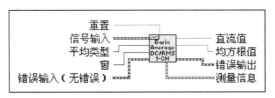

"基本平均直流—均方根"VI 计算输入波形或波形数组的直流值和均方根值（即有效值）。它与"平均直流—均方根"VI 类似，但前者对于每个输入的波形只返回直流值和均方根值。

图 9-15 所示为一个"基本平均直流—均方根"VI 应用实例。通过一个"基本函数发生器"VI 和一个"均匀白噪声波形"VI 产生一个带噪声的信号，送入"基本平均直流—均方根"VI 实现该信号的直流值和均方根值的测量。

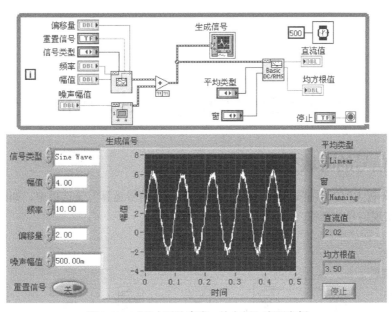

图 9-15   "基本平均直流—均方根"应用实例

2. 频谱测量

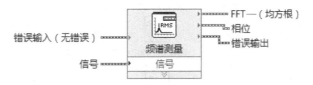

"频谱测量"是一个 Express VI，可以实现基于 FFT 的频谱测量，如信号的平均幅度频谱、功率谱、相位谱等。

图 9-16 是利用"频谱测量"Express VI 实现的一个基本的频谱测量实例。该实例对由"仿真信号"生成的一个频率可调的正弦波形的频谱进行测量。通过"频谱测量"的配置对话框，可以对频谱测量的选项及相关的参数进行设定。

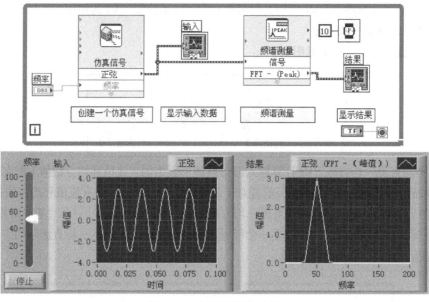

图 9-16　"频谱测量"实例

9.3　信号时域与频域分析

9.3.1　信号的时域分析

信号时域分析 VI 位于函数选板的"信号处理"→"信号运算"子选板中，如图 9-17 所示。这些 VI 能够实现信号的卷积、相关、归一化等运算功能。

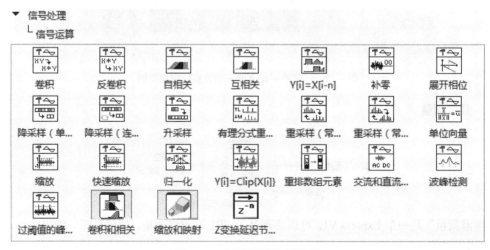

图 9-17　"信号运算"子选板

下面以"卷积"、"自相关"两个 VI 应用实例简单介绍信号运算 VI 的使用。

1. 自相关

自相关函数的一个重要应用是检验信号中是否含有周期成分。如果信号中含有周期成分，则自相关函数衰减很慢且具有明显的周期性。

图 9-18 所示为一个利用"自相关"VI 实现含噪信号周期性分析的实例。测试信号是由"基本函数发生器"和"均匀白噪声波形"产生的一个带噪声的正弦信号。当信号噪声幅度较小、还不足以淹没正弦信号时，可以看到自相关函数衰减很慢且具有明显的周期性；如果增大噪声使其幅度远大于正弦信号幅度，从自相关函数中就很难看到周期成分了，因为正弦信号已经淹没在噪声中了。

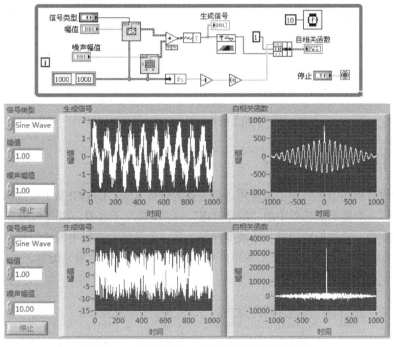

图 9-18 "自相关"VI 周期信号检测应用实例

2. 卷积

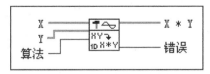

"卷积"VI 的功能是计算输入序列 X 和 Y 的卷积。通过将数据连线至 X 输入端可确定要使用的多态实例，也可手动选择实例。其中，"X"为第一个输入序列；"Y"为第二个输入序列；"算法"指定使用的卷积方法。算法的值为 Direct 时，VI 将使用线性卷积的 Direct 方法计算卷积；如算法为Frequency Domain，VI 将使用基于 FFT 的方法计算卷积。如 X 和 Y 较小，Direct 方法通常更快；如 X 和 Y 较大，Frequency Domain 方法通常更快。此外，两个方法在数值上存在微小的差异。

图 9-19 所示为利用二维卷积实现图像边沿检测的一个实例。该实例是 LabVIEW 2009 自带的一个范例。

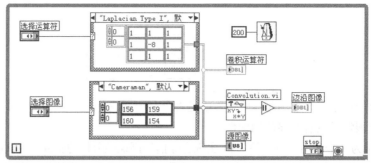

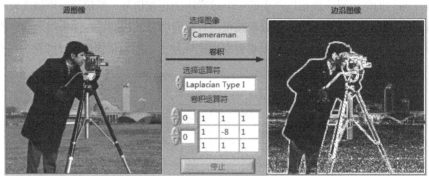

图 9-19　利用二维卷积实现图像边沿检测实例

9.3.2　信号的频域分析

信号的频域分析是信号处理中最常用、最重要的分析方法。LabVIEW 中的频域分析 VI 位于两个子选板中，一个是函数选板中的"信号处理"→"变换"子选板，如图 9-20 所示，主要实现信号的傅里叶变换、希尔伯特变换、小波变换等；另一个是函数选板中的"信号处理"→"谱分析"子选板，如图 9-21 所示，主要实现对信号的频率分析、联合时域分析等。

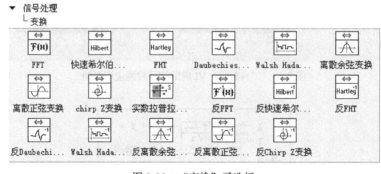

图 9-20　"变换"子选板

图 9-21　"谱分析"子选板

下面通过几个常用 VI 应用实例来说明如何通过频域分析 VI 实现信号的频域分析。

1. 快速傅里叶变换（FFT）

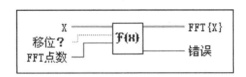

FFT，即快速傅里叶变换，它是数字信号处理中最重要的变换之一，它的作用在于能够从频域的角度观察一个信号的特征。FFT 最基本的一个应用就是计算信号的频谱，通过频谱可以方便地观察和分析信号的频率组成成分。

图 9-22 所示为一个利用"FFT"VI 编写的双边带傅里叶变换计算信号频谱的实例。实例利用 3 个"正弦波"VI 产生 3 个幅值和频率都不同的正弦信号，并将它们叠加在一起作为 FFT 变换的输入。生成的信号及频谱分析的结果如图 9-22 所示。

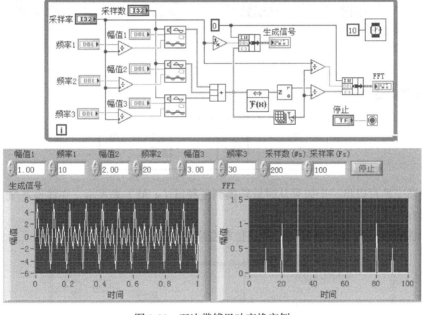

图 9-22　双边带傅里叶变换实例

从图中可以看出，傅里叶频谱中除了原有的频率 f 外，在 $Fs\text{-}f$ 的位置也有对应的频率成分，这是由于"FFT"VI 计算得到的结果不仅包含正频率成分，还包含负频率成分，这就是双边带傅里叶变换。当信号频率为 20Hz 时，在 80Hz 处出现的频谱实际上对应的频率为 −20Hz。如果不断增大信号频率，可以发现，正、负频率对应的频谱将逐渐靠近。当 f 大于采样率的一半时就会出现频谱混叠现象。这就是采样定理所限制的结果，因此为了能够获得正确的频谱，采样时必须满足采样定理，即 $f < Fs/2$。

实际上，频谱中绝对值相同的正、负频率对应的信号频率是相同的，负频率是由于数学变换才出现的。因此，将负频率叠加到对应的正频率上，正频率对应的幅值加倍，零频率对应的频率不变，就可以将双边频谱转变为单边频谱，即单边傅里叶变换。图 9-23 所示为单边带傅里叶变换实例。

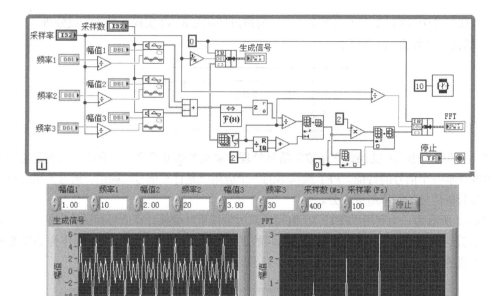

图 9-23　单边带傅里叶变换实例

2.　拉普拉斯变换

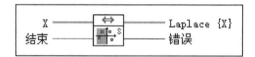

拉普拉斯变换可以将一个信号从时域转换到复频域（s 域）来表示，在线性系统、控制自动化等方面都有广泛的应用。

图 9-24 所示为一个正弦信号进行拉普拉斯变换的实例。

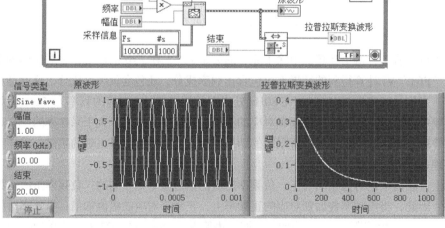

图 9-24　拉普拉斯变换应用实例

3. 希尔伯特（Hilbert）变换

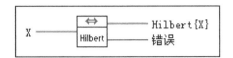

"Hilbert 变换"可用于提取瞬时相位信息、获取振荡信号的包络、获取单边频谱、检测回声以及降低采样速率等。

图 9-25 所示为一个利用"Hilbert 变换"实现回声信号检测的实例。该实例利用一个回声发生器产生一个回声信号，由 Hilbert 变换得到解析信号，然后计算解析信号的幅值并以对数形式表示以确定回声的位置。实例中将回声延迟设置为 125，则从图 9-25 中可以明显看到在采样点数为 125 处信号的包络有明显的扰动，即为回声信号。

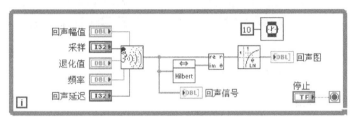

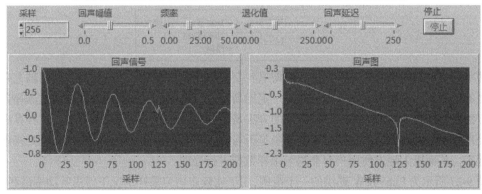

图 9-25　利用"Hilbert 变换"实现回声信号检测的实例

4. 幅度谱和相位谱

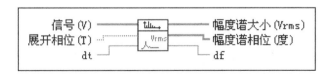

利用"幅度谱和相位谱"VI 可以计算实数时域信号的单边且已缩放的幅度谱，并返回幅度谱大小和幅度谱相位信息。

图 9-26 所示为利用"幅度谱与相位谱"VI 分析一个带白噪声的正弦信号。前面板中的 3 个波形图分别显示了原始时域信号及经过分析得到的幅度谱和相位谱。

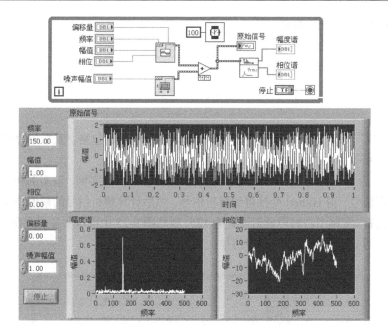

图 9-26   "幅度谱和相位谱" VI 应用实例

5. 非平均采样信号频谱

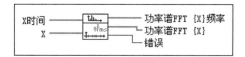

功率谱是通过傅里叶变换得到的，而傅里叶变换的一个基本要求就是数据在时间轴上必须是等间距的。在实际应用中，采样数据并不一定能满足这个条件。一种解决办法是通过选择合适的插值方法使数据变得均匀；另外一种有效的方法是通过 Lomb 归一化周期图算法，这种算法可以直接处理原始数据而无需关心数据采样间隔是否均匀。"非平均采样信号频谱" VI 就是将该算法封装起来，从而极大地方便用户对非均匀采样数据进行处理。

图 9-27 所示为 LabVIEW 提供的一个范例,用于比较非均匀采样情况下傅里叶功率谱和 Lomb 功率谱。图中采样点由随机数产生来实现信号的非均匀采样，采样信号由 4 个不同频率的正弦信号叠加而成。从分析结果可以看出，从傅里叶功率谱中无法分辨 4 个正弦信号，而 Lomb 功率谱能很清楚地分辨出这 4 个信号。

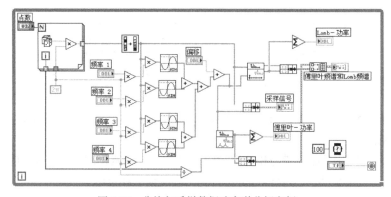

图 9-27   非均匀采样数据功率谱分析实例

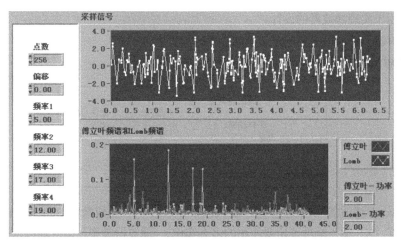

图 9-27 非均匀采样数据功率谱分析实例（续）

9.4 滤 波 器

滤波器的功能是让处于通带频率范围内的信号通过，而阻止阻带频率范围内的信号通过，从而实现对信号进行筛选。根据信号的类型，滤波器分为模拟滤波器和数字滤波器。模拟滤波器的输入和输出都是连续的，而数字滤波器的输入和输出都是离散时间信号。由于 LabVIEW 程序内部所处理的信号都是离散数字信号，因此本书仅讨论数字滤波器的 LabVIEW 实现。

根据冲激响应，可以将滤波器分为有限冲激响应（FIR）滤波器和无限冲激响应（IIR）滤波器。对于 FIR 滤波器，冲激响应在有限时间内衰减为零，其输出仅取决于当前和过去的输入信号值；对于 IIR 滤波器，冲激响应在理论上会无限持续，输出取决于当前和过去的输入信号值以及过去的输出值。在实际应用中，应根据实际情况选择合适的滤波器。

LabVIEW 提供了多种滤波器 VI 和用来设计滤波器的 VI，它们位于函数选板的"信号处理"→"滤波器"子选板中，如图 9-28 所示。

图 9-28 "滤波器"子选板

在"滤波器"子选板提供的各种 VI 中，IIR 滤波器类型有 Butterworth 滤波器、Chebyshev 滤波器、反 Chebyshev 滤波器、椭圆滤波器和贝塞尔滤波器；FIR 滤波器有 FIR 加窗滤波器和等波纹带通、等波纹带阻、等波纹高通、等波纹低通滤波器等。同时还提供高级 IIR 和高级 FIR 滤波器子选板，用于实现滤波器的设计。

下面以贝塞尔滤波器为例来介绍滤波器 VI 的应用。

1. Butterworth 滤波器

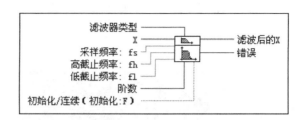

"Butterworth 滤波器" VI 通过调用 Butterworth 系数 VI，生成数字 Butterworth 滤波器。通过将数据连线至"X"输入端可确定要使用的多态实例；"滤波器类型"接线端可以设置滤波器的通带，选项包括 Lowpass（低通）、Highpass（高通）、Bandpass（带通）、Bandstop（带阻）。

图 9-29 所示为一个利用"Butterworth 滤波器" VI 实现低通滤波器的实例。使用"仿真信号"Express VI 产生一个含均匀白噪声的低频正弦波信号并使用低通 Butterworth 滤波器进行滤波。从图中可以看出，滤波后信号噪声大大减少。

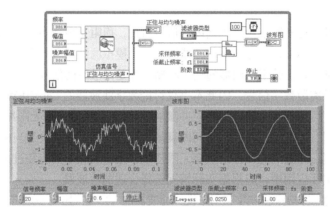

图 9-29 "Butterworth 低通滤波器"实例

2. 贝塞尔滤波器

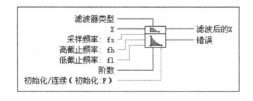

贝塞尔滤波器 VI 通过调用贝塞尔系数 VI，生成数字贝塞尔滤波器。通过将数据连线至"X"输入端可确定要使用的多态实例。

图 9-30 所示为利用"贝塞尔滤波器"实现多个频率信号带通滤波的实例。本实例由 4 个"正弦波形" VI 分别生成 4 个不同正弦波形并叠加在一起生成一个多频信号，贝塞尔带通滤波器筛选 150~350Hz 之间的信号。从图中可以看出，经过带通滤波后，处于通带频率范围内的信号几乎无损通过，而处于阻带频率范围内的信号被大大抑制。

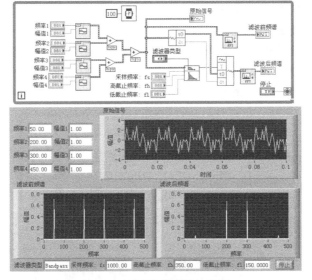

图 9-30 贝塞尔带通滤波实例

9.5 窗 函 数

在利用计算机实现工程测试信号处理时，不可能对无限长的信号进行测量和运算，而是取其有限的时间片段进行分析。具体做法是从信号中截取一个时间片段，然后用这个信号时间片段进行周期延拓处理，得到虚拟的无限长的信号，然后对信号进行傅里叶变换、相关分析等数学处理。无限长的信号被截断以后，其延拓信号周期与周期之间信号是不连续的，其频谱将发生畸变，原来集中在某一频率处的能量被分散到两个较宽的频带中去了（这种现象称之为频谱能量泄漏）。

在不可能得到无限长信号的情况下，解决频谱能量泄漏的方法就是加窗。频谱能量泄漏大小取决于周期延拓时信号突变的幅度，跳跃越大，泄漏越大。加窗就是将原始采样波形乘以幅度变化平滑且边缘趋零的有限长度的窗来减小每个周期边界处的突变。

LabVIEW 提供了多种窗函数来实现对有限采样数据的加窗处理，这些窗函数位于函数选板的"信号处理"→"窗"子选板中，如图 9-31 所示。

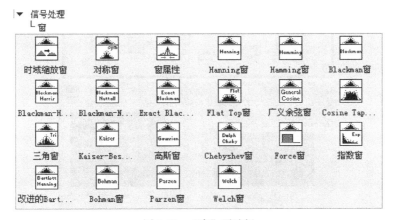

图 9-31 "窗"子选板

下面以两个典型的应用实例来说明窗函数的应用。

1. 信号加窗前后频谱对比实例

图 9-32 所示为一个非整周期采样信号在加窗前和加窗后频谱分析对比实例。从图中可以看出，当正弦信号的采样为非整周期时，出现了信号周期延拓时的突变现象，从而导致明显的频谱能量泄漏现象，而加窗后信号的频谱则没有能量泄漏现象。

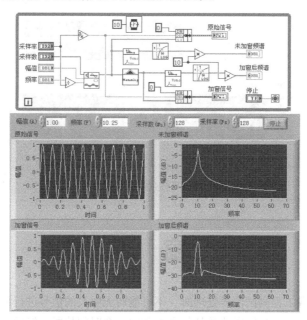

图 9-32　非整周期采样信号加窗前后频谱对比实例

2. 利用窗函数分辨小幅值信号

当信号中某个频率成分的幅度相对较小时，如果直接进行傅里叶频谱分析，由于频谱能量泄漏，很难通过频谱分辨出幅度较小的信号。如果对信号采用加窗处理后再做频谱分析，则通过频谱就比较容易分辨出小幅值的信号。图 9-33 所示为一个利用窗函数分辨小幅值信号的一个实例。当两个叠加在一起的正弦信号幅度相差 1000 倍时，从未加窗信号的功率谱中基本分辨不出小幅值信号，而通过加 Hanning 窗后，从加窗信号的功率谱中就明显能够分辨出小幅值信号。该实例也可以通过 LabVIEW 范例得到。

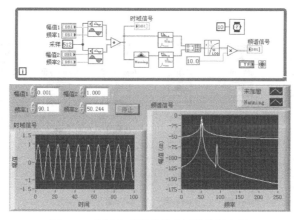

图 9-33　利用窗函数分辨小幅值信号实例

9.6 逐点分析

在数字信号处理中，传统的基于缓冲和数组的数据分析过程是先将采集得到的数据放在缓冲区或数组中，待数据量达到一定的要求时，才将这些数据进行一次性分析处理。由于采集和构建这些有一定要求的数据需要时间，因此这种分析方法难以实现高速实时分析。

为了实现数据实时采集与分析，LabVIEW 提供了逐点分析 VI。逐点 VI 在数据分析时针对每一个采集的数据点都可以立即进行分析，数据可以实现实时处理。使用逐点分析能够跟踪和处理实时事件，实现与信号的同步，减少数据丢失的可能性，同时程序设计也更加容易。由于无须构建数组，所以对采样速率要求更低。

逐点分析 VI 位于函数选板的"信号处理"→"逐点"子选板中，如图 9-34 所示。

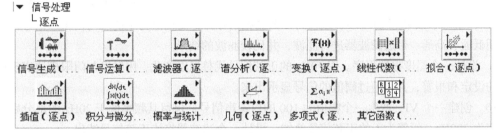

图 9-34　"逐点"子选板

下面以一个简单应用实例来介绍逐点 VI 的应用。

图 9-35 所示为一个逐点分析实时滤波与普通滤波的对比实例。首先生成一个周期逐点正弦波信号，频率与幅值都为 1，每周期 128 个点，然后对该信号叠加幅值为 0.3 的均匀白噪声，最后分别利用普通滤波方式和逐点滤波方式进行滤波。运行实例，可以发现：逐点分析在接收到的每个数据点时就立即进行分析，并同步输出结果，然后进行下一个数据点的分析，实现了实时分析的效果；而普通滤波利用缓冲区接收数据形成序列，然后对整个序列进行分析，在接收序列过程中无法显示滤波结果，只能在整个序列接收完后才能显示分析结果。

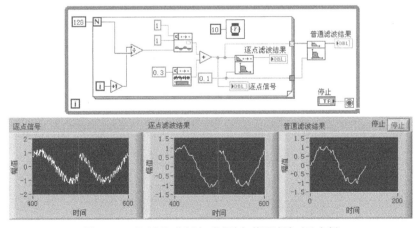

图 9-35　"逐点"分析实时滤波与普通滤波对比实例

9.7 习　　题

1. 设计一个简单的函数信号发生器。要求能输出正弦波、方波、三角波和锯齿波，且能设置波形的幅度、频率、偏移、占空比等参数。

2. 选用适当模块设计输出一个含有 10Hz、20Hz、50Hz 3 个频率分量的信号。

3. 设计一个工频仿真信号源。要求输出一个幅值为 2V 的 50Hz 且含有 3～7 次的奇次谐波和白噪声的信号，各谐波的幅值为谐波次数的倒数，白噪声的幅度为 0.1V。

4. 设计一个任意函数发生器。要求能输出函数表达式指定的波形和手绘的波形。

5. 分别用 FIR 和 IIR 滤波器滤除习题 3 中的谐波及噪声信号。

6. 求幅值为 1、频率为 100Hz 的三角波叠加幅值为 1 的高斯白噪声信号的自相关函数。

7. 对信号 $y(t) = 2\sin(20\pi t + \pi/3) + 3\sin(50\pi t + \pi/2) + \sin(120\pi t)$ 进行傅里叶变换，并作谐波分析。

8. 产生一个频率为 1000Hz、幅值为 1 的正弦信号并叠加幅值为 1 的均匀白噪声信号，再分别采用低通、高通、带通滤波器进行滤波，并比较滤波的结果。

9. 设计一个温度报警程序。用 10Hz 的正弦信号代替温度变化，用触发与门限模块实现报警阈值的设定和报警，并将超过阈值的信号显示出来。

10. 创建一个 VI，产生一个幅值为 100 的白噪声信号，保留其频率低于 20Hz 的部分后与一个频率为 200Hz、幅值为 1 的正弦信号叠加。设计一个滤波器将该正弦信号滤出。

11. 创建一个 VI，提取习题 2 生成信号的频率和幅度信息。

12. 试测量习题 3 中信号的幅度谱、相位谱和功率谱。

第10章
数据采集

在测试、测量以及工业自动化等领域中，都需要进行数据采集，而基于 LabVIEW 设计的虚拟仪器主要就是用于获取真实物理世界的数据并实现数据的分析及呈现。数据采集是 LabVIEW 的核心技术之一，为计算机与外部物理世界提供了沟通渠道。LabVIEW 具有功能强大的数据采集软件资源，使其在测试测量领域优势明显。

本章着重介绍数据采集的基本理论、数据采集卡以及 DAQ 技术的应用。

10.1 数据采集基础

10.1.1 奈奎斯特采样定理

自然界中的物理量大多是在时间、幅值上连续变化的模拟量，而信息处理多是以数字信号的形式由计算机来完成，所以将模拟信号变为数字信号是实现信息处理的必要过程。该过程的第一步就是对模拟信号进行采样。对模拟信号采样的基本准则是奈奎斯特采样定理，其表述如下。

若连续信号 $x(t)$ 是有限带宽的，其频谱的最高频率为 f_c，对 $x(t)$ 采样时，若保证采样频率 $f_s \geqslant 2f_c$，那么即可由采样后的数字信号 $x(nT_s)$ 恢复出 $x(t)$，即 $x(nT_s)$ 保存了 $x(t)$ 的全部信息。采样频率越高，采集信号越接近真实信号，但高采样率意味着对存储空间和内存有更高的要求。如果采样频率 $f_s < 2f_c$，则通过采样后的数字信号无法还原原来的信号，称为欠采样。图 10-1 显示了充分采样和欠采样两种采样结果，

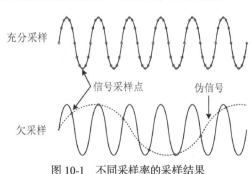

图 10-1 不同采样率的采样结果

黑实线为原模拟波形，黑点表示模拟信号采样点，虚线表示欠采样引起的伪信号。

在实际操作中，如果 $x(t)$ 不是有限带宽的，采样之前应对其进行模拟滤波，以去除 $f > f_c$ 的高频成分，这种模拟滤波器称为抗混叠滤波器。使频谱不发生混叠的最小采样频率 $f_s = 2f_c$，称为"奈奎斯特率"。一般情况下，f_s 至少为 f_c 的 2.5 倍。工程上，f_s 一般为 f_c 的 6~8 倍。

10.1.2 输入信号类型

进行数据采集之前，必须对所采集信号的特性有所了解。这是因为不同信号的测量方式和对采集系统的要求是不同的，用户只有在对被采样信号有充分了解的基础上，才能选择合适的测量

方式及采集系统的配置。

任意一个信号都是随时间而改变的物理量。一般情况下，信号所运载的信息是很广泛的，包括状态、速率、电平、形状、频率等。根据信号运载信息的方式不同，可将信号分为模拟信号和数字信号。模拟信号有直流信号、时域信号、频域信号，而数字（二进制）信号分为开关信号和脉冲信号两种，如图 10-2 所示。

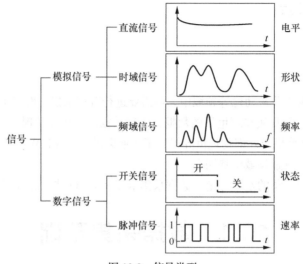

图 10-2　信号类型

1. 模拟信号

（1）模拟直流信号

模拟直流信号是静止的或变化非常缓慢的模拟信号。直流信号最重要的信息是它在给定区间内运载的信息的幅度。常见的直流信号有温度、流速、压力、应变等。采集系统在采集模拟直流信号时，需要有足够的精度以正确测量信号电平，且无需高采样率，无需使用硬件计时。

（2）模拟时域信号

模拟时域信号运载的信息包括信号电平及电平随时间的变化。时域信号以波形的形式表示，测量时需关注一些有关波形形状的信息，例如斜度、峰值等。测量一个时域信号时，必须有精确的时间序列以及合适的序列间隔，以保证信号的有用部分被采集到。另外，还要有合适的测量速率，这个速率要能跟上波形的变化。

（3）模拟频域信号

模拟频域信号与时域信号类似，然而，从频域信号中提取的信息是基于信号的频域内容，而不是基于波形形状的，也不具有随时间变化的特性。模拟频域信号也很多，例如声音信号、地球物理信号、传输信号等。

2. 数字信号

（1）开关信号

开关信号运载的信息与信号的瞬间状态有关。TTL 信号就是一个开关信号，一个 TTL 信号输入如果在 2.0～5.0V 之间，就定义它为逻辑高电平，如果在 0～0.8V 之间，就定义为逻辑低电平。

（2）脉冲信号

脉冲信号包括一系列的状态转换，信息就包含在状态转化发生的数目、转换速率、一个转换间隔或多个转换间隔的时间里。

上面讨论的信号分类并不是相互排斥的，一个特定的信号可能运载多种信息，可以用几种方式来定义信号并测量。

10.1.3　信号接地与测量系统

1. 信号源的基准配置

信号源有两种类型：基准的和非基准的。基准信号源通常称为接地信号，而非基准信号源则称为未接地信号或浮动信号，这两种信号源如图 10-3 所示。

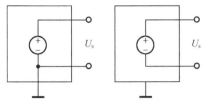

（a）接地信号源　（b）未接地信号源

图 10-3　信号源的两种类型

接地信号源的电压信号以系统的地线作为参考点，如大地或建筑物。通过墙上的电源插座插入建筑物的设备，如信号发生器和供电设备，都是接地信号源最常见的实例。在数据采集系统（DAQ）中，接地信号源与 DAQ 卡和计算机共用一条地线。

未接地信号源的信号（如电压）没有相应的诸如大地或建筑物这样的绝对参考点。一些常见的未接地信号的实例包括电池组、电池供电电源、热电偶、变压器、隔离放大器和那些输出信号明显不接地的各种仪器。

2. 测量系统

一个模拟电压信号可分为接地和浮动两种类型，因此根据信号接入方式的不同，测量系统可以分为差分测量系统（DEF）、参考地单端测量系统（RSE）、无参考地单端测量系统（NRSE）3 种类型。

（1）差分测量系统

在差分测量系统中，信号两个输入端分别连接数据采集设备的两个模拟通道输入端。具有仪器放大器的数据采集卡设备可配置成差分测量系统。图 10-4 为一个用于 NI 多功能 DAQ 的 8 通道差分测量系统。通道是模拟、数字信号进入和离开 DAQ 设备的管脚或引线，图中标注为模拟输入地线（AIGND）管脚的就是测量系统的地线。另外，系统仅使用一个测量放大器，通过模拟多路复用器（MUX）来增加测量的通道数。

一个理想的差分测量系统仅能测出（＋）和（−）输入端口之间的电位差，完全测量不到共模电压。然而，在实际应用中，数据采集卡共模电压的范围限制了相对于测量系统地的输入电压的波动范围。共模电压的范围关系到一个数据采集卡的性能，可以用不同的方式来消

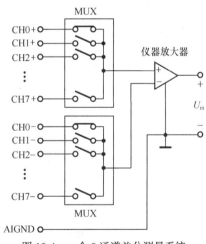

图 10-4　一个 8 通道差分测量系统

除共模电压的影响。如果系统共模电压超过允许范围，则需要限制信号地与数据采集卡的地之间的浮地电压，以避免测量数据错误。

（2）参考地单端测量系统

一个参考地单端测量系统（RSE）也叫作接地测量系统。被测信号一端接模拟输入通道，另一端接系统地 AIGND。图 10-5 所示为一个 16 通道参考地单端测量系统。

（3）无参考地单端测量系统

在无参考地单端测量系统（NRSE）中，信号的一端接模拟输入通道，另一端接一个公用参

考端，但这个参考端电压相对于测量系统的地来说是不断变化的。图 10-6 所示为一个 16 通道无参考地单端测量系统。

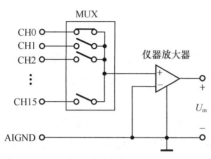

图 10-5　一个 16 通道参考地单端测量系统

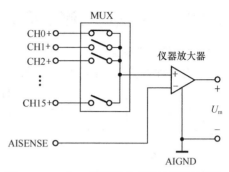

图 10-6　一个 16 通道无参考地单端测量系统

当测量未接地信号源时，差分测量能够提供最好的噪声免疫性；而当所有信号共用相同的接地参考点时，NRSE 能够提供次好的噪声免疫性。如果信号的电平高并且电缆具有低阻抗，接地信号源可以使用一个 RES 测量系统。RES 测量容易遭受噪声和接地回路的侵扰。通常，噪声免疫性与信道数目之间存在一种折中。差分测量比 NRES 测量需要更多的连接，因为差分测量对于每个信号的（−）端都需要一个单个管脚，而单端测量可以用一个信号公用（−）端。如果需要较多的信道数目，当所有的输入信号符合下列条件时，用户可以选择使用单端测量系统。

● 高电平信号（通常大于 1V）。

● 使用短的或者合适的屏蔽电缆穿过无噪环境（通常不超过 15 英尺）。

● 所有信号可以在信号源中共享一个公共基准信号。

10.1.4　数据采集系统构成

图 10-7 是一个典型的数据采集系统，包括传感器、信号调理、数据采集卡、PC 和软件。

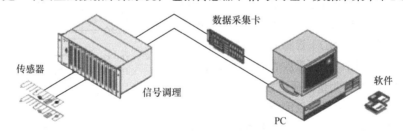

图 10-7　典型数据采集系统

传感器感应被测对象的状态变化，并将其转化成可测量的电信号。

信号调理是联系传感器与数据采集设备的桥梁。从传感器输出的信号大多要经过调理才能进入数据采集设备。信号调理主要包括以下几个方面。

① 放大：调整信号幅值，以便适宜于采样。

② 滤波：滤除信号中的高频噪声，以提高信噪比。

③ 隔离：若使用变压器耦合、光电耦合或电容耦合等方法在被测对象和数据采集系统之间传递信号时，可避免两者之间存在直接的电气连接。

④ 激励：信号调理模块可以为某些传感器提供所需的激励信号。

⑤ 线性化：弥补传感器非线性带来的误差。

数据采集卡是实现数据采集功能的计算机扩展卡。一个典型的数据采集卡的功能有模拟输入、模拟输出、数字 I/O、计数器/计时器等，这些功能分别由相应的电路来实现。通常来说，数据采集卡都有自己的驱动程序。例如 NI-DAQmx 是 NI 公司关于数据采集卡的驱动软件，且该驱动软件的版本必须等于或高于对应的 LabVIEW 版本时才可正常使用。

软件使 PC 机和数据采集卡形成了一个完整的数据采集、分析和显示系统。

衡量数据采集系统最主要的指标有两个，即速度和精度。其常用指标如下。

（1）分辨率

分辨率是指数据采集系统可以分辨输入信号的最小变化量，使用 LSB（Least Significant Bit，最低有效位值）占系统满度信号的百分比或者系统实际可分辨的实际电压数值来表示。该指标由模数转换器的位数决定。

（2）精度

精度是指产生各输出代码所需模拟量的实际值与理论值之差的最大值。精度是零位误差、增益误差、积分线性误差、微分线性误差、温度漂移等综合因素引起的总误差。

（3）量程

量程是指数据采集系统所能采集的模拟输入信号的范围，主要由模数转换器的输入范围决定。

（4）采集速率

采集速率是指在满足系统精度的前提下，系统对模拟输入信号在单位时间内所完成的采集次数。

（5）数据输出速率

数据输出速率是指单位时间内采集系统的模数转换器输出转换结果的次数。

（6）动态范围

动态范围是指信号的最大幅值与最小幅值之比的分贝数。数据采集系统的动态范围通常定义为所允许输入的最大幅值 V_{max} 与最小幅值 V_{min} 之比的分贝数。

$$I_i = 20 \lg \frac{V_{max}}{V_{min}}$$

最大允许输入幅值 V_{max} 是指使数据采集系统的放大器发生饱和或者是使模数转换器发生溢出的最小输入幅值。最小允许输入幅值 V_{min} 一般用等效输入噪声电平 V_{iN} 来代替。

（7）非线性失真

非线性失真也称谐波失真。当给系统输入一个频率为 f 的正弦波时，其输出中出现很多频率为 $k \cdot f$（k 为整数）的频率分量的现象，称为非线性失真。谐波失真系数用来衡量系统产生非线性失真的程度，用下式表示。

$$H = \frac{\sqrt{A_2^2 + A_3^2 + \ldots + A_k^2 + \ldots}}{\sqrt{A_1^2}} \times 100\%$$

式中，A_1 表示基波振幅，A_k 表示第 k 次谐波（频率为 $k \cdot f$，$k \geqslant 2$）的振幅。

10.2　DAQ 设备的安装与测试

用户在使用 LabVIEW 进行 DAQ 编程应用之前，需要首先安装 DAQ 设备，并进行一些必要的配置。本节将以 NI 公司多功能数据采集卡 PCI-6251 为例，介绍如何在系统中安装和测试 DAQ 设备。另外，本章后面的数据采集实例编程也是基于该数据卡实现的。

10.2.1　数据采集卡的安装

NI PCI-6251 是一款高速 M 系列多功能 DAQ 板卡，在高采样率下也能保持高精度。该卡提供 16 路单端/8 路差分模拟输入通道，ADC 的分辨率为 16bit，单通道数据采样速率为 1.25MS/s，多通道为 1MS/s，提供从 ±0.1V～±10V 多达 7 种可编程模拟信号输入范围，分别为 ±10V、±5V、±2V、±1V、±0.5V、±0.2V、±0.1V；提供 2 路 16 位模拟输出，数据刷新率为 2.8MS/s；同时还提供 24 条数字 I/O 线和 2 个 32 位计数器。PCI-6251 共有 68 个接线端子。PCI-6251 数据采集卡及接线端子的定义如图 10-8 所示。

图 10-8　PCI-6251 数据采集卡及接线端定义

将 PCI-6251 数据采集卡插到计算机主板上的一个空闲 PCI 插槽中，接好附件并完成驱动程序 NI-DAQ 或 NI-DAQmx 的安装（最新版的 NI-DAQmx 可从 NI 网站上下载，本书采用的为 NI-DAQmx 9.0）。PCI-6251 的附件包含一个型号为 CB-68LPR 的接线板和一条 68 芯、型号为 SHC68-68-EPM 的数据线，如图 10-9 所示。

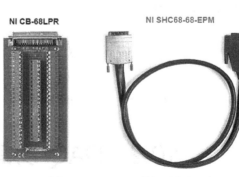

图 10-9　PCI-6251 数据采集卡附件

直接通过数据采集卡实现被测信号的直接连接比较困难，因此，用户需要将接线板作为传感器/信号与数据采集卡之间的接口。接线板能够轻松访问测量硬件的输入和输出。数据线可以实现接线板与数据采集卡之间的连接，实现它们之间的数据传输。

10.2.2　数据采集卡的测试及配置

在安装 NI-DAQ 软件或 LabVIEW 软件时，系统会自动安装一个名为 Measurement & Automation Explorer 的软件，简称 MAX，该软件用于管理和配置硬件设备。下面介绍如何用 MAX 完成 PCI-6251 的测试。

运行 Measurement & Automation Explorer，在弹出的窗口左侧"配置"管理树中展开"我的系统"→"设备和接口"。如果前面数据采集卡的安装无误，则在"设备和接口"节点下将出现"NI PCI-6521"的节点，如图 10-10 所示。

图 10-10　Measurement & Automation Explorer 主窗口

选中"NI PCI-6521"节点，窗口右侧将列出该数据采集卡的一些属性，如序列号、内存范围等属性信息。同时，通过该节点右键快捷菜单或右侧窗口上部的快捷菜单按钮还可以进行数据采集卡的自检、测试、重启设备、创建任务、配置 TEDS、设备引脚定义浏览、自校准等操作。

1．采集卡的自检及重启

通过单击"自检"可以执行设备自检操作。通过单击"重启设备"则可以实现设备的重启，从而将设备重置为默认状态。自检及重启设备通过后将弹出"成功"提示对话框。

2．采集卡测试

单击"测试面板..."快捷菜单按钮打开测试面板对话框，在该对话框中可以对采集卡进行测试从而检验设备是否运行正常。在该对话框中，可以对采集卡的模拟输入、模拟输出、数字 I/O 和计数器 I/O 进行测试，图 10-11 给出了模拟输入测试的情况。测试输入信号采用差分方式从端口 68、34 输入频率 10Hz，幅度峰—峰值为 1V

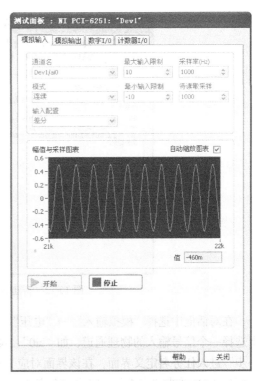

图 10-11　NI PCI-6251 测试面板

的正弦信号，从测试面板显示的信息表明该设备工作正常。

3. 采集卡的任务配置

在介绍任务配置前，首先介绍几个概念，这些概念在后面的内容中都将涉及。

（1）物理通道

物理通道是采集和产生信号的接线端或管脚。支持 NI-DAQmx 的设备上的每个物理通道都具有唯一的名称。

（2）虚拟通道

虚拟通道是一个由名称、物理通道、I/O 端口连接方式、测量或产生信号类型以及标定信息等组成的设置集合。在 NI-DAQmx 中，每个测量任务都必须配置虚拟通道，虚拟通道被整合到每一次具体的测量中。可以使用"DAQ 助手"来配置虚拟通道；也可以在应用程序中使用 NI-DAQmx 函数来配置虚拟通道。

（3）任务

任务是带有定时、触发或其他属性的一个或多个虚拟通道的集合。任务是 NI-DAQmx 中一个重要的概念。一个任务表示用户想做的一次测量或一次信号发生。用户可以设置和保存一个任务里的所有配置信息，并在应用程序中使用这个任务。在 NI-DAQmx 中，用户可以将虚拟通道作为任务的一部分（此时虚拟通道为局部通道）或独立于任务（此时虚拟通道为全局通道）来配置。

从以上概念可以明确：实际的物理通道是指采集卡的输入/输出端子，使用物理通道可以测量或产生模拟或数字信号。在利用数据采集卡实现数据采集时，需要首先配置任务，在 MAX 中配置任务的方法如下。

在 MAX 界面接口和设备右侧窗口上面，单击"创建任务..."选项，弹出"新建 NI-DAQmx 任务..."对话框，如图 10-12 所示。

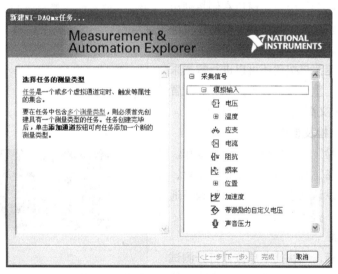

图 10-12　新建 NI-DAQmx 任务对话框

在对话框中选择"模拟输入"→"电压"，对话框将切换为"物理通道"选择界面。在该界面上选择一个信号输入的物理通道，如"ai0"，表明要采集从 ai0 输入的模拟信号，选定后单击"下一步"进入任务名定义界面，在该界面对应文本输入框中输入要指定的任务名称，如默认"我的电压任务"，单击"完成"则完成一个模拟输入电压测量任务的创建。

任务创建完成后，在 MAX 主窗口左侧配置树的"数据邻居"中将出现"NI-DAQmx 任务"→"我的电压任务"节点。选中该节点，在右侧窗口中根据输入信号合理配置各种参数后，单击"运行"按钮，则输入信号通过采集卡采集并显示在窗口右侧上部的图表中，如图 10-13 所示。

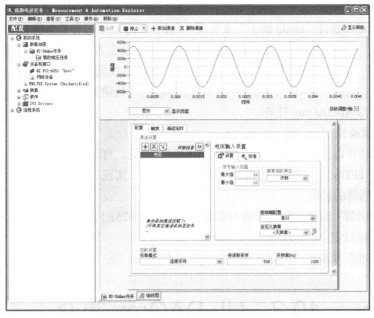

图 10-13　任务配置及运行情况窗口

在图 10-13 所示的窗口中，在窗口的下侧单击"连线图"选项卡，将弹出指定配置下的信号输入连线方式，如图 10-14 所示。

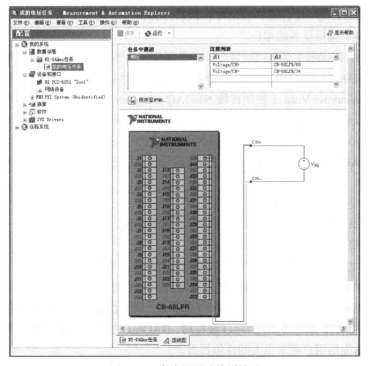

图 10-14　任务配置连线图界面

另外，该窗口还可以给新创建的任务添加新的通道以实现多个测量。有关通道的添加的方法，在此不再详细介绍。

单击窗口上的"保存"按钮可以对任务的配置信息进行保存，保存后的任务可以在其他应用程序中使用。

配置任务还可以通过"DAQ 助手"来实现，利用 DAQ 助手配置任务将在 10.3.4 节中介绍。

另外，在应用编程中还可以通过其他的途径来创建及配置任务，如通过前面板控件对象"DAQmx 任务名"和程序框图常量"DAQmx 任务名"的右键快捷菜单"新建 NI-DAQmx 任务"→"MAX..."选项。选择该选项时，也打开图 10-12 所示的"新建 NI-DAQmx 任务..."窗口，创建并在 MAX 中保存 NI-DAQmx 任务。

4. 其他配置操作

通过 MAX 还可以实现配置 TEDS、设备引脚定义浏览、自校准等操作。

单击"配置 TEDS..."菜单按钮打开配置 TEDS 窗口，实现在 NI-DAQmx 设备上添加或删除 TEDS 兼容的传感器的功能。

单击"设备引脚"菜单按钮打开数据采集卡（NI PCI-6251）端口说明文档，从文档中可以得到数据采集卡的端口定义。

单击"自校准"菜单按钮可以实现设备的自校准操作。

10.3 NI-DAQmx 简介

10.3.1 传统的 NI-DAQ 与 NI-DAQmx

NI-DAQ 驱动软件是一个用途广泛的库，该软件提供了多种函数及 VI，可从 LabVIEW 中直接调用，从而实现对测量设备的编程。

传统 NI-DAQ（Legacy）是 NI-DAQ 6.9x 的升级版，为 NI-DAQ 的早期版本。其 VI、函数和工作方式都和 NI-DAQ 6.9x 相同。传统 NI-DAQ（Legacy）可以和 NI-DAQmx 在同一台计算机上使用，但不能在 Windows Vista 上使用传统 NI-DAQ（Legacy）。

NI-DAQmx 是最新的 NI-DAQ 驱动程序，带有控制测量设备所需的最新 VI、函数和开发工具。与较早版本的 NI-DAQ 相比，NI-DAQmx 的优点在于以下几点。

① 提供了 DAQ 助手，无需编程就可进行测量任务，并能生成对应的 NI-DAQmx 代码，易于学习。

② 采集速度更快。

③ 提供的仿真设备无需连接实际的硬件就可进行应用程序的测试和修改。

④ API 更为简洁直观。

⑤ 支持更多的 LabVIEW 功能，可使用属性节点和波形数据类型。

⑥ 对 LabVIEW Real-Time 模块提供更多支持且速度更快。

NI-DAQmx 基本可以取代传统 NI-DAQ（Legacy）。需要注意的是，并非所有情况下都可以使用 DAQmx，如使用 ATE 系列多功能 DAQ 设备时，DAQmx 并不支持此类设备。但大部分情况下，使用 DAQmx 设备能给用户带来很大的性能提升。

10.3.2　NI-DAQmx 数据采集控件

NI-DAQmx 数据采集控件位于前面板"控件选板"→"新式"→"I/O"→"DAQmx 名称控件"子选板和"经典"→"经典 I/O"→"经典 DAQmx 名称控件"子选板中，如图 10-15 所示。

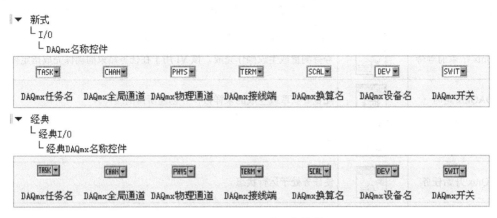

图 10-15　DAQmx 前面板控件

这些控件主要提供通过前面板对 DAQmx 任务名、DAQmx 全局通道、DAQmx 物理通道、DAQmx 接线端、DAQmx 换算名、DAQmx 设备名、DAQmx 开关等的输入功能。

10.3.3　NI-DAQmx 数据采集 VI

DAQmx 数据采集 VI 位于"函数选板"→"测量 I/O"→"DAQmx-数据采集"子选板中，如图 10-16 所示。

图 10-16　"DAQmx-数据采集"子选板

在该子选板中，包含了 2 个常量（DAQmx 任务名、DAQmx 全局通道）、15 个常用的 DAQmx VI 节点和 4 个 VI 子选板。表 10-1 列出了几个比较重要的 VI 及简要的功能说明。

表 10-1　　　　　　　　　　　　　NI-DAQmx 重要 VI 列表及功能说明

VI 名　称	VI 图标	VI　说　明
DAQmx 创建虚拟通道		创建一个或多个虚拟通道，并将其添加到任务

续表

VI 名 称	VI 图标	VI 说 明
DAQmx 读取		读取用户指定的任务或虚拟通道中的采样，可以返回 DBL 或波形格式的数据
DAQmx 写入		在用户指定的任务或虚拟通道中写入数据，可以写入 DBL 或波形格式的数据
DAQmx 结束前等待		等待测量或生成操作完成。该 VI 用于在任务结束前确保完成指定操作
DAQmx 定时		配置要获取或生成的采样数，并创建所需的缓冲区
DAQmx 触发		配置任务的触发类型
DAQmx 开始任务		使任务处于运行状态
DAQmx 停止任务		停止任务
DAQmx 清除任务		在清除之前，VI 将停止任务，并在必要情况下释放任务保留的资源。清除任务后，将无法使用任务的资源，必须重新创建任务
DAQ 助手		使用图形界面创建、编辑、运行任务

通过表 10-1 中的这些基本的 VI 即可完成一些基本数据采集应用。表中仅列出了这些 VI 的简要功能描述，有关这些 VI 及其他 DAQmx VI 应用的详细说明，读者可以查阅 LabVIEW 联机帮助。

另外，在 LabVIEW 中，有一些 VI 有多个实例，这些 VI 称为多态 VI，其中 DAQmx 中的一些 VI 就是多态 VI，在此对多态 VI 的概念做一个简单的介绍。多态 VI 是 LabVIEW 中 VI 的一种组织方式，多态性是指 VI 的输入、输出端子可以接受不同类型的数据。多态 VI 实际上是具有相同连接器形式的多个 VI 的集合，包含在其中的每个 VI 都称为该多态 VI 的一个实例。这种 VI 组织方式将多个功能相似的功能模块放在一起，方便用户的学习和使用。在多态 VI 中，可以通过"多态选择器"选择具体使用多态 VI 的哪个实例。例如，表 10-1 中的"DAQmx 创建虚拟通道" VI 就是一个多态 VI，其功能是创建单个或多个虚拟通道，通过其多态选择器就可以选择不同的实例，这些实例分别对应于通道的 I/O 类型（例如模拟输入、数字输出或计数器输出）、测量或生成操作（例如温度测量、电压测量或事件计数）或在某些情况下使用的传感器（例如用于温度测量的热电偶或 RTD），如图 10-17 所示。

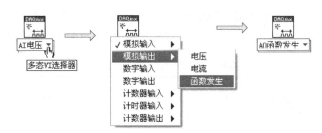

图 10-17　通过多态 VI 选择器选择多态 VI 的实例

10.3.4　DAQ 助手的使用

DAQ 助手是一个向导式的 Express VI，它拥有一个交互式的图形界面，根据其中提供的向导就能一步一步配置任务、通道、信号自定义换算等，并且能自动生成 LabVIEW 代码而无需编程。

"DAQ 助手"位于"函数选板"→"测量 I/O"→"DAQmx-数据采集"子选板中，选中"DAQ 助手"节点并将其放置到程序框图中，放置后将自动弹出一个"新建 Express 任务…"对话框，通过该对话框可以开始一个数据采集任务的创建，其创建步骤与 10.2.2 节中在 MAX 创建任务类似。

根据向导选定测量任务的类型（如"模拟输入"→"电压"）后，对话框中将出现物理通道选择界面，选定模拟输入信号输入的物理通道（如 ai0 表示信号从 ai0 输入）后，单击"完成"按钮，完成任务创建，并弹出"DAQ 助手"对话框窗口，如图 10-18 所示。

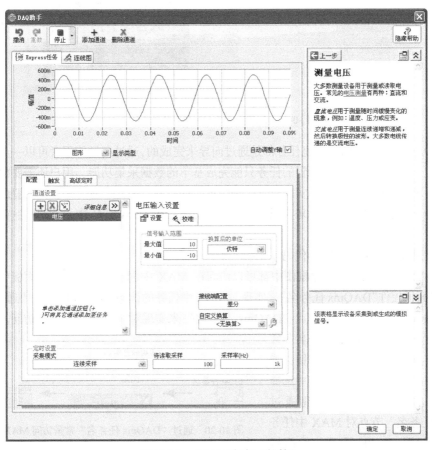

图 10-18　"DAQ 助手"对话框

在"DAQ 助手"对话框中，可以对任务进行相应的配置，配置完成后还可以对任务进行测试并在窗口上部的图表中显示采集的结果，从而可以检验配置是否正确。配置完成后，单击"确定"按钮，等待 VI 创建完成后，DAQ 助手在程序框图中将显示为如图 10-19 左图所示形式。如果在其输入端口（如采样率、采样数等）不输入新的参数值，则 DAQ 助手将以对话框中配置的参数作为默认参数执行数据采集功能。在 DAQ 助手的"数据"接线端口，包含了要读取任务的采样。因此该端口根据数据采集所要实现的不同任务可作为测量任务的输出以及模拟/数字输出任务的输入。根据前面的配置，这里将采集到的数据输出到一个图形显示控件中显示，其中采集卡端口输入的信号为一个正弦信号, 数据采集显示结果如图 10-19 右图所示。

从图 10-19 可以看出, 通过 DAQ 助手可以创建一个数据采集任务并实现数据采集的功能。但需要注意的是, 使用 DAQ 助手创建的任务只是临时任务, 并没有保存到 MAX 中, 该任务在没有转换为 NI-DAQmx 任务之前只能在创建该 DAQ 助手的 VI 中使用。在 LabVIEW 中提供了将由 DAQ 助手创建的任务保存到 MAX 并成为长期任务的功能。具体的保存方法是在利用 DAQ 助手创建 Express 任务后, 通过选择 "DAQ 助手" 节点的右键快捷菜单选项 "转换为 NI-DAQmx 任务" 即可以将该任务转换为长期任务并保存到 MAX 中, 之后在其他 VI 程序中可以实现该任务的调用。

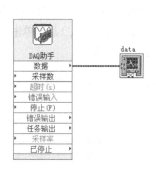
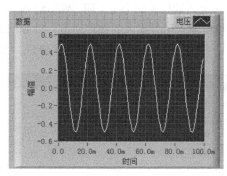

图 10-19　配置后的 DAQ 助手及数据输出

通过 DAQ 助手及 MAX 创建任务都是通过向导来完成的, 通过向导编程者可以一步步完成配置, 比较适合初学者使用。但配置的任务只能完成基本的数据采集功能, 用户还需要根据自己的应用程序要求添加相应的功能以实现对数据采集更多的控制。因此, 有时需要将配置的任务转化为程序代码, 通过修改程序代码来实现更为复杂的功能。在 LabVIEW 中, 有两种途径可以生成程序代码。

（1）通过任务生成程序图形代码

在 LabVIEW 前面板和程序框图中都可以访问在 MAX 中创建的任务。在前面板中主要通过 DAQmx 前面板控件 "DAQmx 任务名" 来实现对 MAX 中任务的访问, 而程序框图主要通过 DAQmx 数据采集函数子选板中的常量节点 "DAQmx 任务名" 来实现对 MAX 中任务的访问。在程序框图中, 放置一个 "DAQmx 任务名" 常量, 单击节点图标右侧的下拉按钮, 弹出 MAX 中的任务列表, 在列表中选择需要访问的任务, 即可实现通过 "DAQmx 任务名" 节点对 MAX 中任务的访问, 如图 10-20 所示。前面板 "DAQmx 任务名" 控件用法与 "DAQmx 任务名" 常量相似。

图 10-20　通过 "DAQmx 任务名" 常量访问 MAX 中的任务

当通过 "DAQmx 任务名" 常量或控件选定 MAX 中的任务后, 在控件或常量上单击右键, 在弹出的快捷菜单中选择 "生成代码" 菜单项, 在该菜单项下, 有 "范例"、"配置"、"范例和配置" 和 "转换为 Express VI" 4 个选项可供选择, 不同的选项可以实现生成不同程序图形代码的功能。

● 范例

该选项产生一个任务运行时所需的所有代码, 如读、写操作函数, 开始、停止任务函数, 以及循环结构、图形显示等, 如图 10-21 所示。

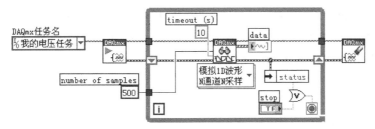

图 10-21　生成范例程序图形代码

范例程序图形代码实际上就是一个简单的 DAQmx 示例程序，代码内容会因任务而异，经过某些修改就可以用在应用程序中。这个程序仍然通过数据采集"DAQmx 任务名"控件或"DAQmx 任务名"常量与数据采集任务联系在一起。

● 配置

该选项产生的代码只是任务配置部分。它用一个函数图标（子 VI 方式）取代原来的"DAQmx 任务名"控件或"DAQmx 任务名"常量。双击打开这个函数图标，其图形代码如图 10-22 所示。

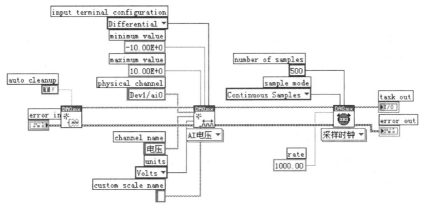

图 10-22　生成配置程序图形代码

● 配置和范例

该选项产生的代码为前两个选项产生的代码之和，如图 10-23 所示。

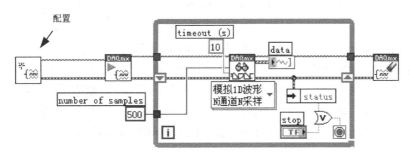

图 10-23　生成配置和范例程序图形代码

● 转换为 Express VI

该选项根据 MAX 中任务的配置将"DAQmx 任务名"控件或"DAQmx 任务名"常量转换为"DAQ 助手"形式的 Express VI。

（2）将数据采集助手 Express VI 转换为程序图形代码

在 DAQ 助手上单击右键，在弹出的快捷菜单中选择"生成 NI-DAQmx 代码"选项，DAQ 助手将自动把配置完成的任务生成 NI-DAQmx 代码。图 10-24 所示为图 10-19 所示的 DAQ 助手生成的代码，其代码同时包含配置和范例两个部分。

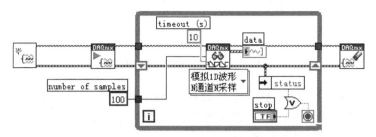

图 10-24　由 DAQ 助手生成的 NI-DAQmx 代码

10.4　DAQmx 数据采集应用编程实例

前面介绍了数据采集基础知识、数据采集设备的安装与测试以及 DAQmx 的相关内容，通过上述内容，即可实现基本的数据采集应用编程。为了进一步掌握 DAQmx 数据采集应用程序设计，下面通过实例分别从模拟信号输入、模拟信号输出、数字 I/O、计数器 4 个基本应用来介绍数据采集的程序设计方法。

10.4.1　模拟信号输入

采集模拟信号是虚拟测试系统中最常见、最典型的任务。按采集数据的多少，模拟信号采集通常分为单点直流信号采集、有限波形采集和连续波形采集；按使用通道的多少，可分为单通道采集、多通道采集。

（1）单点直流电压信号采集

在模拟信号采集中，单通道单点数据采集是最简单的模拟信号输入采集方式，它适合于对直流电压信号的采集。

图 10-25 所示为一个单通道单点数据采集的示例。对于直流电压信号，每次采集只需要一个电压采样点，因此此在编程时只需要使用"DAQmx 创建通道"、"DAQmx 读取"、"DAQmx 清除任务"几个基本的数据采集函数即可实现采集任务。由于所采集的信号为电压信号，因此"DAQmx 创建通道"多态 VI 通过选择器设置为"AI 电压"，即选择"模拟输入"→"电压"。对于单通道单点采集，"DAQmx 读取"VI 设置为"模拟 DBL1 通道 1 采样"。在数据采集卡物理通道 ai0（对应接线端 68、34）以差分方式输入一个直流电压信号，每运行一次程序，则对当前的直流电压信号进行采集并通过数值显示和仪表控件显示。图 10-25 所示的显示结果为输入直流电压信号为 5V 的采集结果。

（2）有限波形采集

有限波形采集是从一个或多个通道分别采集多个点组成一段波形。由于是多点采集，在采集程序设计时，还需要确定两点间采集的时间间隔（即采样频率）、采样点数等参数。相对于单点采集而言，波形采集需要设置的参数要多一些，同时还要使用更多的计算机资源，也需要使用缓冲区。

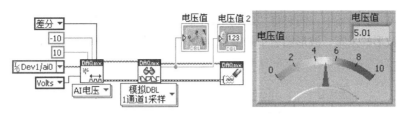

图 10-25　单点直流电压信号采集示例

图 10-26 所示为一个两通道有限波形采集的示例。"DAQmx 创建通道"多态 VI 设置为"AI 电压";物理通道接线端利用物理通道常量设置为"Dev1/ai0:1"（单击物理通道常量下拉列表中的"浏览…"，在弹出的"选择项"对话框中，结合键盘 Ctrl 或 Shift 键可以实现多物理通道的选择），表明信号输入物理通道分别为 ai0 和 ai1;输入端接线配置为"差分"，即输入方式为差分输入；最大值、最小值分别设为"5"和"-5"，指明输入信号的范围为-5V～+5V;"DAQmx 定时"多态 VI 设置为"采样时钟"，以实现对采样时钟的源、频率以及采集或生成的采样数量进行设置。本示例输入信号分别为正弦信号和三角波信号，频率均为 10Hz，幅度均为峰—峰值 5V;"DAQmx 定时"采样频率设置为 500Hz，采样模式设为有限采样，每通道采样数设置为 100。由于是两通道有限波形采集，采集信号以波形图呈现，因此"DAQmx 读取"多态 VI 设置为"模拟 1D 波形 N 通道 N 采样"。运行示例，其采集结果波形如前面板上的波形图所示。通过计算，在输入信号的一个周期内采样数为 50，每通道采样数为 100，则采样组成的波形正好为两个周期。

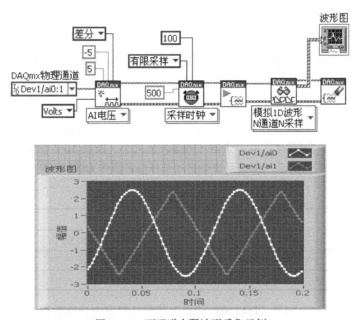

图 10-26　两通道有限波形采集示例

（3）连续波形采集

要实现一个连续的波形采集，其实现方法只需要将读取数据及必要的数据处理程序放入循环即可。用户可能会有这样的疑问，为什么不是将整个数据采集程序放入循环？这是因为，如果这样，每执行一次数据采集操作采集一段数据时，都包含设置、启动、清除等操作，而在相邻的两次采集之间如果存在这些操作，则就很难保证连续采集。

图 10-27 所示为一个单通道连续波形采集示例，程序中将"DAQmx 读取"函数及波形图表

显示置于一个 While 循环中,同时将"DAQmx 定时"函数的"采样模式"设置为"连续采样",从而实现连续波形的采集,波形图表中的显示为输入正弦信号(频率 10Hz,峰—峰值为 5V)的采集情况。

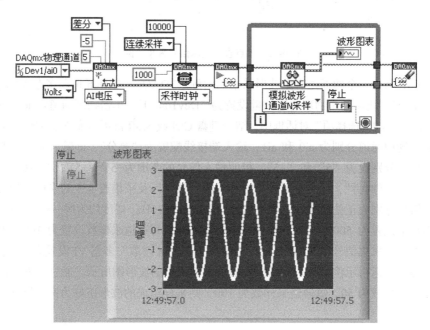

图 10-27　连续波形采集示例

对于连续采集,还有一个问题必须认真对待,那就是缓冲的问题。对于一些简单的数据采集,用户不需要对缓冲参数进行设置,LabVIEW 会自动分配缓冲区。对于 DAQmx 定时函数的"每通道采样"接线端,当"采样模式"设置为"有限采样"时,表示每通道需要读取或写入数据的长度,当"采样模式"设置为"连续采样"时,表示缓冲的大小,可以通过该端子设置缓冲区的大小。NI-DAQmx 对于不同的"采样率"有一个参考的缓冲区大小,如表 10-2 所示。如果通过"每通道采样"所设的值小于参考值的话,那么系统会自动选择参考值作为缓冲区的大小。

表 10-2　　　　　　　　　　　　　缓冲区设置参考值

采　样　率	缓冲区大小	采　样　率	缓冲区大小
未设置	10kS	10 000~1 000 000 S/s	100kS
0~100S/s	1kS	>1 000 000 S/s	1MS
100~10 000S/s	10kS		

另外,在连续采样时,如果"DAQmx 读取"函数从缓存中读取数据的速度小于设备向缓存中存放数据的速度,则会出现在向缓冲区写入数据时覆盖掉还没有被读取的数据而发生数据丢失,使数据采集不连续,这种情况下有时会返回错误。通过设置合适"DAQmx 读取"函数的"每通道采样数"的值可避免该错误的发生,通常此值设置为缓存大小的 1/2~1/4 较为合适。

10.4.2　模拟信号输出

在实际应用中,有时候需要用数据采集设备输出模拟信号。这些模拟信号包括稳定的直流信号、有限波形信号和连续波形信号。在 LabVIEW 程序设计中,模拟信号输出与模拟信号输入所使用函数大部分是相同的，最大的区别在于模拟信号输入采用"DAQmx 读取"函数，而模拟信号输出要采用"DAQmx 写入"函数。

（1）直流信号输出

当需要 DAQ 产生一个模拟直流信号时，一般采用单点模出。图 10-28 所示就是一个单点模出直流信号输出示例。设置一个输出电压的值，运行程序，则在模拟输出通道"Dev1/ao0"输出对应的直流电压，通过万用表或示波器可以测量到与程序设置相同的电压值。同图 10-25 所示的单点直流电压信号采集相比，这里使用

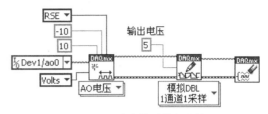

图 10-28　直流信号输出示例

了"DAQmx 写入"函数，同时"DAQmx 创建通道"函数设置成了"AO 电压"，并通过该函数设置输出信号幅度范围、输出接线端配置、物理通道等信息。

需要注意的是，模拟输出时，产生信号的是硬件，即使停止而且清除了任务，采集卡输出端口仍将维持任务结束时最后一个数据样本的状态，直到新任务开始或设备断电。如果采集卡在不需要输出信号时长期保持非零电平状态，容易造成损坏，因此在模拟输出任务完成不需要输出信号后，需运行一段单点输出代码，将前面通道的输出置为 0。

（2）有限波形输出

有限波形输出是输出一段固定长度的波形数据，图 10-29 所示为一个正弦信号有限波形输出示例。

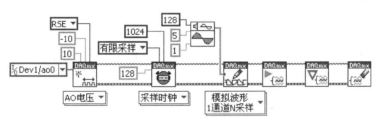

图 10-29　有限波形输出示例

示例中"DAQmx 创建通道"函数对输出信号幅度范围、输出接线端、物理通道等信息进行配置。"DAQmx 定时"函数对采样时钟的采样率、采样模式及每通道采样进行配置，其中通过"采样率"参数可以确定输出信号的频率，"每通道采样"可以确定输出有限波形数据的长度。"DAQmx 写入"函数负责将"数据"端给定数据写入通道，在本例中，数据由"正弦信号"产生函数生成，其幅度为 5V，周期为 1，采样数为 128。示例还使用了"DAQmx 结束前等待"函数，用于确保该 VI 在任务结束前完成指定操作。

运行该 VI，根据设定的参数，通过示波器对输出波形进行观察，可以得到输出频率为 1Hz，幅值为 5V，长度为 8 个周期的正弦波形。

（3）连续波形输出

要输出一个连续的周期信号，不需要向缓冲区连续不停地传送数据，而只需要向一段缓冲区写入待输出信号一个周期的数据，DAQmx 将在任务结束前自动不断地重复该段数据，以输出连续的周期信号。

将图 10-29 所示有限波形输出示例中的"DAQmx 定时"函数的采样模式设置为"连续采样"，并将"DAQmx 结束前等待"函数置于一个 While 循环中，即可实现连续波形输出，如图 10-30

所示。其中 While 循环的作用是保证任务不结束，这样硬件就会一直输出数据，除非发生错误或单击"停止"按钮。

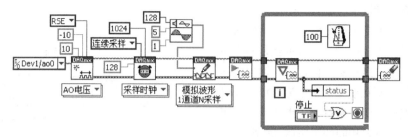

图 10-30　连续波形输出示例

10.4.3　数字 I/O

一般的数据采集卡都有数字端口和计数器，用于实现数据采集的触发、控制及计数等功能。端口按照 TTL 逻辑电平设计，逻辑低电平在 0～0.7V，逻辑高电平在 3.4～5.0V。

数字 I/O 的重要组成部分是数字端口 Port 与数字线 Line。数字线是数据采集卡中单独连接一个数字信号的物理端子，一个数字线承载的数据称为位（bit），它的二进制值是 0 或 1。多路数字线组成一组后称为端口 Port，一般情况下，由 4 或 8 路数字线组成一个端口。许多数据采集设备要求一个端口中的线同时都是输出线，或同时都是输入线，即单向的；但也有一些设备的一个端口的数字线可以是双向的，即有的线输入，有的线输出。本章所使用的数据采集卡 NI PCI-6251，有 24 条数字线，组成 3 个端口。

数字 I/O 的应用分为两类：无条件数字输入/输出方式和握手方式。无条件数字输入/输出方式调用数字 I/O 函数后立即更新或读取某一路或端口状态；握手方式在传递数据时都需要进行请求和应答。NI PCI-6251 不支持握手方式数字输入/输出。

数字 I/O 的编程方法与模拟输入、模拟输出的编程差别不大。图 10-31 所示为一个简单的数字输入/输出示例。

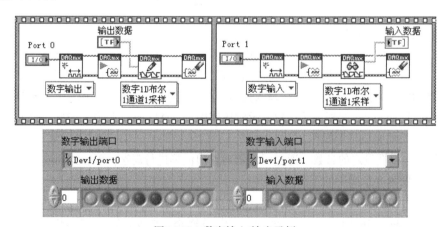

图 10-31　数字输入/输出示例

该示例首先通过数据采集卡的端口 0（Port0）输出数据（10100111），在数据采集卡接线板上，通过导线将数据采集卡端口 0（Port0）和端口 1（Port1）对应的线连接起来。这样，程序在端口 0 输出数据后，紧接着又通过端口 1 将端口 0 上各数字线上的数据读取出来。

10.4.4　计数器

NI PCI-6251 数据采集卡硬件配有两套通用计数器，分别标为 CTR 0 和 CTR 1。两个计数器的基本结构模型相同，如图 10-32 所示。

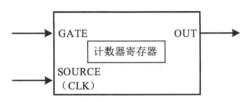

图 10-32　计数器的基本结构模型

GATE 为计数器的闸门控制信号；SOURCE（CLK）为计数器时钟信号源；OUT 为计数器的输出信号。

典型的计数器应用有事件定时/计数、产生单个脉冲、产生脉冲序列、频率测量、脉冲宽度测量和信号周期测量等，下面从事件计数、频率测量、脉冲产生 3 个方面用实例来说明计数器应用程序设计。

（1）事件计数器

图 10-33 所示为一个事件计数器示例。本例通过多态选择器将"DAQmx 创建通道"函数设置为"CI 边沿计数"从而创建一个事件计数器的虚拟通道，并通过该函数对物理通道、边沿、计数方向、初始计数等参数进行设置。后面的几个 VI 的作用分别是开始计数、读取数据、清除任务，其中 While 循环的作用是实现连续计数。

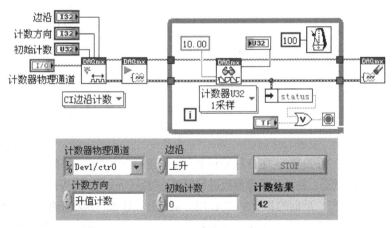

图 10-33　事件计数器示例

从数据采集卡端子 PFI8（CTR 0 SRC，对应引脚为 37）端输入一数字脉冲，则程序运行后即对输入的数字脉冲序列进行计数。

（2）频率测量

利用数据采集卡的计数器，可以实现频率测量。LabVIEW DAQmx 提供 3 种频率测量方法：带 1 个计数器的低频、带 2 个计数器的高频、带 2 个计数器的大范围。它们依次对应频率测量中的测周法、测频法和改进的测周法。其中"带 1 个计数器的低频"适用于被测信号频率相对于计数器的时基较低的情况，"带 2 个计数器的高频"适用于信号频率较高或差异较大的情况，而"带

2 个计数器的大范围"适用于待测信号范围广且整个范围都需要较高测量精度的情况。根据输入信号的频率和测量方法的不同，测量的结果有可能发生不同程度的误差，因此，应根据实际的测量要求选择合适的测量方法。

图 10-34 所示为一个简单的低频信号频率测量示例。

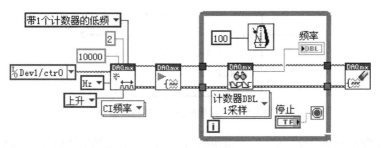

图 10-34　频率测量示例

本例"DAQmx 创建通道"VI 设置为"CI 频率"来创建一个虚拟通道，测量方法设置为"带1 个计数器的低频"，测量范围分别设置为最大值 10 000Hz 和最小值 2Hz，开始边沿设置为"上升"，物理通道设置为"Dev1/ctr0"，对应采集卡的输入端子为 PFI9（CTR 0 GATE，对应引脚为 3 ）。后面的几个 VI 的作用分别是开始任务、读取数据、清除任务。

（3）脉冲发生

脉冲发生也是计数器的一个较为常用的功能，它通过计数器的 OUT 端口输出一个或一串脉冲来实现。图 10-35 所示为一个连续脉冲输出示例。

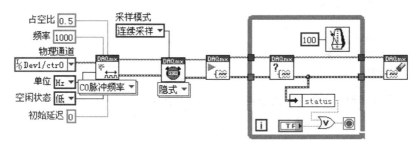

图 10-35　连续脉冲发生

"DAQmx 创建通道"VI 设置为"CO 脉冲频率"来创建一个虚拟通道，并对输出脉冲的频率、占空比、物理通道、空闲状态、初始延迟等参数进行设置。"DAQmx 定时"VI 设置为"隐式"并将采样模式设置为"连续采样"。后面的几个 VI 的作用分别是开始任务、判断任务是否完成、清除任务。其中将"DAQmx 任务完成"VI 置于 While 循环中，这样硬件就会一直输出脉冲，除非发生错误或单击"停止"按钮。对于图 10-35 中的参数设置，数据采集卡将输出频率为 1kHz 的方波信号。

另外，在 LabVIEW 中，也提供了很多有关数据采集方面的范例，读者可以参考相关范例完成自己的应用设计。

10.5　习　　题

1. 为保证采样后的数字信号能够恢复出原来的信号，采样频率应满足什么条件？在工程实际中采样频率取值又如何？

2. 根据采样信号接入方式不同，测量系统有哪几种类型？

3. 简述物理通道、虚拟通道、任务的含义。

4. 编写一个双通道直流电压采集程序，要求每秒采集一次，将采集到电压值用量表控件显示出来。

5. 采集由信号发生器输出的正弦波，要求能够测出信号的幅值、有效值。

6. 采集一个频率为 100Hz，幅值为 2V 的方波信号，并在前面板上将波形显示出来。

7. 设计一个单通道周期信号发生器，可生成正弦波、方波、三角波和锯齿波，要求波形可选、频率和幅度可调、可以叠加噪声。

8. 利用数字 I/O 输出 "10110010"，并在前面板中显示出来。

9. 利用数字 I/O 循环输出 4 位二进制数据 0~F，并利用数字 I/O 进行采集并在数字波形图中显示出来。

10. 利用计数器输出一个频率为 100Hz 的连续脉冲信号，然后再对该脉冲信号的频率进行测量。

11. 基于数据采集卡设计一个双通道简易示波器。

第11章
LabVIEW 数据库编程

LabVIEW 作为虚拟仪器开发软件主要应用于数据采集与分析、仪器控制、自动测试和状态监控等领域。现代测试测量系统大都需要对被测对象进行全方位检测，这必然会使获取的数据量急剧增长。面对大量的数据信息，采用数据库技术，可准确反映各类数据之间的密切联系，能够有效地管理和组织数据，同时也是现代测试测量系统的发展趋势。

11.1 LabVIEW 数据库基础

11.1.1 LabVIEW 数据库访问方法

LabVIEW 本身并不具备直接访问数据库的功能，不能像 VB、VC++、Delphi、PowerBuilder 那样非常方便地进行数据库程序的开发，因此以 LabVIEW 编制的虚拟仪器系统需要其他辅助的方法来进行数据库访问。在 LabVIEW 中，通常借助以下 3 种方法对数据库进行访问。

1. 利用 NI 公司附加工具包 LabVIEW SQL Toolkit 进行数据库访问

LabVIEW SQL Toolkit 是 NI 公司提供的用于数据库访问的附加 LabVIEW 工具包。工具包集成了一系列的高级功能模块，这些模块封装了大多数的数据库操作和一些高级的数据库访问功能，其主要功能如下。

① 支持所有 Microsoft ActiveX Data Object（ADO）所支持的数据库引擎。

② 支持所有与 ODBC 或 OLE DB 兼容的数据库驱动程序。

③ 具有高度的可移植性。在任何情况下，用户通过改变 DB Tools Open Connection VI 的输入参数 Connection String 就可以更换数据库。

④ 可以将数据库中 Column Values 的数据类型转换为标准 LabVIEW Database Connectivity Toolset 的数据类型，进一步增强它的可移植性。

⑤ 与 SQL 兼容。

⑥ 不使用 SQL 语句就可以实现数据库记录的查询、添加、修改以及删除等操作，用户可以完全不需要学习 SQL 语法。

⑦ 用户可以使用 LabVIEW SQL Toolkit 在 LabVIEW 中访问支持 ODBC 的本地或远程数据库，例如 Microsoft Access、Microsoft SQL Server、Sybase SQL Server 以及 Oracle 等。

但是，这个工具包比较昂贵，对于某些用户是不能接受的。

2. 使用 ActiveX 调用 Microsoft ADO 控件访问数据库

通过 LabVIEW 的 ActiveX 功能调用 Microsoft ADO 控件，利用 SQL 语言实现数据库访问。Microsoft ActiveX Data Objects 是微软最新的数据访问技术，可以用于编写通过 OLE DB 提供者对数据库服务器中的数据进行访问和操作的应用程序。OLE DB 是一个底层的数据访问接口，用它可以访问各种数据源，包括传统的关系型数据库、电子邮件系统和自定义的商业对象。ADO 为用户提供了一个 OLE DB 的 Automation 封装接口，如同不同的数据库系统需要它们自己的 ODBC 驱动程序一样，不同的数据源也要求有它们自己的 OLE DB 提供者（OLE DB Provider）。目前，虽然 OLE DB 提供者比较少，但微软正积极推广该技术，并打算用 OLE DB 取代 ODBC。ADO 的主要优点是易于使用、高速度、低内存支出和占用磁盘空间较小。ADO 支持用于建立基于客户端／服务器和 Web 的应用程序的主要功能。与传统的数据对象层次（DAO 和 RDO）不同，ADO 可以独立创建。因此用户可以只需创建一个 Connection 对象，就可以有多个独立的 Recordset 对象来使用它。ADO 同时具有远程数据服务（RDS）功能，通过 RDS 可以在一次往返过程中实现将数据从服务器移动到客户端应用程序或 Web 页、在客户端对数据进行处理然后将更新结果返回服务器的操作。RDS 以前的版本是 Microsoft Remote Data Service 1.5，现在，RDS 已经与 ADO 编程模型合并，并且 ADO 针对客户／服务器以及 Web 应用程序作了优化，以便简化客户端数据的远程操作。利用这种方式进行数据库访问需要用户对 Microsoft ADO 控件以及 SQL 语言有较深的了解，并且需要从底层进行复杂的编程才能实现，这对于大多数用户来讲是比较困难的。

3. 利用 LabVIEW 用户开发的数据库访问工具包 LabSQL 访问数据库

LabSQL 是一个免费的、多数据库、跨平台的 LabVIEW 数据库访问工具包，它也是基于 ADO 技术编写的。目前的版本是 LabSQL Release 1.1a，LabSQL 支持 Windows 操作系统中任何基于 ODBC 的数据库，包括 Access、SQL Server、Oracle、Pervasive、Sybase 等。LabSQL 的优点是易于理解、操作简单，不熟悉 SQL 语言的用户也可以很容易地使用，只需进行简单编程，就可在 LabVIEW 中实现数据库访问。利用 LabSQL 几乎可以访问任何类型的数据库，执行各种 SQL 查询，对记录进行各种操作。它最大的优点是源代码开放，并且是免费的。

本章将主要介绍基于 LabSQL 访问数据库方法，同时在应用举例中以 Access 数据库作为要访问的数据库。

11.1.2　开放数据库互连基础

1. 开放数据库互连的概念

开放数据库互连（Open Database Connectivity，ODBC）是微软公司开放服务结构（Windows Open Services Architecture，WOSA）中有关数据库的一个组成部分，它建立了一组规范，并提供了一组对数据库访问的标准 API（应用程序编程接口），这些 API 利用 SQL 来完成其大部分任务。ODBC 本身也提供了对 SQL 语言的支持，用户可以直接将 SQL 语句送给 ODBC。

ODBC 是数据库与应用程序之间的一个公共接口，应用程序通过访问 ODBC 而不是直接访问具体的数据库来与数据库通信。一个基于 ODBC 的应用程序对数据库的操作不依赖任何 DBMS，不直接与 DBMS 打交道，所有的数据库操作由对应的 DBMS 的 ODBC 驱动程序完成。也就是说，不论是 FoxPro、Access 还是 Oracle 数据库，均可用 ODBC API 进行访问。由此可见，ODBC 的最大优点是能以统一的方式处理所有的数据库。

不过，直接使用 ODBC API 比较麻烦，所以微软公司后来又开发出 DAO、RDO、ADO 这些数据库对象模型。使用这些对象模型开发程序更容易，而且这些模型又都支持 ODBC，所以即使用户所访问的数据库没有提供 ADO 驱动，只要有 ODBC 驱动也可以使用 ADO 进行访问。

针对每一类 DBMS 有各自不同的 ODBC 驱动程序，由数据库厂商以动态链接库的形式提供，实现 ODBC 函数调用与数据源交互。而数据源是 ODBC 到数据库的接口形式，它描述了用户需要访问的数据库以及相应的各种参数，如数据库所在的计算机、用户及密码等信息。数据源名是访问数据库的标识，因此在与数据库进行连接之前，必须在 ODBC 数据源管理器中建立数据源。

2. ODBC 中数据源的建立

下面以 Access 数据库为例介绍 ODBC 数据源的建立过程，这个数据源将在后面的实例中使用到，数据源是通过数据源名 DSN（Data Source Names）来标识的。

① 首先需要在 Access 中建立一个 Access 数据库，并保存为名称为 TestDB.mdb 的文件。

② 在 Windows "控制面板"中双击运行"管理工具"→"数据源（ODBC）"，弹出"ODBC 数据源管理器"对话框，如图 11-1 所示。注意，对本地数据库来说，通常要在"用户 DSN"选项卡上创建一个项；对于远程数据库，则在"系统 DSN"选项卡上创建。任何情况下，都不能在"用户 DSN"和"系统 DSN"选项卡上创建同名的项。

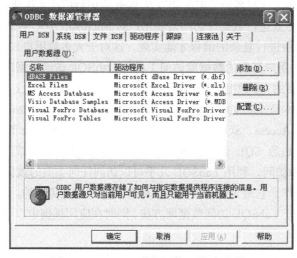

图 11-1　"ODBC 数据源管理器"对话框

③ 本例选择"用户 DSN"选项卡，单击"添加"按钮，进入"创建新数据源"对话框，该对话框列出了当前 ODBC 中所有已经安装了的数据库驱动。选择要创建的数据源的驱动程序 Microsoft Access Driver（*.mdb），如图 11-2 所示。

④ 单击"完成"按钮，弹出"ODBC Microsoft Access 安装"对话框，在其中设置数据源名，例如 MYDSN，如图 11-3 所示。在"数据库"栏中单击"选择"按钮，弹出"选择数据库"对话框，选择第①步创建好的 Access 数据库 TestDB.mdb，其

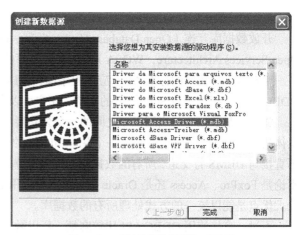

图 11-2　"创建新数据源"对话框

他参数默认，如图 11-4 所示。

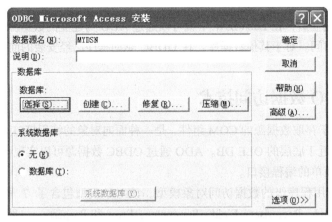

图 11-3　设置数据源名

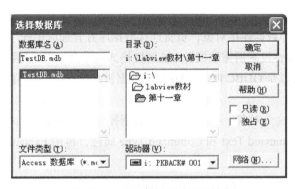

图 11-4　"选择数据库"对话框

⑤ 依次单击"选择数据库"对话框和"ODBC Microsoft Access 安装"对话框中的"确定"按钮，完成了 DSN 的创建与设置。此时在"ODBC 数据源管理器"中将看到新创建的 DSN 了，如图 11-5 所示。

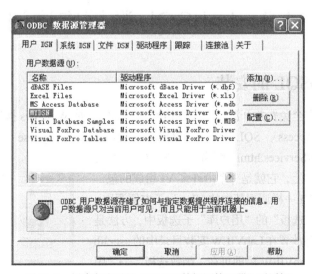

图 11-5　创建完成后的"ODBC 数据源管理器"对话框

⑥ 若需对该 DSN 进行修改，则可单击"ODBC 数据源管理器"对话框中的"配置"按钮进行重新配置。

ODBC 数据源建立后，在 LabVIEW 中就可以通过 ADO 与建立的数据源标识 DSN 建立连接来实现对数据库的访问。对于其他数据库，在 ODBC 驱动程序已经安装的前提下建立 DSN 的方法类似。

11.1.3 ADO 数据访问技术

ADO 是一个用于存取数据源的 COM 组件，是一种面向对象的编程接口，开发人员就是通过 ADO 来使用更加接近于底层的 OLE DB。ADO 通过 ODBC 数据源可以实现与任何一种数据库的连接，且具有格式简单的编程接口。

ADO 提供了应用程序级的数据访问对象模型，该对象模型包含了 7 种易于使用的对象：Connection、Command、Recordset、Field、Parameter、Error 和 Property。一般情况下，ADO 访问数据库的编程主要使用 Connection、Command 和 Recordset 3 个核心对象。

（1）Connection 对象

Connection 对象，即数据连接对象，负责连接数据库并管理应用程序和数据库之间的通信。它通过 Connect String 属性设置所需数据源（该属性格式为字符串），包括数据提供者、服务器名、用户名、口令等，也可以是 ODBC DSN、URL 等数据链接信息，并可用 Open 方法建立连接。

（2）Command 对象

Command 对象，即命令对象，可完成一系列数据操作，如删除、插入、更新、检索等。要使用该对象，先要指定 Command Text 和 Command Type 属性，再用 Execute 方法执行指定命令。

（3）Recordset 对象

Recordset 对象，即记录集对象，用来存储数据操作返回的记录集。这个记录集可能是一个已经连接的数据库中的表，或者是 Command 对象的执行结果返回的记录集合。在 ADO 对象模型中绝大部分对数据库记录数据的操作都是在 Recordset 中完成的，包括指定行、移动行、添加、更改、删除记录等。

11.2 LabSQL 数据库访问

11.2.1 LabSQL 的安装

LabSQL 是一个完全免费并开源的数据库访问工具，它支持 Windows 操作系统中基于 OBDC 的数据库，包括 Access、SQL Server、Oracle、Pervasive、Sybase 等。该工具包可从 http://jeffreytravis.com/Services.html 网站上下载，名为 LabSQL-1.1a.zip。实际上，它就是一个由许多 VI 组成的包，因此可以像调用普通 VI 一样调用其中的 VI。为了方便调用，可以将它添加到"函数选板"的"用户库"子选板中，方法是将该工具包直接解压并放置在 LabVIEW 安装目录中的 user.lib 文件夹下，重新启动 LabVIEW 后即可在"函数选板"→"用户库"子选板中看到 LabSQL 的子选板，如图 11-6 所示。

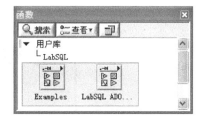

图 11-6　"LabSQL"子选板

在"LabSQL"子选板下，有 Examples 和 LabSQL ADO functions 的两个子选板，其中 Examples 子选板包含了 3 个 LabSQL 的应用实例，LabSQL ADO functions 子选板是 LabSQL 工具 VI。

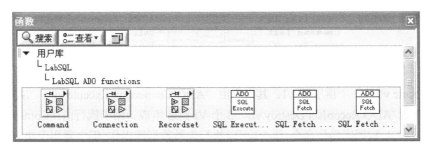

图 11-7　"LabSQL ADO functions"子选板

11.2.2　LabSQL VIs 简介

在"LabSQL ADO functions"子选板中，如图 11-7 所示，LabSQL VI 按照 ADO 对象分成了 3 类，分别放置在不同的子选板中：Command、Connection 和 Recordset。

"Command"子选板包括 Command VI 模块，主要用于完成基本的 ADO 操作，如创建或删除一个 Command、对数据库中的某一个参数进行读或写等。

"Connection"子选板包括 Connection VI 模块，主要用于建立连接和完成与连接相关的操作。

"Recordset"子选板包括 Recordset VI 模块，主要完成对数据库中数据记录的各种操作，如创建或删除一条记录、对记录中的某一个条目进行读/写等。

在"LabSQL ADO functions"子选板中，除了 Command、Connection 和 Recordset 3 个子选板外，还提供了 3 个顶层的 VI：SQL Execute.VI、SQL Fetch Data (GetString).VI 和 SQL Fetch Data.VI。这 3 个 VI 是将前面 3 个子文件夹中的某些 VI 功能进一步封装起来构成简单接口，可直接通过 SQL 语句来执行任何数据库操作。

下面介绍 LabSQL 中几个常用的 VI，使用这几个 VI 能够实现一些基本的数据库操作。

（1）ADO Connection Create.vi

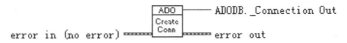

通过 ADO Connection Create.vi 可以建立一个数据连接对象并通过"ADODB._Connection Out"端子输出。对于任何一个数据库操作，都必须先创建一个数据库连接对象，因此创建数据库连接对象是实现数据库操作的第一步。

（2）ADO Connection Open.vi

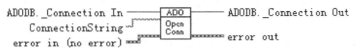

ADO Connection Open.vi 用于打开一个已创建的数据库连接。其中"ADODB._Connection In"输入端口用于输入已创建的数据库连接，"ConnectionString"为连接字符串输入端口，通过它设置数据源，用于指定所要打开的数据库。

（3）SQL Execute.vi

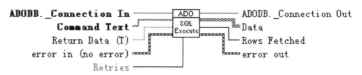

SQL Execute.vi 是一个顶层的 VI，其主要由 "ADO Connection Execute.vi"、"SQL Fetch Data (GetString).vi"、"ADO Recordset Destroy.vi" 3 个 VI 封装组成，用于执行由 "Command Text" 输入端所输入的 SQL 数据库操作命令。该 VI 可以执行各种数据库操作，但主要用于执行数据库 SQL 查询操作。其中 "Command Text" 接入需要执行的 SQL 命令，注意 SQL 命令必须以分号 ";" 结束；"Return Data" 是一个布尔输入端子，默认为 "TRUE"，为 "TRUE" 时通知该 VI 查询并返回数据，当执行一个 SQL 命令不需要返回数据时该端子输入值设置为 "FALSE"，如 "UPDATE" 命令；"Retries" 表示 SQL 命令重试执行次数，输入应为一个整型值，正常情况下无需设置该项；"Data" 返回一个包含输出结果的二维字符串数组；"Rows Fetched" 返回结果记录数目。

（4）ADO Connection Close.vi

ADO Connection Close.vi 用于关闭一个打开的数据库连接。通常在执行完数据库操作后，需要关闭数据库连接。

11.2.3 LabSQL 应用举例

下面通过一些简单的应用示例来介绍 LabSQL 的使用。为了方便，示例的数据源采用 11.1.2 节中所建立的数据源 "MYDSN"，并在数据库 TestDB.mdb 中新建一个名为 TestTable 的表，输入如图 11-8 所示的测试数据。

学号	姓名	性别	数学	语文	英语
2010037016001	赵一	女	89	73	77
2010037016002	李二	男	97	90	93.5
2010037016003	张三	女	92	95	87
2010037016004	李四	男	88	85	98
2010037016005	王五	女	90	80	70
*			0	0	0

图 11-8　TestTable 表中的测试数据

1. 使用 LabSQL 查询数据示例

使用 LabSQL 实现查询数据的基本步骤如下。

① 使用 ADO Connection Create.vi 建立数据连接对象。

② 使用 ADO Connection Open.vi 打开连接。该子 VI 有一个 "ConnectionString" 连接字符串输入端口，通过它设置数据源。本例中通过一个前面板字符串输入控件来设置连接字符串 "DSN=MYDSN"，即将连接字符串设置为前面配置的 ODBC 数据源。

③ 使用 SQL Execute.vi 执行 SQL 数据库查询命令。通过该 VI 的 "CommandText" 输入端口输入要执行的 SQL 语句，本例中使用的是查询语句 "SELECT * FROM TestTable WHERE 数学>80 AND 语文>75;"，并通过一个字符串输入控件将该语句传递给该端口。查询结果通过 "Data" 端口输出，本例中，通过该端口将记录集输出到表格控件中显示出来。

④ 使用 ADO Connection Close.vi 关闭与数据库之间的连接。

本例的程序框图及前面板如图 11-9 所示。

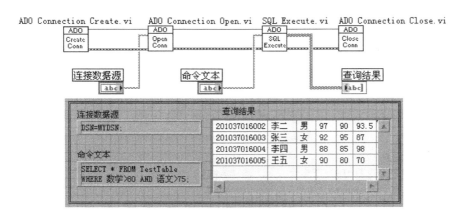

图 11-9　使用 LabSQL 查询数据示例

2. LabSQL 综合应用示例

SQL Execute.vi 是一个顶层的 VI,通过该 VI 除了可以执行查询操作外,还可以实现诸如添加、删除、修改等 SQL 数据库操作。在下面的示例中,给出了利用 LabSQL 实现查询、添加、删除、修改数据库操作。

该示例结合事件结构,利用不同的事件来执行不同的数据操作。其中,利用超时事件子框架执行数据查询,这样在执行完添加、删除、修改记录等操作后能及时将数据库中的记录重新检索出来,从而将数据库中记录的变化情况呈现出来。数据检索的程序框图如图 11-10 所示。

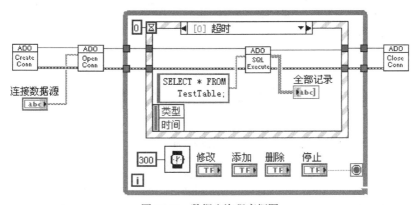

图 11-10　数据查询程序框图

在示例中,利用 SQL 的"INSERT INTO table(fileld1、fileld2,…)VALUES(value1,value2,…)"语句实现记录的插入添加功能,本例的添加记录 SQL 语句为 "INSERT INTO TestTable(学号,姓名,性别,数学,语文,英语) VALUES ('201037016006', '周六', '男', '88', '90', '81');"。图 11-11 所示为示例添加记录的程序框图和添加记录后前面板中记录检索结果。当执行该语句后,即在数据库中插入一条记录,同时超时事件子框架将记录重新检索出来。

利用 SQL 语句 "DELETE FROM table WHERE 条件" 可以从数据库中删除符合 "条件" 的记录。图 11-12 给出了示例删除记录的程序框图和删除记录后前面板中的记录检索结果。本例删除了 "学号='201037016001'" 的记录,执行删除操作后,返回记录中将没有该记录。

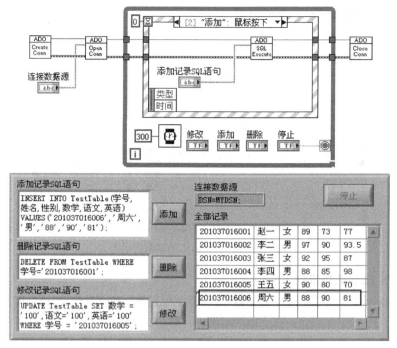

图 11-11　添加记录程序框图及执行结果前面板

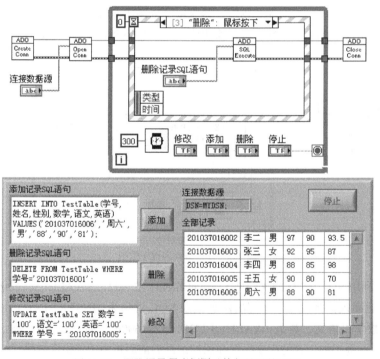

图 11-12　删除记录程序框图及执行结果前面板

　　利用 SQL 语句"UPDATE table SET fileld1= value1，fileld2=value2，… WHERE 条件"可以对数据库中符合"条件"的记录的字段值进行修改。图 11-13 给出了示例修改记录的程序框图和修改记录后前面板中的记录检索结果。本例中将"学号='201037016005'"的记录的"数学"、"语文"、"英语"字段值都修改为"100"。

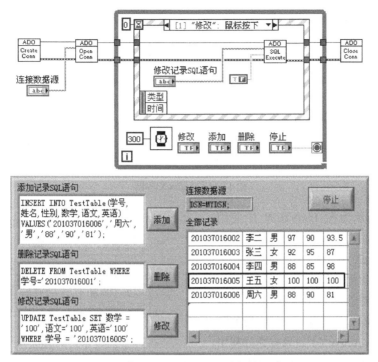

图 11-13　修改记录程序框图及执行结果前面板

11.3　ADO 数据库访问

11.3.1　LabVIEW 中对 ADO 的调用

ADO 对象在 LabVIEW 中是以 ActiveX 对象的形式提供的。LabVIEW 自 4.1 版本就引入了支持 ActiveX 自动控制的功能模块，在 5.1 版本之后支持客户和服务器双方，即虽然程序是双方各自独立存在，但它们的信息是共享的。

ActiveX 通过定义容器和组件之间的接口规范，使遵循规范编写的控件可以很方便地在多种容器中使用而无需修改控件的代码。同样，一个遵循规范的容器也可以很容易地嵌入任何遵循规范的控件中。在 LabVIEW 中，ActiveX VI 函数位于"函数选板"→"互连接口"→"ActiveX"子选板中，如图 11-14 所示。前面板对象"ActiveX 容器"位于"控件选板"→"新式"→"容器"子选板中，在"经典"→"经典容器"也有"ActiveX 容器"对象，如图 11-15 所示。

图 11-14　"ActiveX" VI 子选板

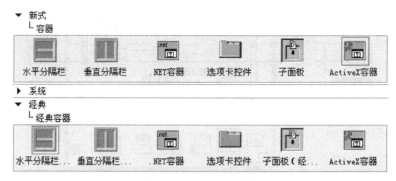

图 11-15　ActiveX 容器

图 11-16 所示为在 LabVIEW 中使用 ActiveX 控件实现数据库编程的程序流程。在流程中，ActiveX 对象的打开和关闭是分别通过"打开自动化"和"关闭引用"两个节点来实现的，对象方法的调用是通过"调用节点（ActiveX）"来实现的。其中最关键的是"调用节点（ActiveX）"，只有充分利用对象方法的调用才能成功实现对数据库的访问。下面分别对"打开自动化"、"调用节点（ActiveX）"和"关闭引用"作简单介绍。

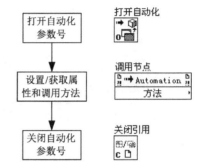

图 11-16　LabVIEW 中使用 ActiveX 控件的程序流程图

1. 打开自动化（函数）

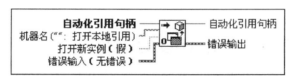

该函数节点用于返回指向某个 ActiveX 对象的自动化引用句柄。"自动化引用句柄"输入可为"自动化引用句柄"输出提供对象类型。"机器名"表明 VI 要打开的自动化引用句柄所在的机器。如没有给定机器名，VI 将在本地机器上打开该对象。如"打开新实例"的值为 TRUE，LabVIEW 将为自动化引用句柄创建新的实例，如值为 FALSE（默认值），LabVIEW 将尝试连接已经打开的引用句柄的实例，如连接成功，LabVIEW 将打开新的实例。"错误输入"表明节点运行前发生的错误，该输入提供标准错误输入。"自动化引用句柄"输出是与 ActiveX 对象关联的引用句柄。"错误输出"包含错误信息，该输出提供标准错误输出。

在使用过程中，右键单击该函数，从弹出的快捷菜单中选择"选择 ActiveX 类"选项，可为对象选择类。引用句柄打开后可传递到其他 ActiveX 函数。该函数的输入仅接受可创建的类。

2. 调用节点（ActiveX）

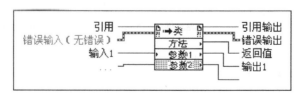

该函数节点在"引用"上调用方法或动作，大多数方法都有其相关参数。"引用"是与调用方

法或实现动作的对象关联的引用句柄。如"调用节点"类为应用程序或 VI，则无需为该输入端连接引用句柄。对于应用程序类，默认值为当前应用程序实例；对于 VI 类，默认值为包含"调用节点"的 VI。"输入 1"～"输入 n"是方法的范例输入参数。"引用输出"返回无改变的"引用"。"返回值"是方法的范例返回值。"输出 1"～"输出 n"是方法的范例输出参数。

3. 关闭引用

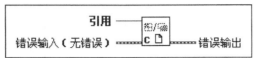

该函数用于关闭与打开的 VI、VI 对象、应用程序实例或.NET 及 ActiveX 对象相关联的引用句柄。

11.3.2　ADO 数据库访问应用举例

下面通过一个简单的数据库查询示例来介绍如何利用 ADO 实现数据库的访问。示例数据源仍采用 11.1.2 节中所建立的数据源"MYDSN"，数据库为 TestDB.mdb，表为 TestTable。

使用 ADO 实现查询数据的基本步骤如下。

（1）建立一个 ADO 对象

在前面板"控件选板"→"新式"→"引用句柄"子选板中选择"自动化引用句柄"项，把它拖放到前面板上，在其右键快捷菜单中选择"选择 ActiveX 类"→"浏览..."。弹出"从类型库中选择对象"对话框，在"类型库"下拉列表中选择"Microsoft ActiveX Data Objects 2.8 Library Version 2.8"，在下面的"对象"栏中将出现 LabVIEW 可用的对象，选中"Connection"对象，单击"确定"按钮即创建一个 ADO 的对象。此时，对应程序框图也对应创建一个对象节点"ADODB._Connection"。用同样的方法可以建立"Command"、"Recordset"等对象。

图 11-17　"从类型库中选择对象"对话框

（2）连接到数据源

在程序框图"函数选板"→"互连接口"→"ActiveX"子选板中选择"打开自动化"节点并放置到程序框图中，将其"自动化应用句柄"输入端口与"ADODB._Connection"相连即可打开Connection 对象。从"ActiveX"子选板中选择"调用节点（ActiveX）"放置到程序框图中，将其

"引用"输入端与"打开自动化"节点的"自动化应用句柄"输出端相连,并在其上单击右键,在弹出的快捷菜单中选择"选择方法"→"open",即出现图 11-18 中所示的节点。其中"ConnectionString"是连接到数据源的字符串,"UserID"和"Password"分别是连接到数据源的用户名和密码,正确设置这些参数后便可连接到数据源。在本例中,直接利用一个字符串常量"DSN=MYDSN"指定数据源,没有用户名和密码。

（3）生成 SQL 命令、执行命令

与上一步相同,用"调用节点（ActiveX）"调用 Connection 对象的 Execute 方法执行所要的操作。Execute 方法所必需的参数为 CommandText,这里为所要执行的 SQL 语句。本例给定的 SQL 语句为"SELECT * FROM TestTable;",表示从数据库中查询数据。也可以使用其他 SQL 语句来执行其他数据库操作,如用 Create 命令创建表、用 Drop 命令删除表、用 Insert 命令向表中插入数据、用 Delete 命令删除数据等。

（4）对查询的记录进行显示

要想对执行命令后的记录进行显示或读取字段的值时需要先建立 Recordset 对象,并与执行节点的 Execute 端子相连。在程序框图上放置一个"调用节点（ActiveX）"并将其"引用"输入端口连接至执行查询命令的"调用节点（ActiveX）"的"Execute"输出端口,并在该节点的快捷菜单中选择"选择方法"→"GetString",之后便可在节点的"GetString"输出端以字符串形式输出结果。

（5）关闭连接

数据库访问操作完毕后,要及时关闭连接对象以释放内存和所用的系统资源。首先使用 Connection 对象的 Close 方法关闭数据库连接,然后使用"关闭引用"关闭 ActiveX 自动化参数号。

图 11-18 所示为该查询数据库示例的程序框图及前面板。

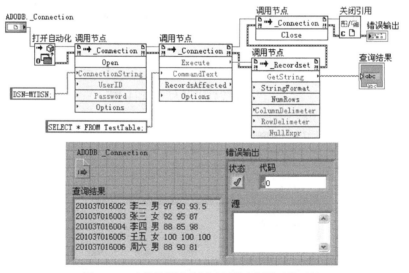

图 11-18 查询数据库应用示例程序框图及前面板

11.4 LabVIEW SQL Toolkit 数据库访问

LabVIEW SQL Toolkit 工具包是 NI 开发的附加工具包之一,它具有完整的 SQL 功能,与本地或者远程数据库可直接实现交互式操作,且无需进行 SQL 编程即可对数据库进行操作。将该工具包安装在 LabVIEW 目录下后,重启 LabVIEW 后在程序框图"函数选板"→"互连接口"子选板下将出现一个"Database"子选板,该子选板列出了所有该工具包提供的有关数据库操作的 VI 函数,如图 11-19 所示。这里不对这些 VI 函数的功能及使用方法进行详细介绍,读者可以参考相关的帮助信息。

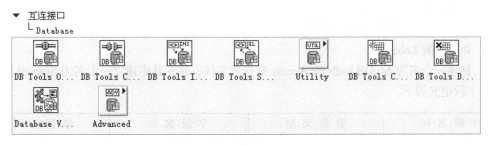

图 11-19 数据库连接工具包子选板

LabVIEW SQL Toolkit 支持 ADO 所支持的所有数据库引擎,不使用 SQL 语句就可以实现数据库记录的查询、添加、修改以及删除等操作,若使用 SQL 语句则能够实现更为复杂的数据库操作,功能非常强大,但其昂贵的价格对于很多用户来讲是不能承受的,这也限制了它的推广应用。下面以一个简单的数据库查询示例来介绍利用 LabVIEW SQL Toolkit 的数据库访问。示例的程序框图及前面板如图 11-20 所示。

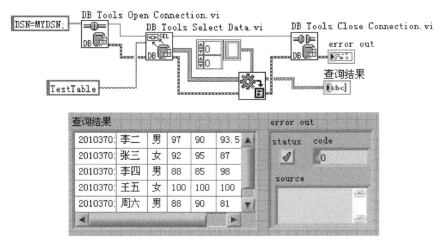

图 11-20 LabVIEW SQL Toolkit 实现数据库查询示例

在该示例中,首先使用"DB Tools Open Connection.vi"VI 函数节点打开数据库连接,该函数节点有两种工作模式,分别为"path"和"string"。在本例中,通过其快捷菜单中的"选择类型"→"DB Tools Open Connec (String)"选项设置为"string"模式,并在"connection information"输入端口指定其数据源字符串"DSN=MYDSN;"。打开数据库连接后,利用"DB Tool Select Data.vi"函数节点从数据库检索数据,其中"table"端口用于指定查询数据的表。执行查询后,查询结果从"data"输出端以变体类型输出,在程序中利用"变体至数据转换"函数节点将数据转换为二维数组并通过表格输出。最后利用"DB Tool Close Connection.vi"函数节点关闭数据库连接,释放资源。

11.5 习　题

1. 在 LabVIEW 中，提供了哪几种访问数据库的方法？并说明各自的特点。

2. 什么是 ODBC，其作用是什么？

3. ADO 的作用及其主要的对象有哪些？

4. 如何安装 LabSQL？

5. 创建一个名为 MyDB.mdb 的 Access 数据库文件，并在其中建立一个名为 Student 的表，表中各字段定义如下。

字 段 名 称	数 据 类 型	字 段 名 称	数 据 类 型
学号	文本	班级	文本
姓名	文本	专业	文本
性别	文本	语文成绩	数字
出生日期	日期	数学成绩	数字
籍贯	文本	英语成绩	数字

利用 LabSQL 数据库编程实现 Student 表数据的添加、删除、修改、查询功能。

6. 利用 ADO 数据库编程实现题 5 中 Student 表数据的添加、删除、修改、查询功能。

第12章
网络与通信编程

随着网络技术的快速发展与应用，通过网络实现数据传递和共享是目前各种应用软件及仪器的必备功能和发展趋势。为了支持网络化虚拟仪器的开发，LabVIEW 提供了功能强大的网络与通信开发工具，可以方便地通过网络通信编程来实现远程虚拟仪器的设计及数据的远程传递和共享。LabVIEW 不仅提供传统的 TCP、UDP 网络通信，还提供了简单实用的串行通信及更为有效的实时数据通信技术 DataSocket 等。本章将对 LabVIEW 中的 TCP 通信、UDP 通信、串行通信的编程实现方法及 DataSocket 通信技术进行介绍。

12.1 TCP 通信

12.1.1 TCP 简介

TCP 是众所周知的网络通信 TCP/IP（Transmission Control Protocol/Internet Protocol，传输控制协议/互联网络协议）的一个子协议。TCP/IP 是 Internet 最基本的协议，是 20 世纪 70 年代中期美国国防部为其 ARPANET 广域网开发的网络体系结构和协议标准，以它为基础组建的 Internet 是目前国际上规模最大的计算机网络。Internet 的广泛使用，使 TCP/IP 成了事实上的标准。TCP/IP 是一个由不同层次上的多个协议组合而成的协议簇，共分为 4 层：网络接口层、Internet 层、传输层和应用层。由于 TCP 和 IP 是使用最广泛也是最重要的协议，因此人们用 TCP/IP 作为整个体系结构的名称。TCP 和 UDP 都是 TCP/IP 体系结构中的传输层协议，都使用 IP 作为网络层协议。

TCP 使用 IP 作为网络层协议，提供一种面向连接、可靠的传输层服务。面向连接指的是在实现数据传输前必须先建立点对点的连接。TCP 采用比特流方式分段传送数据，即 TCP 从程序接收数据并将数据处理成字节流，将字节组合成段，然后对段编号和排序以便传递。在两个主机交换数据之前，必须先相互建立会话。TCP 会话通过三次握手的过程进行初始化，这个过程是序号同步，并提供在两个主机之间建立虚拟连接所需的控制信息。一旦初始化完成，在发送和接收主机之间将按顺序发送和确认段。关闭连接之前，TCP 使用类似的握手过程验证两个主机是否都完成发送和接收全部数据。

12.1.2 TCP 函数节点

LabVIEW 中的 TCP 通信函数位于"函数选板"→"数据通信"→"协议"→"TCP"子选板中，如图 12-1 所示。

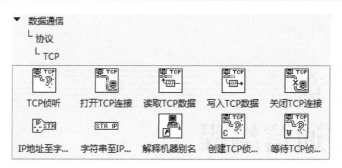

图 12-1 TCP 通信函数子选板

下面重点介绍几个常用的函数节点。

1. TCP 侦听

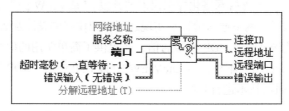

该函数的功能是创建一个侦听器并在指定端口等待 TCP 连接请求。该函数节点只能在作为服务器的主机上使用。开始侦听某个指定端口时，不能再使用其他 TCP 侦听 VI 侦听该端口。例如，在 VI 的程序框图上有两个 TCP 侦听 VI，并且第一个 TCP 侦听 VI 在侦听端口 2222，此时不能再用第二个侦听 VI 侦听同一端口 2222。函数节点主要接线端定义如下。

网络地址：指定侦听的网络地址。在有一块以上网卡的情况下，如需侦听特定地址上的网卡，应指定该网卡的地址。如不指定网络地址，LabVIEW 将侦听所有的网络地址。通过"字符串至 IP 地址转换"函数可获取当前计算机的 IP 网络地址。

服务名称：创建端口号的已知引用。如指定服务名称，LabVIEW 将使用 NI 服务定位器注册服务名称和端口号。

端口：要侦听连接的端口号。

超时毫秒：等待连接的时间周期，以 ms 为单位。如连接没有在指定时间内建立，VI 将完成并返回错误。默认值为-1，表示无限等待。

分解远程地址：表明是否在远程地址调用"IP 地址至字符串转换"函数，默认值为 TRUE。

连接 ID：唯一标识 TCP 连接的网络连接引用句柄。该连接句柄用于在以后的 VI 调用中引用连接。

远程地址：与 TCP 连接关联的远程机器的地址。该地址使用 IP 句点符号格式。

远程端口：远程系统用于连接的端口。

2. 打开 TCP 连接

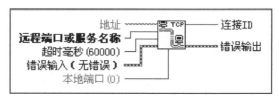

该函数的功能是用指定的计算机名称和远程端口或服务名称来打开一个 TCP 连接。该节点只

能在作为客户机的主机上使用。函数节点主要接线端定义如下（其他未说明端口与 TCP 侦听函数节点类似）。

地址：要与其建立连接的地址。该地址可以为 IP 句点符号格式或主机名。如未指定地址，LabVIEW 将建立与本地计算机的连接。

远程端口或服务名称：要与其确立连接的端口或服务的名称。如指定服务名称，LabVIEW 将向 NI 服务定位器查询所有服务注册过的端口号。该端口可以接受数字或字符串输入。

本地端口：用于本地连接的端口。某些服务器仅允许使用特定范围内的端口号连接客户端，该范围取决于服务器。如值为 0，操作系统将选择尚未使用的端口。默认值为 0。

3. 写入 TCP 数据

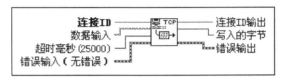

该函数通过数据输入端口将数据写入到指定的 TCP 连接中。函数节点主要接线端定义如下（其他未说明端口与前面介绍的函数节点类似）。

数据输入：包含要写入连接的数据。

写入的字节：VI 写入连接的字节数。

对于数据输入端口写入连接的数据，利用下列方法可处理字节数不同的消息。

① 发送消息，消息前带有用于描述该消息的文件头，大小固定。例如，文件头中可包含说明消息类型的命令整数，以及说明消息中其他数据大小的长度整数。服务器和客户端均可接收消息。即发出 8 字节的读取函数（假定为两个 4 字节的整数），然后将函数转换为两个整数，再根据长度整数确定作为剩余消息发送到第二个读取函数的字节数。第二个读取函数完成后，将回到 8 字节文件头的读取函数。这种方式最为灵活，但需要读取函数接收消息。实际上，通常第二个读取函数在消息通过写入函数写入时同时完成。

② 发送固定大小的消息，如消息的内容小于指定的固定大小，可填充消息，使其达到固定大小。这种方式更为高效，因为即使有时会发送不必要的数据，接收消息时也只需读取函数。

③ 发送只包含 ASCII 数据的消息，其中每个消息以一个回车和一对字符换行符结束。读取函数具有模式输入，即在传递了 CRLF 后，可使函数在发现回车和换行序列前一直进行读取。这种方式在消息数据含有 CRLF 序列时显得较为复杂，常用于 POP3、FTP 和 HTTP 等互联网协议。

4. 读取 TCP 数据

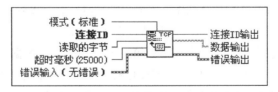

该函数从指定的 TCP 连接中读取数据。函数节点主要接线端定义如下（其他未说明端口与前面介绍的函数节点类似）。

模式：表明读取操作的动作，包含以下 4 个选项。

① 0 Standard（默认）：等待直至读取所有"读取的字节"中指定的字节或超时毫秒用完，返回目前已读取的字节数。如字节数少于请求的字节数，则返回部分字节数并报告超时错误。

② 1 Buffered：等待直至读取所有"读取的字节"中指定的字节或超时毫秒用完。如字节数少于请求的字节数，则不返回字节数并报告超时错误。

③ 2 CRLF：等待直至"读取的字节"中指定的字节达到，或直至函数在读取字节指定的字节数内接收到 CR（回车）加上 LF（换行）或超时毫秒用完，返回读取到 CR 或 LF 之前的字节，包括 CR 和 LF。如函数未发现 CR 和 LF，但存在读取字节，则函数返回该字节。如函数未发现 CR 和 LF，但字节数少于"读取的字节"中指定的值，则函数不返回字节数同时报告超时错误。

④ 3 Immediate：在函数接收到"读取的字节"中指定的字节前一直等待。如该函数未收到字节则等待至超时，返回目前的字节数。如函数未接收到字节则报告超时错误。

读取的字节：是要读取的字节数。处理字节数不同的消息的方法与"写入 TCP 数据"函数节点相同。

数据输出：包含从 TCP 连接读取的数据。

5. 关闭 TCP 连接

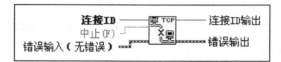

该函数的功能是关闭指定的 TCP 连接。

12.1.3 TCP 通信编程实例

下面通过一个 TCP/IP 服务器/客户机双机通信实例来介绍 LabVIEW 的 TCP 通信编程。服务器/客户机通信模式是进行网络通信的最基本的结构模式，其基本的通信流程如下。

① 服务器启动，进行初始化，TDP 侦听开始在指定端口等待客户机 TCP 连接请求。

② 客户机启动，打开 TCP 连接，向服务器发送连接，请求建立 TCP 连接。

③ TCP 连接成功，开始数据传送。

④ 数据传送结束，关闭 TCP 连接。

本实例的主要功能是由服务器程序产生一组正弦波形数据，利用 TCP 通信传送到客户机程序并显示出来。

图 12-2 所示为 TCP 服务器的程序框图和前面板。在服务器程序中，首先指定服务器网络端口（如 8080），并用"TCP 侦听"函数节点建立 TCP 侦听器，等待客户机的连接请求，这是服务器初始化过程。如果客户机有连接请求，成功建立连接后，TCP 侦听函数的远程地址和远程端口将输出远程客户机的地址（如 222.38.70.38）和 TCP 端口（如 1869），同时开始执行 While 循环内正弦波形数据产生及 TCP 数据发送程序。在发送数据时，采用两个"写入 TCP 数据"函数节点来发送数据：第一个"写入 TCP 数据"函数节点发送的是波形数组数据转换为字符串类型后的长度数据，其类型为 32 位整型，占 4 个字节；第二个"写入 TCP 数据"函数节点发送的是波形数组转换为字符串类型后的数据，这种发送方式有利于客户机程序接收数据。

图 12-3 所示为 TCP 客户机的程序框图和前面板。在客户机程序中，首先指定服务器的 IP 地址和 TCP 端口号，然后执行"打开 TCP 连接"与服务器建立 TCP 连接。成功建立连接后，执行 While 循环中的数据接收程序。对应于服务器的数据发送，客户机采用两个"读取 TCP 数据"函数节点读取服务器发送过来的波形数据。第一个节点读取波形数组数据的长度信息，其发送到客户端的长度为 4 个字节，因此"读取 TCP 数据"的"读取的字节"端口设置为"4"。第二个节点

根据第一个读取节点读取的波形数组数据的长度将波形数据全部读出。这种方法是 TCP/IP 通信中的常用方法，可以有效地发送和接收数据，并保证数据不丢失。

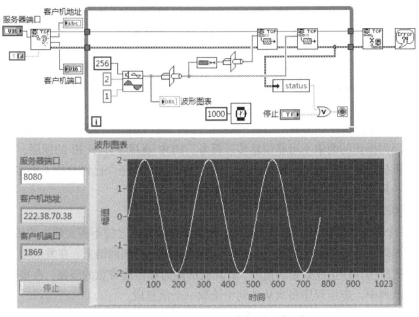

图 12-2　TCP 服务器的程序框图和前面板

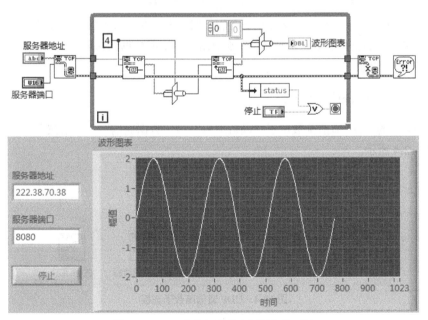

图 12-3　TCP 客户机的程序框图和前面板

　　服务器程序和客户机程序可以分别在联网的两台计算机上运行，也可同时在一台计算机上运行，本例就是在一台计算机上同时运行的情况。另外，在运行时，必须先启动服务器，待服务器初始化完成，再运行客户机。

　　本例只是进行了简单的服务器端发送数据，客户机接收数据。实际上，服务器和客户机可以同时进行交互式通信，即服务器和客户机都可以同时发送和接收数据。另外，服务器和客户机除可以实现以上的这种点对点通信外，还可以实现一点对多点的通信，有关应用读者可以查阅相关资料并自己尝试编程实现。

12.2 UDP 通信

12.2.1 UDP 简介

UDP（User Datagram Protocol）是用户数据报协议，是 TCP/IP 体系结构中一种无连接的传输层协议，提供面向操作的简单不可靠信息传送服务。UDP 直接工作于 IP 的顶层，主要用来支持那些需要在计算机之间传送数据的网络应用。UDP 协议从问世至今已经使用了很多年，到现在为止仍然不失为一种非常实用和可行的网络传输层协议。

作为一种传输层协议，UDP 有以下几个特征。

① 它是一个无连接的协议，通信的源端和终端在传输数据之前不需要建立连接。当它想传送时就简单地去抓取来自应用程序的数据，并尽可能快地把它扔到网络上。在发送端，UDP 传送数据的速度仅仅受应用程序生成数据的速度、计算机的能力和传输带宽的限制；在接收端，UDP 把每个消息放在队列中，应用程序每次从队列中读取一个消息段。

② 由于传输数据不建立连接，也不需要维护连接状态，包括收发状态，因此一个服务器可以同时向多个客户机传送相同的消息，即具有广播信息的功能。

③ UDP 信息包的标题很短，只有 8 个字节，相对于 TCP 的 20 个字节而言信息包很小。

④ 吞吐量不受拥挤控制算法的调节，只受应用程序生成数据的速度、发送和接收端计算机的能力和传输带宽的限制。

12.2.2 UDP 函数节点

LabVIEW 中的 UDP 通信函数位于"函数选板"→"数据通信"→"协议"→"UDP"子选板中，如图 12-4 所示。

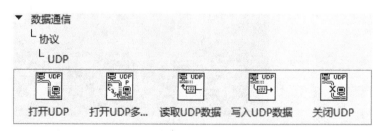

图 12-4　UDP 通信函数子选板

下面对 UDP 各函数节点做简单介绍。

1. 打开 UDP

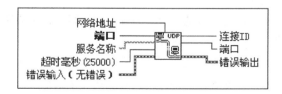

该函数的功能是打开"端口"或"服务名称"的 UDP 套接字,为发送或接收数据做准备。函数节点主要端口定义如下。

网络地址:指定侦听的网络地址。在有一块以上网卡的情况下,如需侦听特定地址上的网卡,应指定该网卡的地址。如不指定网络地址,LabVIEW 将侦听所有的网络地址。通过"字符串至 IP 地址转换"函数可获取当前计算机的 IP 网络地址。

端口(输入端):是要创建 UDP 套接字的本地端口。

服务名称:是创建端口号的已知引用。如指定服务名称,LabVIEW 将使用 NI 服务定位器注册服务名称和端口号。

超时毫秒:指定在函数完成或返回错误前等待的时间,以 ms 为单位。默认值为 25000ms,即 25s。值为-1 时表明无限等待。

连接 ID:是唯一标识 UDP 套接字的网络连接引用句柄。该连接句柄可用于在以后的 VI 调用中引用套接字。

端口(输出端):输出返回函数使用的端口号。如输入端口不为 0,则输出端口号等于输入端口号。将 0 连线至端口输入可动态选择操作系统认为可以使用的 UDP 端口。

2. 打开 UDP 多点传送

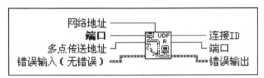

该函数的功能是打开"端口"上的 UDP 多点传送套接字。该函数是一个多态 VI,使用时必须手动选择所需多态实例。函数节点主要端口定义如下。

多点传送地址:要加入的多点传送组的 IP 地址,如未指定地址,则无法加入多点传送组,返回的连接为只读。多点传送组地址的取值范围是 224.0.0.0 ~ 239.255.255.255。

其他端口的定义与"打开 UDP"相同。有关 UDP 多点传送的详细信息读者可参阅 LabVIEW 帮助。

3. 读取 UDP 数据

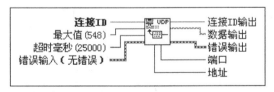

该函数的功能是从 UDP 套接字读取数据报并在数据输出中返回结果。函数在收到字节后返回数据,否则将等待完整的毫秒超时。函数节点主要端口定义如下。

最大值:读取字节数量的最大值,默认值为 548。 如该输入端没有连接,由于函数无法读取小于一个数据包的字节数,将返回错误。

数据输出:包含从 UDP 数据报读取的数据。

端口:发送数据报的 UDP 套接字的端口。

地址:产生数据报的计算机的地址。

4. 写入 UDP 数据

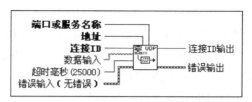

该函数的功能是将数据写入远程 UDP 套接字。函数节点主要端口定义如下。

端口或服务名称：指定要写入的端口。如指定服务名称，LabVIEW 将向 NI 服务定位器查询所有服务注册过的端口号，可接受数值或字符串输入。

地址：要接收发送的数据报的计算机的地址。

数据输入：包含写入至 UDP 套接字的数据。在以太网环境中，数据将被限制为 8192 字节以内。在本地通话环境中，将数据限制在 1458 字节内，以便保持网关的性能。

5. 关闭 UDP

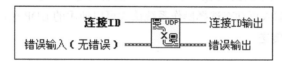

该函数的功能是关闭 UDP 套接字。

从以上 UDP 各函数节点可以看出，UDP 函数使用套接字的方式进行数据通信。所谓套接字简单来说是通信两方的一种约定，使用其中的相关函数来完成通信过程，它是一种 IP 地址、端口号和传输层协议的组合体。套接字主要有流格式套接字、数据报格式套接字和原始格式套接字 3 种类型，每种类型都分别代表了不同的通信服务。

12.2.3 UDP 通信编程实例

下面通过一个简单的点对点通信实例来介绍 LabVIEW 的 UDP 通信编程，该实例具体功能是利用 UDP 通信实现图 12-2 和图 12-3 所示的 TCP 通信程序。本实例的发送端程序框图和前面板、接收端程序框图和前面板分别如图 12-5 和图 12-6 所示。

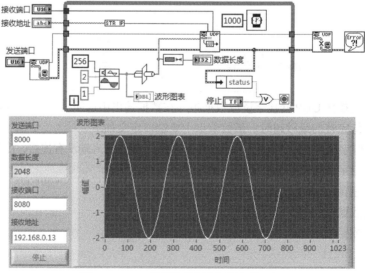

图 12-5 UDP 数据发送程序框图和前面板

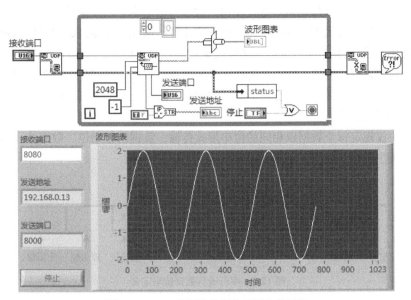

图 12-6 UDP 数据接收程序框图和前面板

在数据发送程序中，首先设定发送端的端口，并用"打开 UDP"函数节点打开端口或服务名称的 UDP 套接字，为发送数据做准备。当 UDP 套接字成功打开后，根据设定的"接收地址"和"接收端口"利用"写入 UDP 数据"函数节点即可将"数据输入端"的数据发送到指定接收地址和接收端口上。和 TCP 通信不同，此时无论接收端是否准备好接收数据，数据都将发送到网络上，如果接收端已准备好接收数据，则数据能够接收，否则，数据将丢弃。

在数据接收程序中，首先设定数据的接收端口，并用"打开 UDP"函数节点打开端口或服务名称的 UDP 套接字，为接收数据做准备。当 UDP 套接字成功打开后，使用"读取 UDP 数据"函数节点执行数据接收等待，如有发送到本机设定端口上的 UDP 数据，则开始读取数据。需要注意的是，在读取数据时，"读取 UDP 数据"函数节点的"最大值"为读取字节数量的最大值，该值的设定应不小于发送数据的长度。

12.3　串 行 通 信

12.3.1　串行通信简介

在早期，计算机与外设或计算机之间的通信通常有两种方式：并行通信和串行通信。并行通信数据的各位同时传输，其传输速率快，但占用的数据线多，传输数据的可靠性随距离的增加而下降，只适用于近距离的数据传输。在早期的计算机与打印机之间，通常采用并行通信。串行通信是指在单根数据线上将数据一位一位的依次传送。在发送过程中，每发送完一个数据，再发送第二个，依此类推。接收数据时，每次从单根数据线上一位一位地依次接收，再把它们拼成一个完整的数据。在远距离数据通信中，一般采用串行通信，它占用的数据线少，成本也比较低。虽然串行通信是一种古老的通信方式，但目前仍比较常用。

在串行通信中，依据时钟控制数据发送和接收的方式，分为同步串行通信和异步串行通信两种基本的通信方式。同步串行通信是指在相同的数据传输速率下，发送端和接收端的通信频率保持严格同步。由于这种方式不需要使用起始位和停止位，因此可以提高数据的传输速率，但发送器和接收器的成本较高。异步串行通信是指发送端和接收端在相同的波特率下不需要严格的同步，允许有相对的时间延迟，即收、发两端的频率偏差在10%以内，就能保证正确通信。但是，为了有效进行通信，通信双方必须遵从统一的通信协议，即采用统一的数据传输格式、相同的数据传输速率、相同的纠错方式。

异步通信协议规定每个数据以相同的位串形式传输，数据由起始位、数据位、奇偶校验位和停止位组成，其位串格式如图 12-7 所示。

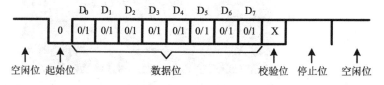

图 12-7　串行通信数据位串定义

异步通信在不发送数据时，数据信号线上总是呈现高电平状态，称为空闲状态（又称 MARK 状态）。当有数据发送时，信号线变为低电平状态，并保持 1 位的时间，用于表示发送字符的开始，该位称为起始位，也称 SPACE 状态。起始位之后，在信号线上依次出现待发送的每一位字符数据，并且按照先低位后高位的顺序逐位发送。采用不同的字符编码方案，待发送的每个字符的位数不同，一般在 5、6、7 或 8 位之间选择。数据位的后面可以加上一位奇偶校验位，也可以不加，由程序指定。最后传送的是停止位，一般选择 1 位、1.5 位或 2 位。目前，串行数据的传输大多使用异步通信方式。

在异步串行通信中，表示数据传输速率的参数称为波特率，规定的波特率有 50、75、110、150、300、600、1200、2400、4800、9600 和 19200 等几种。

总之，在异步串行通信中，通信双方必须保持相同的传输波特率，并以每个字符数据的起始位来进行同步。同时，数据格式、起始位、数据位、奇偶校验位和停止位的约定，在同一次传输中也要保持一致，这样才能保证成功地进行数据传输。因此，在使用异步串行通信实现数据传输时必须指定 4 个参数：传输的波特率、对字符编码的数据位数、可选奇偶校验位的奇偶性和停止位数。

12.3.2　串行通信函数节点

LabVIEW 中使用了仪器编程的标准 I/O API——VISA 来进行串行通信的控制。VISA 是与驱动软件通信的 LabVIEW 仪器驱动 VI 中的底层函数。VISA 本身不提供仪器编程功能，它是一个调用低层驱动程序的高层 API。VISA 能够控制 VXI、GPIB、串口或者基于计算机的仪器，并能根据所用仪器的类型来调用合适的驱动程序。

LabVIEW 串行通信函数位于"函数选板"→"数据通信"→"协议"→"串口"子选板或者"函数选板"→"仪器 I/O"→"串口"子选板中，如图 12-8 所示。

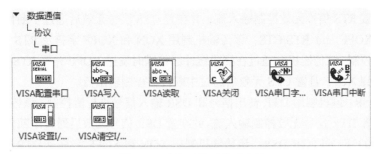

图 12-8　串行通信函数子选板

下面重点介绍几个常用的函数节点。

1．VISA 配置串口

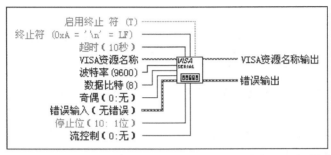

该函数节点的功能是将"VISA 资源名称"指定的串口按特定设置初始化。该函数节点是一个多态 VI，通过将数据连线至"VISA 资源名称"输入端可确定要使用的多态实例，也可手动选择实例。各主要接线端口定义如下。

启用终止符：使串行设备做好识别终止符的准备。如值为 TRUE（默认），VI_ATTR_ASRL_END_IN 属性将被设置为识别终止符。如值为 FALSE，VI_ATTR_ASRL_END_IN 属性将被设置为 0（无）且串行设备不识别终止符。

终止符：通过调用终止读取操作。从串行设备读取终止符后读取操作将终止。0xA 是换行符（\n）的十六进制表示。消息字符串的终止符由回车（\r）改为 0xD。

超时：设置读取和写入操作的超时值，以 ms 为单位，默认值为 10000。

VISA 资源名称：指定要打开的资源。VISA 资源名称控件也可指定会话句柄和类。

波特率：传输速率，默认值为 9600。

数据比特：输入数据的位数。数据位的值介于 5 和 8 之间，默认值为 8。

奇偶：指定要传输或接收的每一帧所使用的奇偶校验。该输入选项包括 0（No Parity，默认）、1（Odd Parity）、2（Even Parity）、3（Mark Parity）和 4（Space Parity）。

停止位：指定用于表示帧结束的停止位的数量。该输入支持选项包括 10（1 停止位）、15（1.5 停止位）和 20（2 停止位）。

流控制：设置传输机制使用的控制类型。该输入支持的选项如下。

① 0 None（默认）：传输机制不使用流控制机制。假定该连接两边的缓冲区都足够容纳所有的传输数据。

② 1 XON/XOFF：该传输机制用 XON 和 XOFF 字符进行流控制。该传输机制通过在接收缓冲区将满时发送 XOFF 控制输入流，并在接收到 XOFF 后通过中断传输控制输出流。

③ 2 RTS/CTS：该机制用 RTS 输出信号和 CTS 输入信号进行流控制。该传输机制通过在接

收缓冲区将满时置 RTS 信号无效控制输入流，并在置 CTS 信号无效后通过中断传输控制输出流。

④ 3 XON/XOFF and RTS/CTS：该传输机制用 XON 和 XOFF 字符及 RTS 输出信号和 CTS 输入信号进行流控制。该传输机制通过在接收缓冲区将满时发送 XOFF 并置 RTS 信号无效控制输入流，并在接收到 XOFF 且置 CTS 无效后通过中断传输控制输出流。

⑤ 4 DTR/DSR：该机制用 DTR 输出信号和 DSR 输入信号进行流控制。该传输机制通过在接收缓冲区将满时置 DTR 信号无效控制输入流，并在置 DSR 信号无效后通过中断传输控制输出流。

⑥ 5 XON/XOFF and DTR/DSR：该传输机制用 XON 和 XOFF 字符及 DTR 输出信号和 DSR 输入信号进行流控制。该传输机制通过在接收缓冲区将满时发送 XOFF 并置 RTS 信号无效控制输入流，并在接收到 XOFF 且置 DSR 信号无效后通过中断传输控制输出流。

VISA 资源名称输出：由 VISA 函数返回的 VISA 资源名称的副本。

2. VISA 写入

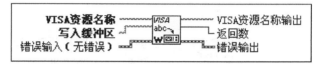

该函数节点的功能是将写入缓冲区的数据写入"VISA 资源名称"指定的设备或接口中。各主要接线端口定义如下。

VISA 资源名称：指定要打开的资源。VISA 资源名称控件也可指定为会话句柄和类。

写入缓冲区：包含要写入设备的数据。

VISA 资源名称输出：由 VISA 函数返回的 VISA 资源名称的副本。

返回数：包含实际写入的字节数。

3. VISA 读取

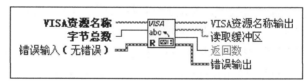

该函数节点的功能是从"VISA 资源名称"指定的设备或接口中读取指定数量的字节，并将数据返回至读取缓冲区。各主要接线端口定义如下。

VISA 资源名称：指定要打开的资源。VISA 资源名称控件也可指定会话句柄和类。

字节总数：要读取的字节数量。

VISA 资源名称输出：由 VISA 函数返回的 VISA 资源名称的副本。

读取缓冲区：包含从设备读取的数据。

返回数：包含实际读取的字节数。

4. VISA 关闭

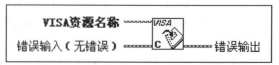

该函数节点的功能是关闭"VISA 资源名称"指定的设备会话句柄或事件对象。其中，VISA 资源名称为指定要打开的资源的名称。VISA 资源名称控件也可指定会话句柄和类。

5. VISA 串口字节数

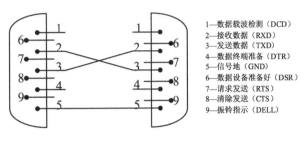

该函数节点的功能是返回指定串口的输入缓冲区的字节数。它是一个属性节点，其属性可以通过右键快捷菜单进行设置。具体使用方法读者可参阅"属性节点"相关内容。

12.3.3 串行通信编程实例

在进行实例编程之前，简单介绍一下串口数据线的引脚及其基本接线方式。实现串行通信的接口设备称为串行接口，简称串口，串口按电气标准及协议可分为 RS-232-C、RS-422、RS-485、USB 等。其中，USB 是近几年发展起来的新型接口标准，主要应用于高速数据传输。而 RS-232-C 是最常用的一种串

1—数据载波检测（DCD）
2—接收数据（RXD）
3—发送数据（TXD）
4—数据终端准备（DTR）
5—信号地（GND）
6—数据设备准备好（DSR）
7—请求发送（RTS）
8—清除发送（CTS）
9—振铃指示（DELL）

图 12-9   串行通信基本接线方式及引脚定义

行通信接口，也称标准串口。传统的 RS-232-C 接口有 22 根线，采用标准的 25 芯 D 型插座，后来的 PC 上使用了简化的 9 芯 D 型插座。使用 9 芯 D 型插座实现两计算机之间的串行通信，串口数据线两端引脚的基本接线顺序如图 12-9 所示。

图 12-10 所示为一个简单的串口数据发送和串口数据接收应用实例。首先利用"VISA 配置串口"函数节点对串口的资源名称、波特率、数据位、奇偶校验、停止位和流控制进行配置，然后根据写入和读取控制执行串口发送和串口读取操作。如果将写入操作设置为"真（开）"，则执行串口写入（发送数据）。如果将读取操作设置为"真（开）"，则可以执行串口读取（接收数据）。在写入和读取之间设定了一定的延迟。对于本实例，通过设置"写入"、"读取"控制，可以分别实现串口写入、读取和读写操作。

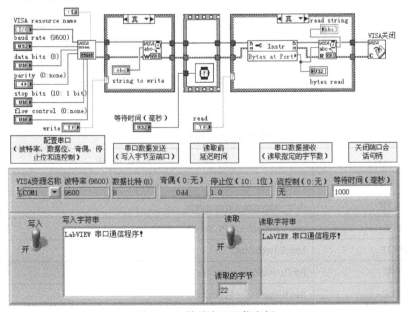

图 12-10   简单串口通信实例

对于只有一个串口的单台计算机，要想同时实现串口发送和接收程序的测试，可以用数据线将串口的第 2 引脚和第 3 引脚短接，以实现数据的自发自收功能，图示运行结果就是自发自收情况。

12.4 DataSocket 通信技术

12.4.1 DataSocket 技术简介

DataSocket 技术是 NI 公司推出的面向测量和自动化领域的网络通信技术。DataSocket 基于 Microsoft 的 COM 和 ActiveX 技术，对 TCP/IP 协议进行高度封装，用于共享和发布实时数据。它能有效地支持本地计算机上不同应用程序对特定数据的同时应用，以及网络中不同计算机的多个应用程序之间的数据交互，实现跨机器、跨语言、跨进程的实时数据共享。在应用过程中，用户只需要知道数据源和数据宿及需要交换的数据就可以直接进行高层应用程序的开发，实现高速数据传输，而不必关心底层的实现细节，从而简化通信程序的编写过程、提高编程效率。

DataSocket 作为一种编程技术，可以应用于任何编程环境，同时支持多种协议。对于现场数据的传输，DataSocket 支持 NI-PSP、DSTP、OPC 等协议，除现场数据传输，DataSocket 也支持 HTTP、FTP 和文件访问。下面简单对 DataSocket 支持的协议进行介绍。

① NI-PSP：通过 DataSocket VI 函数访问共享变量，实际上就是通过 NI-PSP 访问共享变量引擎。

② DSTP：DSTP 是 DataSocket Transfer Protocol 的简称，它是 DataSocket 技术自带的协议，专门用于现场数据的网络传输，通过该协议传输数据必须用到 DataSocket Server，这也是本节的重点。

③ OPC：OPC 是 OLE Process Control 的简称，它是非常流行的工业现场数据传输的标准。利用 DataSocket 函数可以将 LabVIEW 作为 OPC 客户端访问 OPC Server。

④ HTTP、FTP 和文件访问：DataSocket 函数通过 HTTP 可以访问任何网页，获得网页的源代码；通过 FTP 可以从 FTP 站点下载文件；通过 DataSocket 也可以访问本地或远程计算机上的文件。

具体采用何种协议，DataSocket 是通过 URL（统一资源定位符）来判断的。不同的协议采用不同的 URL 标志，URL 是 DataSocket 访问目标的唯一地址。表 12-1 给出了不同协议对应的 URL 格式。

表 12-1　　　　　　　　　　　　DataSocket URL 格式

协　议	URL 格　式
NI-PSP	psp://computer/library/shared_variable
DSTP	dstp://servername/dataitem
OPC	opc://computer/OPCServer/ItemName
HTTP	http:// [website]
FTP	ftp://server/directory/file
FILE	file:filepath,file://computer/filepath

12.4.2　DataSocket 的构成

DataSocket 由 DataSocket Server Manager（DataSocket 服务管理器）、DataSocket Server（DataSocket 服务器）和 DataSocket API（DataSocket 应用程序接口）3 部分组成。

1. DataSocket 服务管理器

DataSocket Server Manager 是一个独立运行的程序，通过 Windows "开始" 菜单→ "程序" → "National Instruments"→ "Data Socket" → "DataSocket Server Manager" 可以打开 DataSocket Server Manager，如图 12-11 所示。

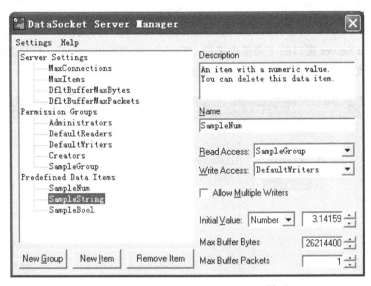

图 12-11　DataSocket Server Manager 界面

DataSocket Server Manager 的主要功能分 3 部分：服务器设置（Server Settings）、用户组（Permission Groups）和预定义数据项（Predefined Data Items）。

Server Settings 用于设置 DataSocket 服务器参数，包括连接的客户端程序的最大数目（MaxConnections）、创建数据项的最大数目（MaxItems）、数据项缓冲区最大比特值大小（DfltBufferMaxBytes）和数据项缓冲区最大包的数目（DfltBufferMaxPackets）。

Permission Groups 用于设置用户组和用户，区分用户创建和读写数据的权限，限制身份不明的客户对服务器进行访问和攻击。默认的用户组包括管理员组（Administrators）、数据项读取组（DefaultReaders）、数据项写入组（DefaultWriters）和数据项创建组（Creators）。除系统定义的用户组外，用户也可以通过按钮 "New Group" 添加新的用户组，图 12-11 中默认添加了一个 SampleGroup 组。

Predefined Data Items 用于设置预定义数据项，相当于自定义变量的初始化，通过按钮 "New Item" 可以添加数据项，即添加自定义变量。图 12-11 中预定义了 3 个数据项 "SampleNum"、"SampleString" 和 "SampleBool"，类型分别为数值、字符串和布尔型，值分别为 "3.14159"、"abc" 和 "True"。

2. DataSocket 服务器

DataSocket Server 也是一个独立运行的程序，通过 Windows "开始" 菜单→ "程序" → "National Instruments" → "Data Socket" → "DataSocket Server" 可以打开 DataSocket Server，如图 12-12

所示。DataSocket Server 负责监管 Manager 中所设定的具有各种权限的用户组和客户端程序之间的数据交换。DataSocket Server 通过内部数据自描述格式对 TCP/IP 进行优化和管理，简化了 Internet 通信方式，提供了自由的数据传输，并且可以直接传送虚拟仪器程序所采集到的布尔型、数字型、字符串型、数组型和波形等常用类型的数据。它可以和测控应用程序安装在同一台计算机上，也可以分装在不同的计算机上，后者需要用防火墙进行隔离来增加整个系统的安全性。DataSocket Server 不会占用测控计算机 CPU 的工作时间，测控应用程序可以运行得更快。

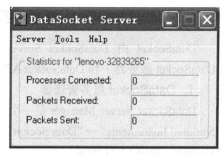

图 12-12　DataSocket Server 界面

在 DataSocket Server 窗口的主菜单中选择 "Tools" → "Diagnostics"，打开监视框，在监视框中可以浏览和修改预定义数据项的参数，如图 12-13 所示。

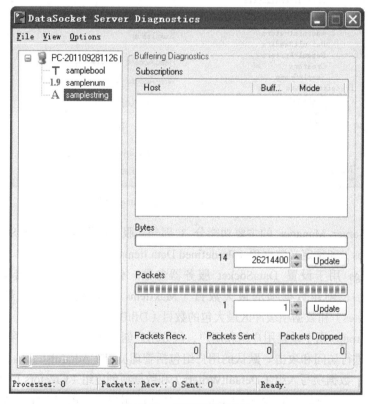

图 12-13　服务器监视界面

3. DataSocket API

DataSocket API 用来实现 DataSocket 通信。在服务器端，待发布的数据通过 DataSocket API 写入到 DataSocket 服务器中；在接收端，DataSocket API 从服务器中读取数据。在 LabVIEW 中，DataSocket API 被制作成 ActiveX 控件、函数节点和一系列功能 VI，用户可以方便地使用这些节点和 VI 实现 DataSocket 通信。在 DataSocket 通信应用中，一般由服务器进行数据采集，根据需要将测量数据写入 DataSocket 数据公共区，然后客户端通过网络从数据公共区中读取所需的测量数据。

12.4.3　DataSocket 函数节点

DataSocket 函数位于"函数选板"→"数据通信"→"DataSocket"子选板中，如图 12-14
所示。

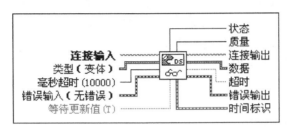

图 12-14　DataSocket 函数子选板

1.　读取 DataSocket

该函数节点的功能是将客户端缓冲区（与连接输入中指定的连接相关）的下一个可用数据移
出队列并返回数据。各主要接线端口的定义如下。

连接输入：指定要读取的数据源。连接输入可以是描述 URL 的字符串、共享变量控件、打开
DataSocket 函数的连接 ID 引用参数输出，或者写入 DataSocket 函数的连接输出参数。

类型：指定要读取数据的类型，并定义数据输出接线端的类型。默认的类型为变体，即任意
类型。将任意数据类型连线至输入端即可定义输出数据类型。LabVIEW 将忽略输入数据的值。

毫秒超时：指定用于等待连接缓冲区中可用更新值的时间。如等待更新值的值为 FALSE 且初
始值已到达，函数将忽略该输入并取消等待。默认值为 10 000ms（10s）。

等待更新值：如设置为 TRUE，函数将等待更新值。如连接缓冲区包含未处理的数据，函数
将立即返回下一个可用值，否则，函数将等待毫秒超时的时间以获取更新。如在超时周期内未出
现新的值，函数将返回当前值并将超时设置为 TRUE。如等待更新值为 FALSE，函数将返回连接
缓冲区中的下一个可用值，如无可用值，将返回前一个值。

状态：报告来自 PSP 服务器或 FieldPoint 控制器的警报或错误。如第 31 位是 1，表明发生错
误；否则，状态是状态代码。

质量：从共享变量或 NI-PSP 数据项读取的数据的数据质量。质量的值可用于调试 VI。

连接输出：指定数据连接的数据源。

数据：读取的数据。如函数超时，数据将返回函数最后读取的值。如函数在尚未读取数据前
就已经超时，或者数据类型不兼容，数据将返回 0、空或等同的值。

超时：如函数等待更新值或初始值时超时，则值为 TRUE。

时间标识：返回共享变量和 NI-PSP 数据项的时间标识数据。

2. 写入 DataSocket

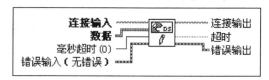

该函数节点的功能是将数据写入指定的连接。各主要接线端口定义如下。

连接输入：标识要写入的数据源。连接输入是描述 URL 或共享变量控件的字符串。

数据：写入连接的数据。数据可以是 LabVIEW 中任意类型的数据。

毫秒超时：指定函数用于等待操作完成的时间，以 ms 为单位。默认值为 0，即函数不等待操作完成；值为-1 表示函数将一直等待直到操作完成。目前，Windows 平台上的 OPC、LabVIEW 支持平台的 DSTP 和 FILE 协议都允许该函数使用非零超时值。与 PSP 协议一同使用非零超时值时，必须启用同步通知。启用同步通知后，函数将一直等待直到操作结束或超时。必须在 PSP URL 的尾部添加 "?sync="true"" 以启用同步通知，并允许在写操作时使用非零超时值。启用同步通知可能导致性能降低，对 RT 终端的影响尤其显著。

连接输出：指定数据连接的数据源。

超时：操作在超时区间内完成且没有错误发生时，值为 FALSE。如毫秒超时的值为 0，超时的值将始终为 FALSE。

3. DataSocket 选择 URL

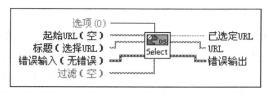

该函数节点的功能是显示对话框，供用户选择数据源并返回数据的 URL。该 VI 仅用于不知道对象的 URL 并且要通过对话框搜索数据源或终端。主要接线端口定义如下。

选项：确定是否在浏览器中显示 PSP（输入 1）、DataSocket 项（输入 2）或 OPC 项（输入 4）。组合值用于显示不同类型的项。例如，输入 3 可显示 PSP 和 DataSocket 项，输入 7 可显示所有类型。默认值为 0。

起始 URL：指定用于打开对话框的 URL。起始 URL 可以为空、协议（例如 file:）或整个 URL。

标题：对话框的标题。

过滤：输入对话框使用的过滤值。过滤目前仅对文件有效。

已选定 URL：如已经选择有效的数据源，则值为 TRUE。

URL：提供选定数据源的 URL。已选定 URL 的值为 TRUE 时，该值有效。

4. 打开 DataSocket

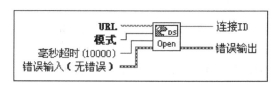

该函数节点的功能是打开在 URL 中指定的数据连接。主要接线端口定义如下。

URL：确定要读取的数据源或要写入的数据终端。URL 以读写数据要使用的协议名称作为开始，例如 PSP、DSTP、OPC、FTP、HTTP 和 FILE。也可将共享变量控件连线至该接线端。

模式：指定数据连接的模式。选择对数据连接进行的操作：read、write、read/write、buffered read、buffered read/write，默认值为 read。使用读取 DataSocket 函数读取服务器写入的数据时，需使用缓冲。使用前面板 DataSocket 数据绑定来读取数据时，缓冲是不可用的。如将控件和共享变量绑定，并在共享变量属性对话框的网络页上启用缓冲区，此时对通过"共享变量引擎"实现的前面板数据绑定而言，缓冲是可用的。注意，如需减少数据丢失，可对服务器上的数据进行缓冲。

毫秒超时：指定等待 LabVIEW 建立连接的时间，以 ms 为单位。默认值为 10000ms（10s）。值为–1 时，函数将无限等待；值为 0 时，LabVIEW 将不建立连接并返回错误。

连接 ID：用于唯一标识数据连接。

5. 关闭 DataSocket

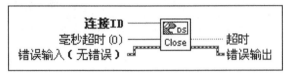

该函数节点的功能是关闭指定的数据连接。各主要接线端口定义如下。

连接 ID：唯一标识连接的连接引用句柄。

毫秒超时：指定函数等待操作完成的时间，以 ms 为单位。默认值为 0，即函数不等待操作完成。值为–1 表示函数将一直等待，直到操作完成。

超时：操作在超时区间内完成且没有错误发生时，值为 FALSE。如毫秒超时的值为 0，超时的值将始终为 FALSE。

12.4.4　DataSocket 编程实例

在 LabVIEW 中利用 DataSocket 读写数据和读写文件一样简单，都是经过打开、读/写和关闭 3 个过程。在大多数情况下，用户甚至可以省略打开和关闭这两个步骤。

下面是一个简单的利用 DSTP 在网络中传输数据的实例。

首先在 DataSocket Server Manager 中创建一个数据项 TestData，类型为 Number（该类型可以传递 LabVIEW 中的各种常用类型，如整型、浮点型和波形数据类型等）。建立数据项并启动 DataSocket Server 后，就可以在网络上的任意两台被授予权限的计算机上通过 DataSocket API 函数读写该数据项了。写入数据的程序框图及前面板和读取数据的程序框图及前面板分别如图 12-15、图 12-16 所示。

在写入数据程序中，通过"写入 DataSocket"将 0～1 之间的随机数利用 While 循环不断写入数据项 TestData 中，同时将随机数构成的波形用波形图表显示出来。在读取数据程序中，通过"读取 DataSocket"将写入到数据项 TestData 中的数据利用 While 循环不断读出，读出数据构成的波形同样用波形图表显示。实例中，写入端和读取端之间的 DataSocket 通信使用了 DSTP 类型的协议。两端可以在网络上的任意两台计算机上运行，当它们不在 DataSocket Server 所在的服务器上运行时，其 URL 应根据实际 Server 进行配置。同时两端也可以在同一台计算机上运行，本例就是在运行 DataSocket Server 的同一台计算机上运行的情况，地址都是 localhost，当然也可以使用 IP 地址。

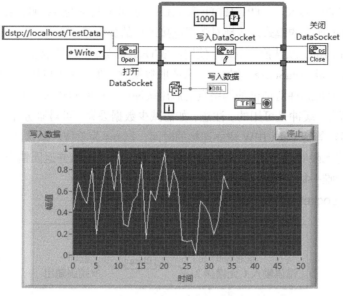

图 12-15　DataSocket 写入数据程序框图及前面板

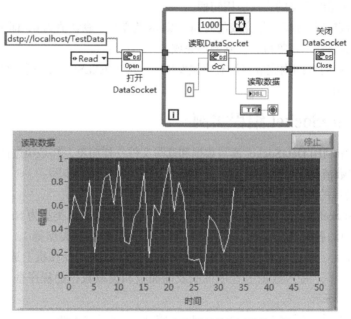

图 12-16　DataSocke 读取数据程序框图及前面板

　　除利用上述方法可以实现 DataSocket 通信外，LabVIEW 还支持另一种较为简单的方法来实现 DataSocket 通信，那就是前面板控件的数据绑定属性。利用前面板控件与 DataSocket Server 中的数据项绑定，不需要编程就可实现数据的访问。下面用一个简单的实例来说明。

　　如图 12-17 所示的程序，在前面板"写入数据"波形图表控件或在其程序框图中的接线端上单击右键，在弹出的快捷菜单中选择"属性"选项，弹出图表属性对话框。在对话框中选择"数据绑定"选项卡，如图 12-18 所示。在"数据绑定选择"中选择"DataSocket"，在"访问类型"中选择"只写"，然后在"浏览"下拉列表中选择"DSTP Server"，在弹出的对话框中选择需要被绑定的数据项"DataSocket Server"→"TestData"（要选择预先创建的数据项，需先运行 DataSocket

Server）。通过这些设定，图 12-17 所示的程序可以实现 DataSocket 数据写入功能。

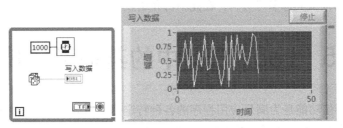

图 12-17　利用前面板控件数据绑定实现 DataSocket 数据写入

同理，对于图 12-19 所示的程序，对"读取数据"波形图表控件"数据绑定"中的"访问类型"设置为"只读"，其他选项与图 12-18 所示设置相同，则该程序即可实现 DataSocket 的数据读取功能。

这样，对于图 12-17、图 12-19 程序所实现 DataSocket 通信功能就与图 12-15、图 12-16 所实现的功能完全一样。另外，对图 12-17 和图 17-19 程序中的波形图表控件，在运行时，如果与 DataSocket Server 连接成功，则控件的右上角将有一个"Active:Connected"的绿色标识，否则为"Unconnected."的灰色标识。

图 12-18　前面板控件数据绑定设置

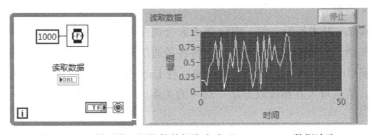

图 12-19　利用前面板控件数据绑定实现 DataSocket 数据读取

利用 DataSocket 函数还可以访问 OPC、HTTP、FTP 和文件，有关这些方面的内容，读者可以参阅 LabVIEW 帮助或其他参考资料，在此不再介绍。

12.5　LabVIEW 中的其他通信技术

LabVIEW 的通信功能是为满足应用程序的各种特定需求而设计的，除以上介绍的几种通信方法外，还有以下方法可供选择。对于这些方法，本书仅给出基本的简介，具体内容不再详细介绍。

1. 共享变量

共享变量可用于与本地或远程计算机上的 VI 及部署于终端的 VI 共享实时数据，写入方和读取方是多对多的关系。通过共享变量，用户可以在不同计算机上的 VI 之间、本地不同 VI 之间或在同一程序框图的不同循环之间交换数据。共享变量的使用和全局变量类似，用户在程序框图中看到的仅仅是一个变量而已，而变量具体与网络中的哪台计算机中的哪个变量连接，以及各种其他属性等都已经事先在共享变量的属性中设定。用户不用了解任何网络协议，也不用任何编程，就能轻松实现网络数据交换。

2. LabVIEW 的 Web 服务器

LabVIEW 的 Web 服务器用于在网络上发布前面板图像而无需编程。从信息传递的角度看，写入方和读取方是一对多的关系。利用 LabVIEW Web 服务器，可以在 LabVIEW 开发环境中自由地发布文档和 VI 图片，在浏览器上可通过"刷新"按钮随时获得服务器上更新的 Web 页，同时也可以简单地控制 Internet 上的各客户端的访问权限以及定义可在 Web 服务器上显示的 VI 图片。在服务端和用户端均可以通过相应的操作来获得控制 VI 图片的功能，同时在服务端也可以通过锁定控件来锁住前面板控制权，使浏览器无法获得控制权。

3. SMTP Email VI

SMTP Email VI 可通过简单邮件传输协议（SMTP）发送包含附加数据和文件的电子邮件。LabVIEW 不支持 SMTP 认证，不能使用 SMTP Email VI 接收信息。在实现邮件发送时需要通过 SMTP Email VI 编程实现，信息的写入方和读取方是一对多的关系。

4. IrDA 函数

IrDA（Infrared Data Association）技术是一种利用红外线进行点对点通信的无线网络技术，其标准由 1993 年成立的红外线数据标准协会定义。在 LabVIEW 中，使用 IrDA 节点来实现无线网络通信的方法与 TCP 通信相似，需要进行侦听并建立连接。IrDA 可用于与远程计算机建立无线连接，信息写入方和读取方是一对一的关系。

5. 蓝牙 VI 和函数

蓝牙（Bluetooth）技术是爱立信、IBM 等 5 家公司在 1998 年联合推出的一项无线网络技术。蓝牙是无线数据和语音传输的开放式标准，它将各种通信设备、计算机及其终端设备、各种数字数据系统，甚至家用电器采用无线方式连接起来。在 LabVIEW 中，蓝牙 VI 和函数用于与蓝牙设备建立无线连接，信息写入方和读取方是一对一的关系。

12.6　习　　题

1. 什么是 TCP 协议和 UDP 协议？二者有什么区别？

2. 编写一个 LabVIEW 程序，利用 TCP 协议实现两台计算机之间文本数据的点对点通信。

3. 设计一个基于 TCP 协议的 LabVIEW 远程数据采集系统，要求在一台计算机上实现数据采集，在另外一台计算机上实现采集数据的显示。

4. 基于 UDP 协议分别实现题 2 和题 3 的功能。

5. 在 LabVIEW 中编写一个实现串口收发功能的程序。

6. 基于 DataSocket 技术实现题 3 的功能。

［1］黄松岭，吴静. 虚拟仪器设计基础教程[M]. 北京：清华大学出版社，2008.

［2］陈锡辉，张银红. LabVIEW 8.20 程序设计从入门到精通[M]. 北京：清华大学出版社，2007.

［3］刘胜，张兰勇，章佳荣，刘刚. LabVIEW 2009 程序设计[M]. 北京：电子工业出版社，2010.

［4］李瑞，周冰，胡仁喜. LabVIEW 2009 从入门到精通[M]. 北京：机械工业出版社，2010.

［5］雷振山，赵晨光，魏丽，郭涛. LabVIEW 8.2 基础教程[M]. 北京：中国铁道出版社，2008.

［6］岜兴明，周建兴，矫津毅. LabVIEW 8.2 中文版入门与典型实例[M]. 北京：人民邮电出版社，2010.

［7］王福明，于丽霞，刘吉，丁博. LabVIEW 程序设计与虚拟仪器[M]. 西安：西安电子科技大学出版社，2009.

［8］王磊，陶梅. 精通 LabVIEW 8.0[M]. 北京：电子工业出版社，2007.

［9］胡仁喜，王恒海，齐东明. LabVIEW 8.2.1 虚拟仪器实例指导教程[M]. 北京：机械工业出版社，2008.

［10］刘其和，李云明. LabVIEW 虚拟仪器程序设计与应用[M]. 北京：化学工业出版社，2011.

［11］杨乐平，李海涛，杨磊. LabVIEW 程序设计与应用（第 2 版）[M]. 北京：电子工业出版社，2005.

［12］孙秋野，柳昂，王云爽. LabVIEW 8.5 快速入门与提高[M]. 西安：西安交通大学出版社，2009.

［13］吴成东，孙秋野，盛科. LabVIEW 虚拟仪器程序设计及应用[M]. 北京：人民邮电出版社，2008.

［14］龙华伟，顾永刚. LabVIEW 8.2.1 与 DAQ 数据采集[M]. 北京：清华大学出版社，2008.

［15］徐晓东，郑对元，肖武. LabVIEW 8.5 常用功能与编程实例精讲[M]. 北京：电子工业出版社，2009.

［16］周求湛，钱志鸿，刘萍萍，戴宏亮. 虚拟仪器与 LabVIEW 7 Express 程序设计[M]. 北京：北京航空航天大学出版社，2004.

［17］张凯，周郧，郭栋. LabVIEW 虚拟仪器工程设计与开发[M]. 北京：国防工业出版社，2004.

［18］张重雄. 虚拟仪器技术分析与设计[M]. 北京：电子工业出版社，2007.

［19］陈树学，刘萱. LabVIEW 宝典[M]. 北京：电子工业出版社，2011.

［20］JEFFREY TRAVIS, JIM KRING, 乔瑞萍, LabVIEW 大学实用教程（第 3 版）[M] 北京：电子工业出版社，2008.